湖北植烟土壤保育及修复技术研究与应用

主编　孙敬国　孙光伟　陈振国　冯吉

华中科技大学出版社
http://press.hust.edu.cn
中国·武汉

内 容 简 介

湖北是我国烤烟主产区之一,烟叶产区多处于"老少边穷"区域。长期以来,大量施用化肥、连作等导致土壤酸化,环境恶化,土壤养分生物有效性下降和病虫害加重,优质烟区逐步萎缩,严重限制了烟叶产、质的提升。

土壤是作物生长的载体,土壤健康则作物生长健康。本书针对湖北烟区土壤问题,梳理并明确了湖北烟田土壤主要障碍因子,按照"健康土壤重保育,退化土壤重修复"的理念,围绕湖北烟田土壤保育及修复总体目标,从湖北植烟土壤概况、植烟土壤酸化改良技术、湖北植烟土壤保育及修复技术、植烟土壤养分失衡矫正技术、植烟土壤连作障碍消减技术、植烟土壤保育技术应用效果等方面进行了全面分析,数据翔实,内容丰富,可供烟草科研工作者、烟草生产技术员、烟农以及土壤工作者参考,并为他们在生产应用中提供理论依据和数据支撑。

图书在版编目(CIP)数据

湖北植烟土壤保育及修复技术研究与应用/孙敬国等主编.—武汉:华中科技大学出版社,2024.3
ISBN 978-7-5680-9380-4

Ⅰ.①湖…　Ⅱ.①孙…　Ⅲ.①烟草—耕作土壤—土壤管理—湖北　Ⅳ.① S572.06

中国国家版本馆 CIP 数据核字(2024)第 059680 号

湖北植烟土壤保育及修复技术研究与应用	孙敬国　孙光伟	
Hubei Zhiyan Turang Baoyu ji Xiufu Jishu Yanjiu yu Yingyong	陈振国　冯 吉	主编

策划编辑:曾　光
责任编辑:狄宝珠
封面设计:孢　子
责任监印:曾　婷
出版发行:华中科技大学出版社(中国·武汉)　　　电话:(027)81321913
　　　　　武汉市东湖新技术开发区华工科技园　　　邮编:430223
录　　排:武汉创易图文工作室
印　　刷:武汉邮科印务有限公司
开　　本:787 mm×1092 mm　1/16
印　　张:13
字　　数:304 千字
版　　次:2024 年 3 月第 1 版第 1 次印刷
定　　价:69.00 元

编 委 会

前　言

　　湖北烟区是我国重要的烟区之一,其生态特征为生育期光照和降雨量中等、积温较高,其烟叶是彰显醇甜香烟叶特色的重要区域。湖北烟区主要包括黄棕壤、黄壤、水稻土、紫色土、石灰土、棕壤、潮土 7 个类型,土壤母质(岩)以碳酸盐岩、泥质岩、硅质岩、砂页岩及各个时期的堆积物、河流冲积物为主,特别是碳酸盐岩母质分布面积十分广泛。湖北植烟土壤面积中黄棕壤土类分布最大,达 70.3%,广泛分布于 800～1500 m 的山区及鄂北岗地,是湖北省的主要植烟土壤。在黄棕壤土类中,碳酸盐黄棕壤土属分部面积占该土类分布面积的 60% 以上。

　　土壤酸化是全球性的农业和生态问题,2021 年中央一号文件《中共中央国务院关于全面推进乡村振兴加快农业农村现代化的意见》提出,确保耕地数量不减少、质量有提高。实施新一轮高标准农田建设规划,提高建设标准和质量,健全管护机制,多渠道筹集建设资金,中央和地方共同加大粮食主产区高标准农田建设投入。土壤酸化是影响土壤可持续生产能力的重要因素,防止和扭转土壤酸化趋势的工作迫在眉睫。

　　湖北省烟草科研院研究人员针对湖北烟区土壤开展了很多研究,梳理并明确了湖北烟田土壤主要障碍因子,按照“健康土壤重保育,退化土壤重修复”的理念,围绕湖北烟田土壤保育及修复,主要从湖北植烟土壤概况、植烟土壤酸化改良技术、湖北植烟土壤保育及修复技术、植烟土壤养分失衡矫正技术、植烟土壤连作障碍消减技术、植烟土壤保育技术应用效果等方面进行了全面分析,数据翔实,内容丰富,可供烟草科研工作者、烟草生产技术员、烟农以及土壤工作者参考,并为他们在生产应用中提供理论依据和数据支撑。

　　本书文字简洁、内容丰富、资料翔实、数据可靠,将在植烟土壤保育及修复研究领域中发挥重要作用。

目　　录

第一章　湖北植烟土壤概况 ·················· 1

　第一节　湖北植烟区域分布 ·················· 1

　第二节　湖北植烟土壤类型及肥力状况 ·················· 8

　第三节　湖北植烟土壤主要障碍因子 ·················· 21

第二章　植烟土壤酸化改良技术 ·················· 28

　第一节　我国植烟土壤酸化现状 ·················· 28

　第二节　我国植烟土壤酸化成因 ·················· 30

　第三节　湖北植烟土壤酸化现状 ·················· 33

　第四节　植烟土壤酸化改良技术 ·················· 41

第三章　湖北植烟土壤保育及修复技术 ·················· 52

　第一节　植烟土壤有机质提升技术 ·················· 52

　第二节　湖北植烟土壤有机质现状分析 ·················· 59

　第三节　土壤有机质提升技术应用 ·················· 62

第四章　植烟土壤养分失衡矫正技术 ·················· 81

　第一节　我国植烟土壤养分失衡现状 ·················· 81

　第二节　植烟土壤养分失衡矫正技术 ·················· 83

第五章　植烟土壤连作障碍消减技术 ·················· 127

　第一节　连作障碍现状分析 ·················· 127

　第二节　连作障碍化感物质鉴定和高效降解微生物筛选 ·················· 134

　第三节　不同轮作模式对植烟土壤连作障碍的消减作用 ·················· 151

　第四节　不同耕作模式对植烟土壤连作障碍的消减作用 ·················· 156

　第五节　生物质炭对植烟土壤连作障碍的消减作用 ·················· 160

　第六节　微生物调理菌剂对植烟土壤连作障碍的消减作用 ·················· 165

第六章 植烟土壤保育技术应用效果 ………………………………… 170

第一节 土壤保育措施对土壤质量的提升 …………………………… 170

第二节 示范应用效果 ……………………………………………… 185

第三节 技术规程 …………………………………………………… 193

参考文献 ………………………………………………………………… 198

第一章 湖北植烟土壤概况

烟草的适应性较广,不同的烟草类型和品种,对自然条件的要求有所不同,总体来说,温暖、多光照的气候和排水良好的土壤,是优质烟草生长所需的气候、生态条件。

烟草质量受土壤、品种、栽培方法、气候和烘烤技术等多种因素共同影响,在不同的环境条件和栽培方法下,烟叶的产量和品质也会不同。不同的烟草品种,对环境条件和栽培方法的要求也有所差异,而其中的土壤条件则是优质烟叶系统工程的基础。土壤是作物赖以生存的物质基础,土壤条件是影响烟叶质量的首要环境因素,而土壤质量更是直接影响着烟草的生长发育、产量和品质。

湖北省是全国重要的烟叶产区之一。2017 年《全国烤烟烟叶香型风格区划》中将湖北烟区划分为武陵秦巴生态区,湖北省烟叶产区根据行政区划可分为四个区域,分别为:保康、南漳、襄州在内的鄂北襄阳市烟区;房县、竹溪、丹江口、竹山和郧西在内的鄂西北十堰市烟区;恩施、利川、建始、巴东、宣恩、鹤丰、来凤、咸丰在内的鄂西南恩施州烟区;五峰、秭归、长阳、兴山在内的鄂西南宜昌市烟区。

第一节 湖北植烟区域分布

一、区域概况

湖北省,简称鄂,位于我国中部,北邻河南,西北与陕西相接,南接江西、湖南,西接重庆,东连安徽,经度、纬度跨度大,介于东经 $108°21'42''\sim116°07'50''$,北纬 $29°01'53''\sim33°06'47''$。全省国土总面积 18.59 万平方千米,占全国总面积的 1.94%。

湖北省处于中国地势的第二级阶梯向第三级阶梯的过渡地带,地势大致呈"三面环山、中部低平"之势,即东、西、北三面环山(武陵山、巫山、大巴山、武当山、桐柏山、大别山、幕阜山山地环绕)而中部较平(中南部以江汉平原为主的众多平原,地势平坦,土壤肥沃,海拔多在 35 m 以下),且呈略向南敞开的不完整盆地。地貌类型较为多样,山地、丘陵、岗地和平原在省内都有分布,其中山地占 56%,丘陵和岗地共占 24%,平原湖区占 20%。湖北地势高低相差悬殊,最高处在鄂西,位于海拔高达 3105 m 的"华中屋脊"神农架最高峰——神农顶;最低处地面高程为0,位于东部平原的监利市谭家渊附近,全省整体略呈由西北向东南倾斜之势。

湖北全省平均降水量为800~1600 mm,降水量分布呈由南向北递减趋势,70%降水量集中在3—8月,且有明显季节变化:雨水夏季最多,尤其是6月中旬至7月中旬,降水量最多,强度最大,是梅雨期;冬季最少。夏季降水量为300~700 mm,冬季降水量为30~190 mm。

湖北年平均气温为15~17℃,具体表现为冬冷夏热,春季气温多变,秋季气温下降迅速。1月最冷,7月最热,1月平均气温2~4℃;7月平均气温27~29℃,极端最高气温可达40℃以上。无霜期较长,全省无霜期为230~300 d,适宜烟草生长。

湖北省地处长江中下游,地貌类型复杂多样,全省处于典型的季风区内。全省大部分为亚热带季风性湿润气候,光能充足,热量丰富,无霜期长,降水充沛,有利于烟叶生产。目前,湖北省主要烟叶产区分布在鄂西的恩施、宜昌、襄阳、十堰4个市(州),该片区域是烟草生长的适宜区。

湖北省烟叶种植区域基本分布在海拔500~1500 m的区域,平均气温为11~18℃,鄂西南是湖北省太阳光能资源的低值区,而鄂西北是湖北省太阳光能资源的高值区之一,热量资源较丰富,≥10℃的年积温在5000℃左右,三峡河谷地区年积温更是达到了5500℃。

鄂西是湖北省主要烟叶产区,有着得天独厚的自然生态环境,其地形多为山地,地势复杂且高差大。湖北省烟叶种植区多属于丘陵山区,按海拔可分为:800 m以下的低山区、800~1200 m的中山区和1200 m以上的高山区。除分布在鄂北襄阳区和老河口市的岗地外,其他烟叶种植均分布在海拔为600~1800 m的山区,其中80%分布在海拔为800~1300 m的平地或缓坡地。

烟叶对气候有着极为严格的要求,而且烟叶生长时期不同,对气候条件如气温、降雨量、热量等也有不同的要求,具体如下。

气温要求:还苗期和伸根期要求气温维持在18~28℃、旺长期在20~28℃、成熟期在20~25℃最适宜,最有利于培养出高品质的烟叶。湖北省鄂西烟区气温与海拔高度呈负相关关系,即气温随海拔的升高会逐渐降低,从整体上看,鄂西烟区平均气温海拔每升高1000 m,温度降低6℃;从不同区域看,由于鄂西南海拔高度高于鄂西北,故同一时期,鄂西南烟区平均气温要低于鄂西北,大体呈南低北高分布,但年内气温的变化趋势基本一致。

根据湖北省植烟区具体数据来看,虽然在还苗期优质烟叶的气温要求只有宜昌市植烟区达到了要求,湖北其他植烟区温度均低于最优值,但是湖北全省植烟区烟叶在旺长期和成熟期的均温要求均达到了优质烟叶的温度要求。

降雨量要求:优质烟株在还苗期至伸根期降雨量要求为80~100 mm,旺长期为100~200 mm,成熟期为80~100 mm。湖北省鄂西烟区的日降雨量局地性较强,但整体上来说还是呈南多北少分布,同时降水量随海拔高度的增加逐渐增加。鄂西南降水主要集中在6—7月,鄂西北主要集中在7—8月,5—7月鄂西南降水显著大于鄂西北。从具体数据上看,鄂西南烟区的降雨量要高于鄂西北;鄂西北尤其是十堰市、襄阳市的烟区降雨量相对偏少,可能会影响烟叶上部叶的生长发育,但从总体上看,鄂西烟区降雨量相对比较充沛,基本符合种植优质烟叶的需水量。

热量要求:烟叶属喜光作物,需要充足而不强烈的日照提供足够的热量来维持生长,而优质烟叶要求更为严格,一般要求无霜期达 120 d,≥ 10℃的年积温在 2600℃以上,日照时数 500 h 以上。而鄂西烟区恰好有着无霜期长、≥ 10℃的年积温高、日照时数长的特点。除恩施州烟区光照时长相对较少,其他产区均满足优质烟草生长要求。

湖北是我国主要的烟叶产区之一,本地的优质卷烟品牌如黄鹤楼、红金龙在全国烟叶市场中有着很高的知名度。湖北烟叶生产产量居于全国前列,其中白肋烟产量位居全国第一,烤烟产量居全国第七。湖北是国内三大香料烟产区之一,也是国内马里兰烟主要生产基地。其烟叶生产基本涵盖了各大烟草类型,得天独厚的地理、气候环境成就了品质上乘的湖北烟叶,湖北本地的均州名晒烟为全国知名晾晒烟品牌;湖北烤烟有品种全、品质优、有特色等优势,并成为众多国内著名卷烟品牌如中华、利群、中南海、黄鹤楼、芙蓉王等的主要原料;湖北白肋烟不仅产量足,质量也长期居国内首位;湖北香料烟质量也居于全国前列。湖北烟叶种植及发展带动了湖北经济和社会的发展,助力了农业的增收和农民脱贫致富。

二、烟草种植概况

湖北烤烟烟叶是醇甜香型的典型代表,烟叶质量有着适配面宽、配伍性和可选择性强等特点。从 20 世纪 60 年代起,湖北烟叶逐渐呈现出多样化的趋势,尤其是湖北省烟草公司的成立,更是推动了湖北烟叶的全面发展。如今湖北省是全国烟叶生产品种与类型最齐全的省份之一,烤烟、白肋烟、香料烟、地方晾晒烟在省内均有分布种植,其中烤烟是湖北省烟叶生产主要类型,湖北烤烟烟叶颜色为橘黄至深黄,成熟度较高且化学成分协调,糖含量与钾氯比值较高,烟叶香气质量好,香韵丰富,配伍性强,易加工,是卷烟主料烟叶之一。鄂西烟区为我国白肋烟和烤烟的主产区之一,十堰市郧西县为我国三大香料烟生产基地之一,此外在宜昌市五峰县还有少量马里兰烟生产。

近年来,湖北省雪茄烟叶紧跟市场,保持了较高的发展速度。湖北省雪茄烟叶经过高速发展,种植面积从最初的数十亩增长至近四千亩 [1 亩 = (10000/15) 米²],市场前景光明。湖北省烟草科学研究院于 2019 年发布的《国产雪茄烟叶开发与应用重大专项方案》,更是对湖北雪茄烟叶产业的大力支持。

(一)晒烟

湖北自明末清初后就一直是晒烟生产大省,直到 20 世纪 50 年代前湖北晒烟产量一直呈上升趋势,此后,在多种因素外加烤烟、白肋烟等新型烟叶的成功引进与种植的影响下,湖北晒烟产量占比逐渐减少。湖北十堰由于其得天独厚的自然条件,当地的品牌"均州名晒烟",以高糖、高蛋白、适烟碱、油分足、烟气柔和、细腻等特点著称,其烟叶大、色泽黄亮、薄厚适中。

（二）烤烟

烤烟又称火管烤烟，起源于美国的弗吉尼亚州。烤烟是我国烟草类型中种植面积最大的一种，也是卷烟工业的主要原料。烤烟烟叶叶片较大，色泽鲜亮，厚度适中，以中部烟叶质量为最佳，烤后叶片呈橘黄色或柠檬黄色，烟叶含糖量较高，总氮和蛋白质含量较低，烟碱含量处于中等水平，吸味柔和，劲头适中。湖北烤烟引进于20世纪50年代，之后发展迅猛，主要引进山东、河南等地的优质烤烟品种，1984年湖北省烟草公司成立后对烤烟进行了统一规范管理，经过多年筛选淘汰一批落后品种，确定了以G28、G80、K326、NC89等品种为湖北烤烟主打品种，随后又推广了K346、CF80、RG11、RG17等优质品种。目前，湖北主要种植烤烟品种为云烟87。

（三）白肋烟

白肋烟属红花烟种，起源于美国俄亥俄州，一般是混合型卷烟雪茄烟、斗烟和嚼烟的原料。白肋烟烟叶水分含量较高、叶片薄而轻、弹性强、叶片组织结构疏松却不粗糙、填充性高、吸收香料性能好。与烤烟相比，白肋烟生育期短，叶片成熟比较集中且生长势强，抗旱怕涝，虽然抗逆性差但抗风力比较强，也易受病虫害侵袭。湖北于20世纪60年代在多县市进行试种，由于湖北鄂西南地区的地形气候土壤等各项条件与美国白肋烟原产地相似，因此试种效果较好，烟叶质量高，并且在1974年由轻工业部鉴定恩施地区所产白肋烟质量位居全国第一，恩施烟区也逐渐发展成为湖北白肋烟中心产区，湖北白肋烟至此一直处于全国领先水平，先后远销美国、德国、法国、印尼等20多个国家，并于20世纪90年代以惊人的年均出口量5500吨位居全国第一。

（四）马里兰烟

马里兰烟原产于美国马里兰州南部，也因此而得名马里兰烟。马里兰烟是一种淡色晾烟，属红花烟种，焦油、烟碱含量低，刺激性小，口感适中，是一种相对健康的烟叶。同时由于马里兰烟具有填充力强、阴燃性好和中等芳香香型等特点，与其他烟型卷制制作混合型卷烟时，可以在改进卷烟阴燃性的同时又不妨碍卷烟本身的香气和味感。

我国于1981年成功引进栽培马里兰烟，在湖北五峰、巴东、房县、郧县等县市进行试种，经过多年发展，湖北省宜昌市五峰县成为如今中国唯一的马里兰烟主产县。

2000年，北京卷烟厂开始在地处湖北省西南山区的五峰县兴办马里兰烟叶生产基地。五峰县出产的马里兰烟有香吃味好、燃烧性强、焦油含量低、弹性强、填充性好等特点，形成了独具地方风格的五峰马里兰烟叶品类，以五峰马里兰烟为原料研制的"中南海"低焦油卷烟也迅速成为中式低焦油卷烟的代表品牌，远销日韩和欧美市场。五峰县马里兰烟叶基地也一直以栽培高品质高适用马里兰烟为目标，严格规范马里兰烟生产线，不断提高烟叶生产技术，基地生产也逐渐向集约型、规范化生产转变，提高烟叶生产技术措施到位率，以实现五峰马里兰烟叶的可持续性发展为目标。目前宜昌市烟草公司参照国外马里兰烟相关种植经验，同时结合本地五峰马里兰烟所具有的独特风格品质和当地生产情况，为了提高本地马里兰烟叶整体产量质量、生产出更优质的本地马里兰烟，制定了一系列马里兰烟的相关技术标准，并在后续生产中严格落实、贯彻实施，具体目标定位指标如下。产量单产 130 kg/ 亩左右，其中上等烟 ≥ 20%，上中等烟 ≥ 80%。烟叶外观质量：成熟度好，颜色红黄至红棕，光泽鲜明至尚鲜明，叶片宽大，身份薄至适中、填充性好、结构疏松、弹性好。内在化学成分：还原糖 0.5%～1%，总糖 1%～1.5%，烟碱 2.5%～4.5%，总氮 2%～4.5%，蛋白质 11%～18%，氧化钾 2.5% 以上，氯离子 0.5%以下。

（五）香料烟

香料烟与白肋烟、马里兰烟同属于红花烟草，香料烟是红花烟草中的一种特殊烟草类型。香料烟又称土耳其烟、东方型烟，原产于地中海沿岸国家，因为其有着株型紧凑、叶片小、茎秆细、易燃烧、填充力强、芳香气味浓郁、香浓味醇、纯净吃味等特点，因此得名"香料烟"。其香味主要来自它的腺毛分泌物或渗出物。香料烟也凭借自身芳香浓郁、香味醇厚和纯净吃味的品质特点，在烟草制品中占有一席之地，有着特殊的应用价值。目前香料烟是生产混合型、外香型和东方型卷烟及斗烟丝的重要原材料之一。香料烟的芳香与种植的土壤理化性质、气候和栽培措施有着很大关系。

以香料烟为原料制作的混合型卷烟因具有劲足、味浓、用料广泛、烟碱焦油含量低、能减轻吸烟对人体健康带来的伤害等特点而深受吸烟者的青睐，是当今世界流行的卷烟类型。世界上香料烟主要有三大品种：IZMIR、SAMSUN 和 BASMA，其中中国国内种植有 SAMSUN 和 BASMA 两个品种，我国香料烟共分 10 个等级。

香料烟是生产混合型卷烟的主要原材料。香料烟生产遍布全球四大洲的 30 多个国家，主要集中在东欧和中东地区，著名的国家有希腊、土耳其和泰国等。土耳其是香料最大生产国，其年产量超过 25 万吨，约占世界香料型产量的 40%。其他国家中，希腊约占 13.3%，保加利亚约占 5.1%，塞尔维亚、马其顿、摩尔多瓦、乌兹别克斯坦均约占 4.5%，中国约占 3.8%。其中土耳其和希腊生产的香料烟国际知名度最高，是国际上公认的典型优质香料烟。东欧国家也生产此种类型的卷烟，但香料烟叶的产量较低，一般亩产 40～50 kg，因而售价较高，只能少量使用生产混合型卷烟。香料烟的全球总产量不高，我国首次引入香料烟是在 1951 年，从土耳其引入，并且自引入后就从南到北进行了多点试验，湖北从 20 世纪 80 年代开始，便先后在郧西、襄阳、竹山等县市试种香料烟，经过后续发展，十堰市香料烟逐渐形成了一定的生产规模，其中郧西目前已经发展为全国香料烟种植的三大主产区之一。

（六）雪茄

雪茄是烟草制品的一种，由晾制及经过发酵的烟草卷制而成，吸食时把其中一端点燃，然后在另一端用口吸咄，产生烟雾。雪茄的烟草的主要生产国是巴西、喀麦隆、古巴、多米尼加共和国、洪都拉斯、墨西哥、尼加拉瓜、美国、中国以及东南亚各国。其中在中国雪茄市场上，有四大雪茄主产地，分别是四川什邡、湖北宜昌、安徽蒙城和山东济南,四大主产地也代表了中国四大雪茄品牌:四川长城、湖北黄鹤楼、安徽王冠和山东泰山。

其中湖北黄鹤楼在 2004 年推出"南样烟魁壹号"的黄鹤楼(1916),直接奠定了其在中国高档卷烟市场的地位,湖北黄鹤楼香烟品牌从此便迅速崛起,与中华、玉溪、芙蓉王并称为行业四大高档卷烟品牌,是中式卷烟经典品牌代表以及淡雅香品类代表品牌,黄鹤楼也凭借喉部基本无刺激、无杂气、余味舒适等特点,逐渐成为大部分高档烟消费者的选择产品之一。

2019 年,湖北省烟草科学研究院成为"国产雪茄烟叶开发与应用"重大专项的牵头单位,主要在丹江口市、来凤县、五峰县、恩施市、枣阳市开展试种、示范及规模化生产,总面积为 3800 余亩,对接工业计划 5000 担,全面提升了各产区的雪茄烟设施配套水平,新建或改造专用晾房 700 余间,新增发酵房面积 8000 余平方米。在示范区及种植基地建设过程中,湖北省烟草科学研究院提供品种,指导各产区制定试验、示范及生产技术方案,并全程开展技术培训、指导和服务。

湖北省恩施州来凤县雪茄烟种植已有十余年历史,近年来借助"国产雪茄烟叶开发与应用"重大专项为契机,大力发展雪茄烟,成为国内雪茄烟三大生产基地之一,也是湖北省唯一建有雪茄烟发酵工厂的县(市)。其雪茄烟叶主要特点为:烟气柔和飘逸,甜感突出,香气以青草味花粉香为主。

三、湖北烟叶介绍

湖北种植烟叶已有 380 多年的历史,是全国种植发展烟草最早的省区之一,烟叶种植种类居全国之首。2017 年,国家烟草专卖局发行了《全国烤烟烟叶香型风格区划》,湖北省烟区区划为武陵秦巴生态区,烟叶香型风格特征为醇甜香味突出,以干草香、醇甜香为主体,以蜜甜香、木香、青香、焦香、辛香、酸乡、烘焙香、焦甜香等香气为辅。

在烟叶外观质量上,湖北省烤烟烟叶烘烤调制后成熟度较高,颜色呈橘黄至浅橘黄色,叶片结构疏松,身份适中,有油分,色度强至中,综合得分为 42.8 分(见表 1-1)。

表 1-1 湖北省烤烟烟叶外观质量(单位:分)

部位	颜色	成熟度	叶片结构	身份	油分	色度	综合得分
上	7.8	8.0	6.2	7.1	6.5	6.3	41.9
中	8.2	8.5	8.4	8.0	6.6	5.3	45.0
下	8.0	8.2	8.4	5.7	5.5	5.8	41.5
平均	8.0	8.2	7.7	6.9	6.2	5.8	42.8

注:数据来源于湖北省烟草产品质量监督检测站。

在烟叶化学成分上,湖北省烤烟烟叶化学指标协调性改善,烟叶配伍性强。烟叶烟碱、钾、氯含量以及钾氯比、氮碱比均较适宜,总氮含量略偏低,还原糖、总糖含量以及糖碱比较高,烟叶综合质量得分为 71.7 分(见表 1-2)。

表 1-2 湖北省烤烟烟叶化学成分

部位	烟碱含量/(%)	还原糖含量/(%)	总糖含量/(%)	氯含量/(%)	钾含量/(%)	总氮含量/(%)	糖碱比	氮碱比	钾氯比	两糖比	综合得分
上	3.44	23.8	27.54	0.45	1.76	2.11	8.31	0.62	5.93	0.85	75.1
中	2.51	26.9	31.15	0.33	2.16	1.76	13.07	0.72	9.92	0.84	71.2
下	1.86	27.5	30.96	0.35	2.51	1.64	17.56	0.91	11.18	0.86	68.8
平均	2.60	26.10	29.88	0.37	2.15	1.84	12.98	0.75	9.01	0.85	71.7

注：数据来源于湖北省烟草产品质量监督检测站。

在烟叶感官质量上,湖北省烤烟烟叶香气质中等到较好,香气量尚充足到较足,杂气较轻到有,刺激性微有到有,余味尚舒适到舒适,燃烧性强,灰色白,浓度、劲头适中,可用性中等到较好。全省中部烟叶香气质纯正,香气量较足,有一定的满足感,杂气较轻,烟气指标协调,评吸质量改善,整体感官质量较好,综合得分为 83.8 分(见表 1-3)。

表 1-3 湖北省烤烟烟叶感官质量（单位：分）

部位	香气质（18）	香气量（16）	杂气（16）	刺激性（20）	余味（22）	燃烧性（4）	灰色（4）	合计（100）
上	14.8	13.4	12.9	17.1	17.2	4.0	4.0	83.4
中	15.3	13.5	13.4	17.5	17.7	4.0	4.0	85.4
下	14.4	12.9	13.0	17.2	17.2	4.0	4.0	82.7
平均	14.9	13.3	13.1	17.3	17.4	4.0	4.0	83.8

注：数据来源于湖北省烟草产品质量监督检测站,括号内数字代表该项指标的满分值。

四、湖北烟草种植区划

湖北省烟草种植区域所在行政区划为恩施州、宜昌市、襄阳市和十堰市。目前所开展的湖北省烟草种植区划相关研究中,研究方向主要集中在植烟区域的气候、土壤等生态条件上。何结望等人从气候因素和土壤因素方向入手,使用聚类分析法将湖北植烟县(市)分为三类片区:第一类包括 6 个植烟县(市),包括十堰市全部烟叶产区和襄阳市的老河口市和襄阳区;第二类包括 13 个植烟县(市),包括恩施州的大部分烟叶产区,宜昌市全部烟叶产区,襄阳市的保康县和南漳县;第三类仅有恩施州建始县烟叶产区。2011 年,蔡长春等人利用 GIS 平台,再加上统计分析软件 SPSS 的主成分分析和动态逐步聚类方法对湖北省植烟区域进行了生态气候类型区划试验,试验结果将湖北省植烟区域划分为四类大区:第一类是以十堰市为主的环神农架植烟区域;第二类是以恩施州为核心的鄂西南地区;第三类是神农架地区;第四类是以襄阳市和宜昌市为核心的鄂西北地区等,随着各种因素的不断变化,烟草种植区划的要求也在不断改变,人们也在不断制定和完善区划技术方法,可以说烟草种植区划工作是一个长期往复但又不断创新的过程。

第二节　湖北植烟土壤类型及肥力状况

土壤是弥足珍贵且不可再生的自然资源,是农业生产的基本资料。土壤在维持生态稳定、保护生物多样性等多方面起着关键作用,土壤的管理与保护是实现可持续发展的必然要求。土壤肥力为作物提供营养,直接决定作物产量,是影响农业可持续发展的重要因素,根据不同的土壤理化性质,所选择适宜种植的作物也会有所不同。

一、土壤类型

由于湖北省成土母质(岩)和成土条件较为复杂,土壤类型复杂多样,且湖北省土种种类繁杂,名称不系统,因此参考第二次土壤普查的相关资料以及多位相关土壤学专家联合审定整理,对湖北省植烟土壤的类型有了初步的划定,初步评定湖北省植烟土壤共计有 7 个土类,14 个亚类,30 个土属,如表 1-4 所示。

表 1-4　湖北省植烟土壤类型分布

土类	亚类	土属
黄壤土类	黄壤亚类	泥质岩黄壤土属
		碳酸盐黄壤土属
		硅质岩黄壤土属
		第四纪黏土黄壤土属
		红砂岩黄壤土属
黄棕壤土类	黄棕壤亚类	泥质岩黄棕壤土属
	黄褐土亚类	黄褐土土属
	山地黄棕壤亚类	碳酸盐山地黄棕壤土属
		泥质岩山地黄棕壤土属
		硅质岩山地黄棕壤土属
		第四纪山地黄棕壤土属

续表

土类	亚类	土属
黄棕壤土类	黄棕壤性土亚类	碳酸盐黄棕壤性土土属
		硅质岩黄棕壤性土土属
		泥质岩黄棕壤性土土属
棕壤土类	山地棕壤亚类	碳酸盐山地棕壤土属
		泥质岩山地棕壤土属
		硅质岩山地棕壤土属
	棕壤性土亚类	碳酸盐山地棕壤性土土属
石灰土土类	棕色石灰土亚类	棕色石灰土土属
潮土土类	潮土亚类	壤土型潮土土属
		砂土型潮土土属
	灰潮土亚类	砂土型灰潮土土属
		壤土型灰潮土土属
紫色土土类	酸性紫色土亚类	酸性紫泥土土属
		酸性紫砂土土属
	中性紫色土亚类	中性紫泥土土属
		中性紫砂土土属
	灰紫色土亚类	灰紫泥土土属
		灰紫砂土土属
水稻土土类	淹育型水稻土亚类	黄棕壤性碳酸盐泥田土属

从烟叶感官质量上来看,烟叶种植在紫色页岩、石灰岩母质发育的旱地和水田上所产出的感官质量较好。从烟叶总体上看,烟叶最适宜在水稻土上种植,其次是黄壤土,而在石灰土上种植的烟叶产量、质量等各方面都较差。

土壤质地是指土壤中各粒级占土壤重量的百分比组合。土壤质地是土壤的最基本物理性质之一,不同的土壤质地对应着截然不同的农业生产状况,其通透性、土壤耕性、养分含量等都有很多差异。掌握了解土壤的质地类型,对指导农业生产具有重要意义。

根据分类标准,土壤质地主要分为砂质土、壤质土、黏质土三大类,其他为三大类中间过渡类型。种植烟草一般都会选择壤质土,在砂质土上种植出的烟草叶片薄,烤后烟叶颜色淡,烟碱含量低,燃烧性好,香味较淡。在黏质土上种植出的烟草叶片组织粗糙,叶片较厚,烤后烟叶颜色深,含氮化合物含量高,总体品质不佳。而在壤质土上种植的烟草品质最好,烟叶油分足,光泽好,弹性强,烤后烟叶颜色金黄。总体来说,种植烟草一般以壤质土为宜。

据统计,在七大土类中,黄棕壤是湖北省的主要植烟土壤,其在海拔为 800~1500 m 的山区及鄂北岗地均有分布,面积最大,占比达 70.4%,其次由多到少依次为石灰土、棕壤、黄壤、紫色土、潮土、水稻土,占比分别为 14.9%、6.2%、6.1%、1.3%、0.9% 和 0.2%。

湖北省烟区土壤母质(岩)以碳酸盐岩、泥质岩、硅质岩、砂页岩及各个时期的堆积物、河流冲积物为主,其中碳酸盐岩母质分布面积最大,占全省植烟土壤面积的 67.0%,在黄棕壤土类中,碳酸盐黄棕壤土属分部面积占该土类分布面积的 60% 以上。在 30 个植烟土属中,分布面积列前五位的分别为:碳酸盐山地黄棕壤(42.2%)、棕色石灰土(14.9%)、泥质岩山地黄棕壤(8.5%)、硅质岩山地黄棕壤(4.9%)和砂页岩山地黄棕壤(4.8%),在鄂西南、鄂北山区植烟土壤中以碳酸盐山地黄棕壤和棕色石灰土土属为主,鄂北岗地以第四纪母质发育的黄褐土为主。

二、土壤肥力状况

土壤肥力是指土壤能够提供作物生长所需的养分的能力,是土壤为植物生长供应和协调养分、水分、空气和热量的能力,是土壤的基本属性和本质特征,土壤肥力直接影响作物的产量和品质。对于烟叶来说,对其影响较大的因素为土壤有机质,土壤碱解氮,土壤速效磷,土壤速效钾,土壤交换性钙、镁,土壤水溶性硼,土壤锌,土壤有效氯和其他微量元素。

(一)土壤有机质

土壤有机质是土壤固相部分的重要组成成分,是植物营养的主要来源之一,土壤有机质不仅能促进植物的生长发育,还能改善土壤的耕性与结构,对土壤肥力有着极其重要的影响,是反映土壤肥力状况和供肥特征的决定性因素。土壤有机质的来源主要包括动物、植物和微生物残体,还有有机肥料的施入等。

虽然土壤有机质含量在土壤中不高,但其会对烟叶的产量、质量等产生显著影响。土壤有机质含量过低,烟株生长发育所需养分不足,烟株长势弱,烟叶小而薄,产量低,烘烤后成品烟叶颜色浅,香气淡而不足,品质不佳;土壤有机质含量过高,植株长势过旺,烟株徒长,烟叶肥厚,烟碱和蛋白质含量都较高,色泽差,吸食刺激性大,品质较差。在合理的范围内,土壤有机质含量越高,烟株生长发育越好、烟叶化学成分越协调,减少杂气和刺激性气味,从而提升烟叶的香气质和香气量。土壤有机质含量与烟叶的香气质和香气量呈极显著正相关,与烟叶杂气呈显著正相关,与烟叶总糖含量呈极显著负相关,与烟碱含量显著正相关,与糖碱比呈极显著负相关。只有科学合理施肥,才能保持土壤有机质的适宜范围,才能获得产量品质双高的烟叶。

由于世界各地气候条件不同、烟草品种不同,因此世界各地的烟草对土壤有机质的需求也各不相同,世界上各烟草生产国对适宜烟草生长的土壤有机质含量也尚无明确的界定标准。美国、巴西都是优质烤烟的代表国,而这两个国家制定的土壤有机质含量标准却各不相同,美国规定植烟土壤有机质含量不低于10 g/kg,而巴西为保证烤烟品质,将植烟土壤有机质含量标准制定为15～30 g/kg。我国由于东南西北区域气候变化较大,烤烟对土壤有机质的需求量存在较大差异,但普遍认为中等土壤有机质是利于烟草生长发育及获得优质烟叶的土壤条件。植烟土壤有机质含量在15.0～30.0 g/kg被认为是适宜范围。

湖北省植烟区土壤中有机质含量属中等偏上水平,2012年平均有机质含量达24.5 g/kg;变异系数为34.0%,属中等变异。在湖北植烟区中,襄阳市植烟区土壤有机质含量最高,其次为恩施州和宜昌市,有机质含量最低地区为十堰市,根据2002年与2012年湖北省平衡施肥项目烟区土壤普查结果对比,湖北恩施州、襄阳市、宜昌市和十堰市的土壤的平均有机质分别降低了2.4 g/kg、7.9 g/kg、5.5 g/kg和4.5 g/kg,湖北全省平均总有机质含量降低4.5 g/kg,与往年相比有着小幅下降(见图1-1)。有研究表明,植烟土壤有机质含量以15～30 g/kg较为适宜,过低会导致烟株矮小,叶片小而薄;过高导致土壤排水不良通透性差,也不利于烟叶后期的氮素调控,影响烟草品质。

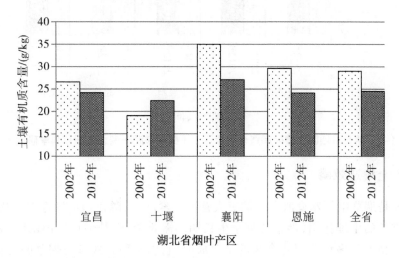

图1-1 湖北省烟区土壤有机质含量示意图(数据来源于湖北省烟草科学研究院)

(二)土壤碱解氮

氮元素是对烟叶产量品质影响最大的元素,氮在烟叶生长发育、生理生化过程和品质中起重要作用,土壤全氮与烟叶总糖含量呈极显著负相关,与烟碱含量呈显著正相关,与糖碱比呈极显著负相关。烟叶从土壤中吸收的氮素主要形态为硝态氮和铵态氮,其中硝态氮受降雨量和土壤质地的影响较大,铵态氮受施肥方式和土壤 pH 值的影响较大,两者在向植株根系迁移、吸收方式及在体内的合成机理也是不相同的。随着施氮量的增加,NO_2^-、NO_3^-、烟草生物碱和 TSNA 的含量也呈上升趋势。土壤全氮含量、碱解氮含量、铵态氮含量均与硝酸盐含量呈极显著正相关。总氮量对烟叶品质的影响主要体现在烟草的吸食劲头和刺激性方面,总氮含量过高则劲头大、刺激性强;含量过低则吃味平淡、劲头小、香气不足。

湖北省土壤中碱解氮含量丰富，有研究表明烟株吸收的氮量与土壤中的碱解氮量有着较大的关联性。在湖北省山地植烟区，土壤的碱解氮含量属较高水平，2012 年平均含量为 147.6 mg/kg；变异系数为 25.0%，属中等变异。湖北烟区中恩施州土壤碱解氮含量最高，宜昌市和襄阳市次之，十堰市最低且与其他三个产区差距较大。根据 2002 年与 2012 年湖北省平衡施肥项目烟区土壤普查结果对比，湖北植烟区土壤碱解氮含量除襄阳市外都有不同程度的提升，其中十堰市土壤碱解氮含量增幅最大，提高 34.6 mg/kg，增幅 34.7%；湖北全省土壤碱解氮含量提高 6.3 mg/kg，增幅 4.3%（见图 1-2）。

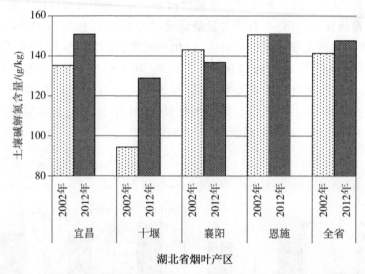

图 1-2　湖北省烟区土壤碱解氮含量示意图（数据来源于湖北省烟草科学研究院）

（三）土壤速效磷

磷元素是烟草生长发育所必需的三大营养元素之一，磷在烟草发育生长及代谢过程中都有着重要的生理作用，烟草的整个生长期都需要磷，磷是烟草体内磷脂、卵磷脂、核蛋白、核酸、植素和多种酶等化合物的重要成分，它以各种方式参与烟草的物质代谢、能量代谢等，是各种代谢活动不可缺少的元素，有研究表明，施入土壤中的磷有 15%～68% 可被烟株吸收。及时施磷有利于促进烟株根系生长发育，提高烟叶的抗逆性，促进烟叶成熟，改善烟叶颜色。适量的速效磷能促进烟草根系的生长，速效磷丰富则根系发育往往良好。在一定范围内，随着土壤磷含量的增加，烟叶中的总糖含量逐渐降低，有关研究表明，当全磷含量为 0.4～0.6 g/kg 时，烟叶总糖含量最低；烟叶硝酸盐和亚硝酸盐含量则随施磷量的增加而呈现出下降趋势。

土壤磷含量过多，会导致烟株暴长，叶片变老变厚，叶主脉变粗，组织粗糙，易破损，烟草成熟过早最终导致减产；土壤磷含量过低也会影响烟株根系生长发育，使烟叶面积小、化学成分协调性差、不能正常落黄成熟。由于植物缺磷，为了维持植物正常生长，光合产物将优先分配运输到根系，以保证根对养分的吸收，这同时也导致了烟株地上部生长较慢，成熟期推迟，叶色暗绿，叶形细长狭窄。土壤磷含量适宜时，烟株根系发达，生长健壮,落黄好,烟叶易烘烤,适宜的磷素营养对烟株对氮和钾的吸收与利用都有一定的促进作用,从而提高烟叶的质量和产量。

烟草的磷素营养丰缺状况对其生长发育与干物质的积累与分配影响很大。其中土壤中速效磷含量充足时烟草生长状况好,速效磷含量小于 30 mg/kg 时就会对烟草正常生长发育有明显影响,具体表现为烟株矮小,叶片数量少,干物质量显著降低。有研究表明,土壤速效磷含量小于 16 mg/kg 时,烟株的干物质积累量仅为同时期高速效磷含量的土壤烟株干物积累量的 3.6%,这极大限制了烟草茎和叶的生长,使烟叶呈狭长形,烟叶的长宽比由 2.2 增大到 2.7。烟草在移栽后 76～90 d 是烟株干物质积累最快的时期,但低含量的土壤速效磷会限制烟株在旺长期的生长,使烟株干物质积累明显滞后。由此可见,磷在烟草生产中有着不可替代的作用,磷的合理适量供应也有利于实现烟草优质适产的生产目标。

湖北省土壤速效磷含量属较高水平,2012 年平均含量为 31.0 mg/kg,变异系数高达73.4%。湖北省植烟土壤中,恩施州的土壤速效磷含量最高,其次为宜昌市和襄阳市,含量最少的为十堰市。根据 2002 年与 2012 年湖北省平衡施肥项目烟区土壤普查结果对比,整体土壤速效磷含量均大幅度提高,湖北全省土壤速效磷含量提高 16.6 mg/kg,增幅115%(见图 1-3)。适量的磷能促进烟草的生长,但过多的磷也会影响烟草的品质,从数据上显示的巨大的速效磷含量增幅很有可能是烟农过多施用磷肥所致,应及时注重施用磷肥的数量,以防止过多磷肥所造成的污染与损失。过量施肥会造成养分失衡,导致肥料的利用率降低,最后不仅没有提高烟叶的产量质量,还增加了生产成本,造成极大的资源浪费,而且残留在土壤中的磷会进入水体污染水环境,破坏生态平衡。

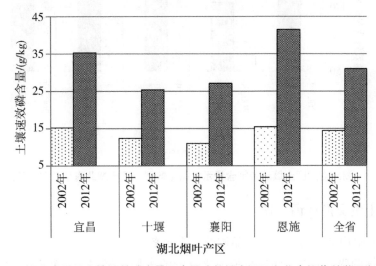

图 1-3　湖北省烟区土壤速效磷含量示意图（数据来源于湖北省烟草科学研究院）

（四）土壤速效钾

钾元素是烟叶生长发育的必需元素,是最重要的矿质营养之一,同时也是公认的品质元素,烟叶所含钾的多少通常是评价烟草品质最直接的指标之一,钾对烟叶的生长发育和品质改善起着极其重要的作用,同时钾也是所有烟草所需要吸收的矿质元素中需求最多的元素,钾几乎参与烟株所有的代谢过程,对烟株的物质代谢和能量代谢影响很大,钾含量的高低是评价烟叶燃烧性和吸食品质的重要依据之一,钾能改善烟叶的燃烧性,还能改善烟叶身份颜色,一般含钾量高的烟叶呈深橘黄色,烟叶香气足,评吸味佳,富有韧性,填充性强,阴燃持火力和燃烧性好。钾能降低烟叶焦油产生量,减少烟气中的有害物质和焦油的释放,从而减少烟制品对人体造成的健康伤害,提高烟制品的安全性,进而提高烟草品质和可用性,可见钾还与烟叶香吃味和卷烟制品安全性密切相关;施用钙、镁肥均能显著提高烟叶的钾含量。一般来说,优质烟叶中钾的含量不低于3%,例如巴西、津巴布韦和美国等一些优质烟叶生产国,这些地方当地烟叶钾含量更是高达4%~6%。

钾能促进烟草的光合作用,增强对水分和养分的运输,提高烟株的呼吸效率,减少自身的物质、能量消耗;同时钾还能提高烟株的抗逆性,增强烟草的抗旱和抗病能力,增强烟叶中糖类、色素类、芳香类等物质的合成与积累,对烟碱、蛋白质、氨基酸、有机酸和糖类等化学成分的生物化学过程具有重要影响。湖北省植烟土壤速效钾含量属极高水平,2012年平均含量为239.1 mg/kg;湖北省植烟土壤中,襄阳市的土壤速效钾含量最高,其次为恩施州和宜昌市,十堰市土壤速效钾含量则相对较低。根据2002年和2012年湖北省平衡施肥项目烟区土壤普查结果对比,湖北全省植烟土壤速效钾都得到了大幅的提高,湖北全省土壤速效钾含量提高87.5 mg/kg,增幅57.7%(见图1-4)。

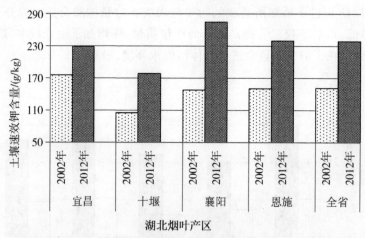

图1-4 湖北省烟区土壤速效钾含量示意图(数据来源于湖北省烟草科学研究院)

(五)土壤交换性钙、镁

钙和镁元素均是影响烟草产量品质的重要元素。

烟草对钙的吸收仅次于钾,钙是构成灰分的主要元素之一。钙是植物生长发育的必需营养元素,钙在稳定植物细胞膜、细胞壁以及参与调节植物生理活动中起着重要作用。烟叶含钙是否充足能直接反映在烟叶品质好坏和产量多少上,施用钙可以改善烟叶的植物学特性,增加色素含量,提高烟草植株的光合强度和蒸腾强度,从而促进烟叶生长发育;烟叶中钙含量高于3.5%时,烟叶的香气量、香气质量、杂气、刺激性、余味、易燃性和灰分量最低,而浓度和强度最高;烟叶中钙含量处于2.5%~3.5%时,此时烟叶的香气质量和可燃性最高;烟叶中钙含量处于1.5%~2.5%时,烟叶的杂气评分、刺激性、灰分、甜度、平滑度和香气类型最高。从总体上来进行评价,烟叶钙含量处于 1.5%～2.5% 时,烟叶感官品质较好;当烟叶钙含量大于 3.5% 时,在适宜范围内,烟叶感官品质较差。在适宜范围内,随着烟叶中钙含量的降低,香气质量变好,杂气变轻,香气特征更为明显,刺激性变小,后期口感更舒适,可燃性更强,灰分更好,凝聚性更好,浓度更轻。钙含量过高会导致烟草成熟期推迟,具体表现为烟叶粗糙僵硬、硬度增加,过高含量的钙还会造成一些微量元素的失调,对烟草产生毒害作用,导致地方杂气增加;而钙含量过低也会对烟草造成不良影响:烟叶畸形、反转卷曲,形似倒勺子状翻转,还会抑制蛋白质合成,促进蛋白质分解。

镁对植物有着重要的生理代谢作用,镁是植物组成叶绿素的重要成分,在蛋白质代谢中起着重要作用,是植物体内多种酶的活化剂,还大量参与植物激素的产生与传导过程。早在 20 世纪 30 年代,国外学者 J E Murtrey 就发现土壤镁肥力对烤烟的生长发育、产量和质量有一定影响;Diaz R 等人在 1979 年发现施用镁肥显著改善烟叶各方面农艺性状;D K Singh 等众多学者经先后研究也发现,施用镁肥能提高烤烟产质量;据 J Jancogne 报道,施氧化镁可提高烟叶中生物碱含量;此后有来自津巴布韦的研究报道,缺镁在导致烤烟烟碱含量降低的同时还能显著增加游离氨基酸的量。

有大量研究表明,施镁能显著改善烟株的生长情况,提高烤烟产质量,显著提高上等烟叶比例,有利于叶片颜色和叶体结构指标的提高,对改善烟叶外观质量具有重要作用。叶片中镁含量与燃烧性和灰色呈显著正相关关系,增施镁肥还有利于增加烟叶中还原糖的含量,同时降低烟碱含量,提高烤烟的评吸品质和燃烧性,若缺镁则会对烤烟香气前体物叶质体色素和多酚的合成代谢极为不利。由此可见,适量施用镁肥对烤烟产质量的提高起到巨大的推动作用。适量的钙和镁能促进烟草的生长发育,提升烟草的质量。土壤有效镁的形态主要为水溶态和交换态,二者含量的高低决定了土壤当季供给作物镁营养的能力。同时土壤中镁的有效性也和土壤中的钙有很大关系,钙离子和镁离子之间有着较强的拮抗作用,因此土壤中较适宜的钙镁离子之比应在 10 以内为宜,如果钙镁离子比值过高则易引起生理性缺镁。

湖北省植烟土壤中交换性钙和镁含量都比较高,总的来说,全省植烟土壤交换性钙和镁平均含量分别为 5.9 cmol/kg、211.2 mg/kg;从地方上来看,襄阳市植烟土壤中的交换性钙和交换性镁含量最高,恩施州则最低;经测定,湖北全省的 Ca^{2+}/Mg^{2+} 为 7.7,在适宜范围内,含量较为适宜(见表 1-5)。

表 1-5 湖北省植烟土壤的交换性钙和交换性镁含量

县（市）	$Ca^{2+}/$（cmol/kg）	$Mg^{2+}/$（mg/kg）	Ca^{2+}/Mg^{2+}
宜昌市	5.7	284.1	4.8
襄阳市	7.8	304.8	6.2
恩施州	4.4	134.0	9.1
十堰市	6.5	267.5	6.2
全省	5.9	211.2	7.7

（六）土壤水溶性硼

硼元素是植物生长发育所必需的七种微量元素之一，也是细胞壁的重要组成元素之一，高等植物细胞内有 60%～98% 的硼以稳定形式络合在细胞壁中，硼能起到维持细胞通道大小、调节蛋白质等的大分子物质的运转等作用。对于植物碳水化合物的运输和代谢，硼也有着重要作用，硼还能直接促进植物花粉的萌发和花粉管的生长，其间接作用可能与花粉中糖含量提高以及其组成的变化有关，使虫媒植物的花对昆虫更有吸引力。目前已有研究表明 10 mg/L 的硼能显著提高花粉发芽率。

目前世界各地有很多地区都存在着植物缺硼现象。早在 20 世纪七八十年代，美国就发现有 44 个州出现不同程度的缺硼现象。有调查数据表明，我国缺硼土壤占耕地面积的比例高达 80% 以上。植物缺硼的症状表现多样，根据特点基本可以总结为以下几点：①茎尖生长点生长受抑制，情况严重时作物枯萎，直至死亡；②根的生长发育受到抑制，根短粗兼有褐色；③植物老叶叶片变厚变脆、畸形，枝条节间较短，并出现木栓化的现象；④植物生殖器官发育受阻，导致作物结实率偏低，结出的果实体积小且多畸形。缺硼还会使种子和果实减产，严重时可能造成绝收。缺硼不仅会造成作物减产，同时对作物的品质也会产生影响，对硼较为敏感的作物常会出现许多典型的症状，如油菜的"花而不实"、甜菜的"腐心病"、花椰菜的"褐心病"、苹果的"缩果病"等。

硼是微量元素，过量的硼会对作物产生毒害作用。一般认为，土壤有效硼为 0.5～1.0 mg/kg 时，对植物的生长是有益的，但当土壤中的热水溶性硼超过 5 mg/kg 时，植物就会因硼过多而出现中毒现象。植物硼中毒现象多出现在成熟叶片的尖端和边缘，因为硼在植物体内的运输主要是由蒸腾作用来进行调控的。土壤中硼浓度过高会影响根系的发育以及植物的株高和生物量，使作物产量降低。此外，高硼胁迫会对植物的生理机能和植物的生长代谢以及营养物质的运输和吸收利用造成影响。

硼也是烟草生长所必需的微量元素，烟草是中等需硼作物。硼一般以硼酸（H_3BO_3）的形式被烟株吸收，与氮、钙、钾等多种元素相互作用，共同影响烟叶的生长发育。硼对烟株的相关生理生化过程起重要作用，硼主要参与蛋白质代谢、生物碱合成和果胶质的形成。缺硼会导致烟茎疏导组织发育不良，节间缩短，顶芽萎缩，烟株弱，烟叶身份薄而易碎。硼施用过量则会使烟株扭曲变形，导致烟叶产量下降。适量的硼能提高烟草处于旺长期时叶绿素的含量，促进烟株花粉管的生长，硼还影响着细胞分裂素和生长激素的合成。烟草中的硼主要积累在叶片中，在茎和根中相对较少。由于硼在植物中的移动性较差，在烟叶的不同部位，硼含量呈现出下部叶＞中部叶＞上部叶的趋势。

硼在烟草中的蛋白质代谢、碳水化合物代谢、物质运输、生物碱的合成、钾钙元素的交互作用等一系列代谢过程都有参与，此外还参与细胞分裂与伸长，上述过程都对烟草的正常生长发育、改善烟草的产量和品质起到积极作用。缺硼会抑制烟株根系的伸长，使核糖核酸酶活性上升，使 RNA 迅速降解，引起烟株新叶中蛋白质含量降低并堵塞筛板上的筛孔，导致糖分运输受阻，使烟株烟碱含量升高。同时硼还有稳定叶绿素结构的作用，缺硼时会破坏其结构的稳定性。适量的硼有利于烟草生长发育，目前已有研究发现，在香料烟底肥中增施硼肥，能使其烟叶面积增大、茎围增粗、叶片数增多。硼还能提高烟叶中叶绿素含量,增强光合作用强度,从而使叶面积指数增大,主根伸长更加充分,侧根更加发达,从而增加产量。同时,硼还可以提高烟株的抗病、抗寒和抗旱能力。相反,若硼过量,会使烟株株高降低,营养生长期缩短,导致烟叶产量和质量双双降低。

因此硼对促进烟草的生长发育起着重要作用。但是湖北省全省植烟土壤水溶性硼含量普遍较低,平均值仅为(0.4 ± 0.3)mg/kg,其中十堰市缺硼最为严重,适宜水平的土壤面积仅占调查面积的 7.5%(见表 1-6)。作为我国烤烟的主要生产基地之一,近年来缺硼现象已经严重影响烤烟的品质,省内植烟区更是需要及时进行硼的补充。

表 1-6 湖北省烟区土壤水溶性硼含量分布状况(%)

县(市)	分级					平均 /（mg/kg）
	次适宜		适宜	不适宜		
	0.2～0.5mg/kg	1.5～2.0mg/kg	0.5～1.5mg/kg	> 2.0mg/kg	< 0.2mg/kg	
宜昌市	49.2	5.0	20.0	1.8	24.7	0.4 ± 0.2
襄阳市	46.9	6.7	20.0	2.1	26.2	0.5 ± 0.2
恩施州	49.4	5.2	22.3	0.3	22.8	0.5 ± 0.3
十堰市	62.5	0.0	7.5	0	30.0	0.3 ± 0.1
全省	53.1	4.5	19.8	0.2	22.4	0.4 ± 0.3

(七)土壤锌

锌元素是烟草所必需的微量营养元素之一,锌在促进植物生长发育、提高产量、改善品质等方面起着重要的作用。锌在光合作用中起到了不可或缺的作用。锌通过影响碳酸酐酶的活性进而影响植物的光合作用,锌也是叶绿体的重要组成成分,其在稳定叶绿体结构和其正常运作方面都起着重要作用,在植株缺锌时,叶绿素合成受到影响,含量明显降低,导致光合作用速率明显下降。

锌是植物中多种酶的组成成分和激活剂。在植物体内,锌直接参与了诸多酶的组成,如乙醇脱氢酶、铜锌超氧化物歧化酶、碳酸酐酶和 RNA 聚合酶等;锌也是多种酶的活化剂,现已发现有 80 多种酶含锌或需要锌作为辅酶,如苹果酸脱氢酶、磷酸甘油醛脱氢酶、乙醇脱氢酶、乳酸脱氢酶、RNA 和 DNA 聚合酶等,这些酶在各个方面对植物生长发育起到了不可代替的作用,如苹果酸脱氢酶在呼吸过程中有很大的作用,磷酸甘油醛脱氢酶、乙醇脱氢酶、乳酸脱氢酶也是糖酵解过程中的活化剂等。锌主要通过影响酶的活性来影响植物的代谢活动,例如植株缺锌时,其体内硝酸还原酶和蛋白酶活性均会降低,导致可溶性蛋白的合成受到影响。

锌还参与植物体内生长素的合成,生长素是植物生长发育必需的激素,起到促进植物生长的作用。锌能够促进吲哚乙酸和丝氨酸合成色氨酸,色氨酸则是植物体内生长素生物合成中重要的前体物质,在植物缺锌时,其体内的生长素也会由于分解导致含量降低,影响植物正常生长发育;而在锌过量的条件下,过量的锌离子能够抑制吲哚乙酸的合成,造成生长素含量的急剧下降,同样影响植物正常生长发育。此外,还有许多研究者发现,锌对赤霉素合成也有影响。有人对菜豆施加锌肥后,经过研究发现叶片中的赤霉素含量增加,茎中的赤霉素含量也表现出类似的现象。缺锌时赤霉素缺少可能是造成植株节间缩短的原因之一,另一个原因是植株体内脱落酸含量的增加;此外,锌还参与植物多种代谢过程。

锌是烟叶生长发育的必需微量元素之一,主要以离子状态被植物吸收,烟叶的锌含量在各个部位有所不同,烟草中锌主要分布在根和顶端生长点及第一片叶,下部叶含锌量较少。

当土壤中锌含量较低时,植株生长缓慢、矮小、节间缩短,叶片的生长受阻,而且顶叶簇生,下部叶易产生坏死斑。适量施用锌肥有改善糖碱比和香吃味、降低杂气量的作用,还能显著提高烟叶糖含量,协调烟叶的化学成分,增加烟叶产量。但锌浓度过高时也会降低烟草的品质。总体而言,在有效性较低的土壤上施加适量的锌肥有助于烟叶品质的改善。

锌还与其他的元素之间存在着相互作用。1962 年,Langin 提出土壤中增施氮肥有利于增加植物对锌的吸收量。但也有研究表明,土壤中增施氮肥过多,虽然使其生物学产量增加,但会造成其体内含锌量相对降低,使缺锌症状加重,而且在作物不同生长阶段,氮和锌之间表现出的效应也不相同。锌不但与氮存在相互作用,大量研究表明,锌与磷也存在相互作用,大量施加磷肥会造成植物缺锌。此外,施加锌肥过多时,会引发植物出现缺铁症状,但这时如果增施铁肥的话其症状会减轻乃至消失。也有研究曾表明:高锌条件下会促进植物对钾离子的吸收。此外,锌与铜之间存在拮抗作用,在铜缺乏时施加锌肥会加重铜的缺乏情况;而随着土壤中锌含量的增加,烟叶对铜的吸收量也相应增加,同时锌还和锰也存在一定的拮抗作用。锌和钙、镁、氯、硼之间也存在一定的联系,钙、镁的缺乏都会对锌的吸收造成一定影响,锌也能通过提高细胞原生质膜的透性来使氯、硼的透性增加,甚至会造成硼的毒害。

锌主要通过影响烟叶干物质的积累,从而影响烟叶的产量和品质度,促进烟叶光合产物的合成、代谢与运转,使烟株高质量生长,还能明显改善烟叶的香气质、香气量和余味;土壤中锌缺乏时,烟株矮小、生长缓慢、节间短、叶片小、顶叶簇生、下部叶有大量坏死斑。有效锌含量过多,会导致根系发育受阻,烟叶有褐色斑点,甚至坏死。

湖北全省植烟土壤有效锌平均含量处于中等水平,平均含量(1.6 ± 1.0)mg/kg;变异系数为 62.5%,四个植烟区中襄阳市有效锌含量最多,平均含量(1.9 ± 0.9)mg/kg;十堰市含量最少,平均含量(1.3 ± 0.7)mg/kg;但宜昌市植烟区适宜土壤有效锌所占面积最大,适宜水平的土壤面积占调查面积的 92.0%(见表 1-7)。

表 1-7　湖北省烟区土壤有效锌含量分布状况（%）

县（市）	分级					平均 /（mg/kg）
	适宜	次适宜		不适宜		
	0.5 ～ 3 mg/kg	0.3 ～ 0.5 mg/kg	3 ～ 4 mg/kg	> 4 mg/kg	< 0.3 mg/kg	
宜昌市	92.0	4.0	0	0	4.0	1.5 ± 0.6
襄阳市	86.8	0	9.9	3.3	0	1.9 ± 0.9
恩施州	90.2	0	4.9	3.7	1.2	1.6 ± 1.1
十堰市	90.4	4.8	4.8	0	0	1.3 ± 0.7
全省	90.8	1.5	5.4	2.9	0.4	1.6 ± 1.0

（八）土壤有效氯

虽然烟草属于忌氯作物,但氯元素也是烟叶生长所必需的营养元素,氯是植物光合作用中必不可少的元素,适量的氯离子能够促进烟叶的光合作用,增加烟叶里的干物质合成量,从而增加烟叶的产量和品质;当氯含量过高时,会对烟叶造成不良影响:当烟叶中氯含量大于 1.0 % 时,此时烟叶的吸湿性强,造成烟草燃烧性差,以此原料制作的卷烟在点燃时易熄火、杂气重。我国烟草种植区划规定最适宜土壤氯含量要不大于 30 mg/kg,当土壤中的氯含量大于 45 mg/kg 时,则该土壤不适宜种植烟草。适量施氯可以改善烤烟氯素营养,同时还能提高烟叶品质。

（九）其他微量元素

烟草也是需硫较多的植物,硫元素是铁氧蛋白的重要组成成分,在光合作用和氧化物还原过程中主要起电子转移的作用。植物体内的由硫组成的硫脂是高等植物内同叶绿体相连的最普遍的组分,硫脂是叶绿体内一个固定的边界膜,与叶绿素结合和叶绿体形式相关,并与电子传递和全部光合作用相关。缺硫会使叶片气孔开度减小,羧化效率降低,RuBP 羧化酶活性下降,硝酸盐积累,影响了光合性能,导致烟叶产量降低;同时缺硫会增加叶绿体结构中基粒的垛叠,使叶绿体结构发育不良,光合作用受到明显影响。硫是铁氧还原蛋白、铁蛋白、铝铁蛋白的重要组分,这些物质还在氧化物的还原中起到电子转移作用,并参与暗反应中的还原过程,影响着植株的光合作用;适量的硫能增加植株体内的叶绿素含量,而叶绿素含量则能直接影响植物光合作用的速率,提高叶绿体内铁的活性,这些作用都能促进植株有机物的合成;硫还是蛋白质的重要组成成分,是构成蛋白质不可或缺的成分,植株体内几乎所有的蛋白质都含有硫,蛋白质的合成常因胱氨酸及蛋氨酸的缺乏而受到抑制,而施硫能提高作物必需的氨基酸的含量,从而促进蛋白质的合成,还能提高植株抗寒、耐寒和抗倒伏能力。湖北烟区土壤总体含硫水平较低,需要及时补充硫肥。

硫在烟叶上的表现为低用量时能够促进对氮、钾、钙、镁等多种营养元素的吸收,高用量则会抑制吸收。曾有研究表明硫的增加会使烟叶中的烟碱含量逐渐增大,使糖碱比逐渐下降,双糖差减小,直到硫含量升高到一定水平后,烟碱含量、糖碱比便不再变化;硫含量过高会降低烟叶的燃烧性。当烟叶中硫的含量超过 0.7% 时,烟叶的燃烧性就显著减弱,一般将 0.6% 作为游离硫含量的高限。烟叶的燃烧性受到影响,还会导致烟叶内含物质燃烧不完全,进而影响烟叶的香吃味等。已有国内相关学者廖堃对硫对烟叶的中性香味成分的影响做了研究,试验结果表明,当硫含量为 0.5%～0.7% 时,烟叶中的香气成分含量最高;当硫含量高于 0.7% 时,烟叶的中性香气成分呈下降趋势,说明过高含量的硫也会对烟叶的香味质量造成影响。

钼元素是人类及动植物体内所必需的微量营养元素之一,但钼是较晚才被证实是植物所必需微量营养元素的,1939 年阿农(Arnon)和斯托德(Stout)在试验时发现番茄中某些症状受钼含量少的影响才证明钼是植物必需营养元素,目前证明钼必需性的植物已有50 多种。

钼是动植物体内必需的微量营养元素之一,其含量虽少,但其营养功能却是无法替代的。钼素主要以含钼酶的形式在植物体内起作用。目前在高等作物中确定了4种含钼酶:硝酸还原酶(NR)、黄嘌呤脱氢酶(XDH)、醛氧化酶(AO)、亚硫酸盐氧化酶(SO)。含钼酶通过参与植物体内氧化还原反应控制植物的碳、氮代谢等过程,调节植物的生理变化。另外,钼在提高植物抗寒能力、光合效率、抗逆性以及激素调节等方面也有重要作用。

钼也是植物所需要的七种微量营养元素之一。钼是硝酸还原酶和固氮酶的重要组分,在植物氮代谢过程中至关重要。钼与部分蛋白质结合,构成酶不可缺少的部分。研究表明钼对硝酸还原酶活性具有明显影响,低钼条件下,硝酸还原酶活性降低,抑制硝态氮的同化作用,导致植物体内硝酸盐积累,氨基酸和蛋白质的数量明显减少;钼还与植物磷代谢密切相关。钼酸盐不仅影响正磷酸盐和焦磷酸酯类化合物的水解,还会影响植物体内有机磷和无机磷的相互转化。钼同时也参与植物的碳代谢过程。碳代谢过程与植物光合作用和呼吸作用息息相关,故钼是不可缺少的元素。

在烟叶上,缺钼会直接或间接影响叶绿体中的叶绿素含量及相关酶活性,使光合速率降低、根系活性下降,影响光合产物的合成及植物根系对养分的吸收,从而影响烤烟的正常生长发育,降低其产量、产值,还会导致烟株矮小、生长缓慢、根系瘦弱、叶片狭长、脉间叶肉皱缩、叶面有坏死小斑、易早花、早衰等不良症状。合理适量施用钼肥,具有明显的增产效果。我国烟区土壤普遍缺钼,湖北烟区也不例外,种植烟叶过程中要注意及时补充钼肥。

硒最早发现于1817年,是被一名瑞典化学家永斯·雅各布·贝采利乌斯发现的。硒最初被认为是一种对人身体健康有害的元素,直到德国科学家Schwarz等人对硒进行长达几十年的深入研究,最终得出结论:硒是对人体健康十分重要的一种微量元素,人体的40多种疾病如癌症、贫血、白内障、糖尿病等都与缺硒有关,除此之外,在1972年,我国杨兴圻教授发现缺硒是人体克山病、大骨节病的主要原因,到目前已经确定硒是动物和人体体内所必需的微量元素,也是对人体健康有着重要作用的微量元素,人体适量补充硒还有防癌、抗衰老、增强免疫力的功效,而且也已经有试验表明如果长期食用硒含量小于0.05 mg/kg的食物就会造成人体缺硒,但如果人长期食用硒含量大于35 mg/kg的食物则会出现中毒现象,目前已知最安全的硒含量范围处于0.1～0.36 mg/kg。虽然已经明确了硒是人体必需微量营养元素,但是至今还没有确定硒是否为植物所必需的生长元素,就目前研究表明植物中硒含量一般为0.021 mg/kg且与土壤含硒量呈正相关,土壤中的硒越多,植物含硒也就越多。

烟叶中硒含量的提高可以起到提高吸烟者血硒含量、降低香烟焦油的毒性和抑制香烟燃烧时自由基的产生的作用,而香烟对人体健康造成危害的主要因素就包含焦油和自由基,可以说富硒烟是一种相对其他烟类产品来说相对毒性较低、比较健康的烟类,此外施硒还能提高烟叶的总糖和还原糖含量,研究开发富硒烟有着重要的社会效益和经济价值。一般适宜的施硒量为0.5～10.0 mg/kg。

我国整体土壤硒较为稀缺,全国约有2/3的地区被定义为缺硒地区,在这2/3中又有近1/3为严重缺硒地区,但是湖北硒资源总量居全国前列,湖北恩施更是被誉为"世界硒都",其岩石、土壤、动植物硒富集均达到了世界之最,经相关地质部门调查证实,恩施市含硒碳质页岩出露面积850平方千米,硒矿含量多达50亿吨,其中的新塘乡双河鱼塘坝的硒矿更是被称为"世界罕见和唯一独立工业硒矿床"。

总体来说,湖北省植烟区土壤基本适宜烟叶的生长。从有机质适宜含量来看,湖北省烟区的土壤基本都处于最适宜和适宜水平中,其中处于最适宜水平土壤有机质的地区比例由大到小顺序为宜昌市＞恩施州＞襄阳市＞十堰市;从土壤碱解氮适宜含量来看,湖北烟区基本都在适宜或最适宜范围中,其比例占总调查面积的95.7%,分布在50～200 mg/kg水平的适宜和最适宜范围中,比例由大到小顺序为恩施州＞十堰市＞襄阳市＞宜昌市;从土壤速效磷适宜含量来看,湖北烟区土壤速效磷含量处在大于20 mg/kg的最适宜比例达调查总面积的76.5%,比例由大到小顺序为恩施州＞十堰市＞襄阳市＞宜昌市;从土壤的速效钾适宜含量来看,其植烟区土壤碱解氮最适宜区域占总调查面积的75.0%,比例由大到小顺序为襄阳市＞宜昌市＞恩施州＞十堰市。

相对而言,湖北烟区土壤中镁含量较为缺乏,只有占66.7%的调查面积在大于120 mg/kg的范围内,尤其是恩施州植烟区,其土壤中的交换性镁含量次适宜和不适宜比例占到了48.7%和5.0%,相比之下,其土壤镁含量要低于其他产区,此地出现烟叶缺镁的可能性高于湖北其他烟叶产区;湖北全省植烟区均存在硼和锌缺乏现象,需要及时注意补充硼肥和锌肥,此外土壤中钼和硫元素含量也相对较少,也需要注意及时补充。

第三节 湖北植烟土壤主要障碍因子

土壤退化目前已经成为严重的全球性环境问题之一,土壤退化事关人类的生存基础和生存环境。目前全球共有20亿公顷的土壤资源已经受到土壤退化的影响,影响面积占全球土地面积的6.5%,即全球农田、草场、森林与林地总面积的大约22%的土壤发生了不同程度的退化。我国土壤退化现象同样非常严重,据统计,因水土流失、盐渍化、沼泽化、土壤肥力衰减及酸化等造成的土壤退化面积约4.6亿公顷,占全国土地面积的40%,是全球土壤退化总面积的1/4。

土壤退化是最基础和最重要的且具有生态环境连锁效应的退化现象。土壤退化是在自然环境的基础上,因人类开发利用不当而加速的土壤质量和生产力下降的现象和过程,因此土壤退化一方面要考虑自然因素的影响,另一方面还要关注人类相关土地活动的干扰。土壤退化的标志是对农业而言的土壤肥力和生产力的下降以及对环境而言的土壤质量的下降。

土壤是所有作物赖以生存的基础,土壤肥力对作物的产量和品质有着极其重要的影响,健康植烟土壤是培育优质烟草的重要前提。烟草作为湖北省的一种重要的特殊经济作物,其质量直接影响了整个烟草行业的生存与发展。烟草的质量与产量则受多种因素的影响和制约,其中植烟土壤的质量是影响烟草品质的重要因素之一。

土壤质量好坏受多种因素影响,如今全世界都面临着土壤退化的难题,土壤地力退化也已经成为全球性的生态和农业问题,引起了各国的高度重视。我国针对土壤退化问题,在 2015 年中央一号文件指出,"加强农业面源污染治理,大力推广生物有机肥、开展秸秆资源化利用及区域性示范";农业部于同年 3 月提出"一控、二减、三基本"的农业生产指导方针,明确指出在农业生产中要减少化肥用量;2017 年,十九大报告指出:"强化土壤污染管控和修复,加强农业面源污染防治",把"土壤"二字直接写在党的报告中;2018 年的中央一号文件,再次强调加强农业面源污染防治,开展农业绿色发展行动。

湖北烟区土壤也存在土壤退化的趋势,湖北烟叶产区主要位于鄂西区域,地属武陵秦巴山区,该地区植烟历史最短也有 30 年,在长久的烟叶种植过程中,一直存在着长期连作、施肥措施单一等现象,易引发土壤连作障碍,造成土壤养分失衡、病虫害加重等一系列问题,对烟区烟叶质量产量构成了极大的威胁。为了实现我省烟叶的可持续发展,须对影响湖北植烟土壤的主要障碍因子进行研究,现已知的湖北植烟土壤主要障碍因子如下。

一、土壤酸化

根据相关数据,湖北省酸化土壤面积达 114 万公顷左右,占全省耕地总面积的 36.13%,其中酸化土壤(pH ≤ 6.50)面积达 105 万公顷以上,严重酸化(pH ≤ 4.50)的土壤面积约 8.22 万公顷,主要分布在鄂东大别山区、鄂西武陵山区和鄂南幕阜山区的 46 个县(市、区),严重制约现代农业发展。土壤酸化问题已严重影响高山片区农业经济的高质量发展,土壤酸化治理迫在眉睫。

pH 值是影响土壤理化性质的重要因素之一,pH 值低于一定水平就会导致土壤酸化。pH 值通过影响土壤养分的形成、转化和有效性,进而影响作物的生长发育,影响作物产量质量。土壤酸化则是由于各种因素所导致的土壤 pH 值降低从而引发对作物一系列的毒害作用,特别是近几十年来人类对土壤进行的不合理的活动影响,导致原本较为缓慢的土壤酸化这一自然过程愈发快速与强烈。土壤酸化是指土壤吸收性复合体接受了一定数量的交换性氢离子或铝离子,导致土壤中的碱性离子流失含量下降的现象。其中一般中性土壤的 pH 值为 6.5～7.5,而发生酸化的土壤 pH 值会在 6.5 以下,当土壤 pH 值低于 4 时,表明土壤酸化已经相当严重。根据联合国的统计数据显示:目前全球酸性土壤的面积为 39.5 亿公顷,主要分布在热带、亚热带和温带地区。这些国家和地区一般气温较高,降雨丰沛,这种高温多雨、湿热同季的特点导致土壤风化和成土作用强烈,物质循环迅速,盐分高度不饱和,同时铁铝氧化物积聚,导致土壤 pH 值为 4.5～6,也因此酸性土壤多呈现砖红色、赤红色。

土壤酸化会抑制植株发育,具体表现为加重土壤板结,通透性能下降,非活性孔隙率上升,致使土壤物理状况恶化,作物根系生长受到抑制,缓苗困难,容易形成僵苗,同时土壤酸化还会影响氮磷钾及微量元素等营养元素的吸收利用,土壤微生物种群结构与数量发生巨大变化,微生物整体数量、微生物种群丰度、土壤酶活性下降,植物根际环境中有害物质降解速率降低,有害物质积累,烟株自毒,进而影响植株的正常生长。此外,土壤酸化还会导致植株发育不良,生长缓慢,多病虫害,抗逆性差,品质差且产量低。土壤酸化会改变土壤微生态环境,会造成农药和化肥利用率下降。

虽然烟叶对土壤酸碱度的适应性较广,但优质烟叶对 pH 值要求较为严苛,一般认为种植优质烟叶的适宜土壤 pH 值为 5.5~6.5,处于此区间外的 pH 值都不利于生产优质高产的烟叶。适宜的 pH 值能促进烟叶根系的生长,影响烟叶香气的化学成分、烟叶香气类型、烟碱、焦油含量,改善烤后烟草外观及油分。土壤 pH 值还与土壤中微量元素有效态存在一定关系,这些因素都对卷烟的感官品质和烟叶质量产量产生了一定的影响。

土壤酸化会导致植烟土壤中营养元素的有效性降低,会降低酶活性,抑制微生物活性,还会加剧病虫害的发生,导致烟草产量下降;此外,还会引起烟草内部化学成分含量及比例不协调,严重影响了烟草的品质,严重制约了烟草的生产发展。

据 2012 年的调查结果显示,湖北省植烟区土壤 pH 值变幅为 4.1~8.2,平均 pH 值为 6.2,属弱酸性土壤。全省烟区植烟土壤 pH 值最适宜(5.5~6.5)土壤比例占总植烟土壤的 30.3%,适宜(5.0~5.5,6.5~7.5)土壤比例占总植烟土壤的 47.9%。全省植烟区土壤酸性与 2002 年湖北省平衡施肥项目烟区土壤普查结果相比均有明显增长,其中恩施州、宜昌市、十堰市和襄阳市的土壤 pH < 5.5 的酸性土壤面积分别占调查总面积的 37.7%、29.8%、21.6% 和 5.1%。与 2002 年湖北省平衡施肥项目烟区土壤普查结果相比,恩施州、宜昌市和襄阳市的酸性土壤面积分别增加了 26.1、5.8 和 3.3 个百分点。以上数据足以说明湖北省植烟区土壤已经表现出较为明显的酸化特征,其中地处鄂西南山区的恩施州在这 10 年的酸化趋势尤为明显,地处鄂西北平原的襄州区植烟土壤的酸化状况也不容忽视,pH < 5.5 的酸性土壤面积增加了 22.8 个百分点,土壤平均 pH 值降低了 0.7 个单位。

二、土壤有机质含量下降

有机质是土壤的重要组成部分,是评价土壤肥力最重要的因素之一。虽然土壤有机质在土壤中所占比例很小,但它能为植物生长提供大量的营养元素,提高土壤中矿质元素的有效性,为作物提供营养,是作物有效养分的主要来源;改善土壤物理性质,促进团粒状结构形成,促进土壤微生物的活动,进而改善土壤环境和耕层微生物区系,增强土壤的通气性和透水性,提高土壤保肥能力,提高土壤温度,稳定土壤生态环境,从而保证作物生长发育。土壤有机质还能和土壤中的农药、重金属等污染物结合,影响它们的生物活性和迁移状况,对农产品所要求的大气、水环境质量有极其重要的影响,是衡量土壤健康质量的重要指标;土壤有机质还是全球碳的重要贮存库,与全球气候和生态环境变化有着密切联系,是土壤生态系统中最重要的基础物质。

土壤有机质含量与土壤缓冲性能相关联,高产肥沃土壤有机质含量高,土壤缓冲性能强,土壤自身具有较强的自调能力,能进行自我调节,为作物协调土壤环境条件、抵制不利因素;而贫瘠的土壤有机质含量低,土壤缓冲性能差,自调能力低。

土壤有机质自身结构是疏松的多孔体,也是形成土壤团聚体的胶结剂,能促进土壤良好结构的形成。有机质丰富的土壤其通气性、保水性和透气性协调,土壤的水气热状况良好,利于作物的健康生长,是获得高产的有力保障。

土壤有机质含量的下降不仅直接影响土壤各方面理化性质,而且已经成为限制农作物产量提高的重要因素,是目前农业生产中有待解决的问题。

土壤有机质减少直接体现在土壤质量降低,表现在土壤供给农作物养分的能力、土壤的耕性、通气性和透水性迅速降低,从而严重影响了农业生态的生产力,直接威胁到农业生态系统的可持续发展,限制社会经济的发展。

虽然湖北省植烟区土壤中有机质含量属中等偏上水平,但将2002年与2012年湖北省平衡施肥项目烟区土壤普查结果对比,我们不难发现,湖北全省植烟区的土壤有机质含量从总体上看是有所下降的,尤其是襄阳市,烟区土壤平均有机质含量降低了7.9 g/kg。有机质含量减少,主要是常年连作,大量使用化学肥料,没有合理对土壤进行耕作,没有及时补充有机肥料,导致土壤有机质含量下降而又没有得到及时补充等因素。

三、土壤养分失衡

造成土壤养分失衡有多种原因,农民大量施用化肥、有机肥投入量少、施肥结构不合理、肥料施用不科学,最后造成土壤有机质含量下降,使土壤逐渐呈酸化趋势,各土壤类型的土壤容重普遍增加。

(1)耕地开垦年限比较长,对土地缺乏保养意识。由于烟叶的高经济利益,再加上我国耕地人均较少,导致农民过于注重既得利益,缺乏长远合理的规划,施肥重化肥而轻农肥,有机肥投入少,土地只用不养,进行掠夺性生产,导致土壤养分严重失衡。

(2)化肥使用比例不合理。部分农民不根据作物的需肥规律和土壤的供肥性能进行科学合理施肥,大量盲目施肥,造成施肥量偏高或不足,影响烟叶产量和质量水平。有些农民为了省工省时,没有从耕地土壤的实际情况出发,采取一次性施肥,不追肥,这样对保水保肥条件不好的瘠薄性地块,容易造成养分流失和脱肥现象,抑制作物产量。尤其是只注重单一元素肥料的投入,导致土壤养分失衡。

(3)农业机械化作业面积虽扩大,但耕翻深度过浅;化学除草剂应用减少了传统中耕次数。土壤耕层变薄,土壤结构恶化,存蓄肥水能力下降,地力退化。

由于烟株对养分的选择性吸收,长期连作会导致土壤养分失调,直接影响土壤供肥平衡体系,造成土壤养分失衡,再加上烟草的自毒效应,往往提高施肥量也很难保障烟草的正常生长。将2002年与2012年湖北省平衡施肥项目烟区土壤普查结果对比,我们不难发现,虽然土壤中碱解氮的含量处于烟草适宜范围要求,但与此同时全省土壤有机质平均含量却都出现了下降趋势,根据2012年的调查结果显示,我省烟区土壤有机质含量变幅为1.5～68.4 g/kg,平均值为24.5 g/kg,属中等偏上水平,而与2002年相比,烟区有机质含量却都出现了下降,十堰市、宜昌市、襄阳市和恩施州植烟土壤平均有机质含量分别降低了4.5 g/kg、2.4 g/kg、7.9 g/kg和5.5 g/kg,降幅分别为15.5%、9.0%、22.6%和18.6%,降幅明显。

但全省烟区土壤速效磷与速效钾含量却迅速提升,与2002年相比,全省土壤速效钾含量提高了87.5 mg/kg,增幅达到了57.7%;全省土壤速效磷含量与2002年数据相比提高16.6 mg/kg,增幅更是达到了惊人的115%,土壤中磷、钾的大量累积,导致养分利用率降低。

烟区由于长期的连作,导致土壤中磷、钾大量积累,养分严重失衡,有机质含量下降及部分微量元素亏缺,导致土壤养分比例变化失调,供肥能力失衡,土壤微区系失调,抑制烟草对其他营养元素的吸收,导致烟草出现生理缺素现象,养分利用率降低,土壤生产力大幅下降。土壤有机质大量消耗,磷和钾利用率下降导致其大量残留积累,直接影响了土壤供肥平衡体系。

四、土壤连作障碍

连作障碍,是指连续在同一土壤上种植相同作物或近缘作物,即使在正常的土地管理下,仍会出现的作物生长发育异常现象。连作障碍症状一般为生长缓慢、作物营养不良、产量减少、品质下降,严重时还会出现发苗不旺,不发苗或死苗现象,甚至造成作物绝收。连作障碍在不同植物科属之间还存在着显著差异,一般茄科、豆科、十字花科、葫芦科和蔷薇科较易出现,而像麦类、水稻和玉米等禾本科粮食作物连作障碍表现不明显。耕作障碍一般在作物生长初期表现明显,及时发现并进行合理补救是可恢复的。多数受害植物表现为根系褐变、分支减少、活力低下,使其吸收水分及养分的能力下降。烟草属于茄科烟草属,是忌连作的作物。连作障碍对烟草造成的影响尤为明显,连作障碍对烟草造成的不良反应除一般作物都会出现的植株生长缓慢、个体矮小、产量减少、质量下降、成熟度变差外,烟草长期连作还会导致土壤生态环境改变、理化性状恶化,使土壤群落结构与微生物数量减少、土壤养分失调、抑制土壤生物化学过程、病虫害加重、破坏土壤微生态平衡。随着烟草种植年限的延长,连作带来的连作障碍问题越发严重,制约了我省烟草行业的健康可持续发展。

植物连作障碍的作用机理主要表现在以下几个方面。一是土壤理化性质的逐渐恶化。长期作物连作以及不合理的作物栽培管理会导致土壤形态结构不断劣化,土壤结构体逐渐变差。而如果在重茬栽培时使用大量化学肥料则会降低土壤非活性孔隙比例、减弱其保水保肥的能力,这是因为长期连作导致的盐类积累,从而造成土壤板结,因土壤连作及盐类过量还易引发土壤养分失衡问题。而且在长期连作之后还会降低土壤的 pH 值并导致土壤微生物群出现改变,主要表现在加快病原微生物的繁衍并抑制有益微生物;还会导致土壤酶活性的改变,主要表现在连作烤烟土壤中的脲酶、过氧化氢酶、中性磷酸酶活性均降低。二是土壤微生物变化机理。连作土壤中会出现微生物区系扰乱,多样性和均匀性指数下降,微生物总量减少,病原拮抗菌数量明显减少,而病原菌数量增加等问题,这就会降低土壤质量。三是化感作用和自毒作用。长期连作会导致作物自身分泌羟基苯甲酸、五倍子酸、紫丁香酸、香豆酸和苯甲酸等化学物质,对作物的生长发育起到抑制作用,表现为减弱烟草抗性以及增加病虫发病率等。

自毒作用是指某些植物通过地上部分淋溶、根系分泌物和植株残茬等途径,释放一些物质,这些物质会对植物本身生长产生抑制作用,从而影响植物正常生长发育的作用。连作条件下的土壤生态环境对植物生长有很大的影响,植物残体本身以及病原微生物的代谢产物,再加上地上部分淋溶和植物根系分泌的自毒物质,都会对植物起到致毒作用,这些物质共同对植株代谢进行影响,导致自毒作用发生。连作烟草的根系分泌物中某些物质通过直接或间接的方式影响烟株,降低根系活力,抑制烟株正常生长发育,且根系分泌物越多抑制作用越明显,进而造成烟叶产量和品质的下降,而且长期连作后的烟株根际会产生大量与烟草自毒作用相关的物质,土壤化学成分变化明显,随着连作年份的增长,这种物质会越来越多,自毒作用也会逐渐加剧,与此同时,土壤中的病原微生物也随着土壤生态环境的变化而逐渐增多、积累,这些都加剧了烟草的自毒作用。

在长期连作与土壤环境变化的条件下,土壤微生物种群结构与数量发生了较大的变化,根际细菌和放线菌减少,土壤从细菌型向真菌型转化,根际微生物数量和种类的大幅度变化会影响植株的正常生长。已有研究表明烤烟根际微生态的变化与微生物数量、土壤养分比例、土壤中的酶活性、自毒作用等多种因素有关。目前有越来越多学者认为烟草根际微生态失调是引起烤烟连作障碍的主要因素,根际微生态即植物、土壤、微生物等不同单元间相互作用、相互依赖的特殊系统。

烟草是忌连作作物,连作障碍的发生受多种因素影响。首先,连作次数越多、年限越长,作物障碍程度越严重。其次,保护性土壤或设施土壤比露天土壤更易发生连作障碍。不同性质的土壤连作障碍的表现也不同。作物种植过程中水肥管理不当也会加重连作障碍,此外,还包括土壤养分过度消耗、病虫害增加和有毒物质(包括化感物质等)的累积等因素影响。王茂胜等学者在研究中发现并表明,长期连作可显著提高烟田青枯病病原菌数量,提高烟田感染青枯病风险。

湖北烟区是我国重要的烟叶产区之一,但是经济利益的驱动,再加上有限的耕地面积和种植条件等各种因素的制约,使得烟区连作现象严重。根据湖北省烟草科学研究院2014年的调查数据,整个湖北烟区大约有1/4的土壤连作达10年以上,连作障碍直接导致植烟土壤理化性质变差,当地烟叶产量降低、质量下降,使得湖北优质烟区面积连年缩减。至今,连作障碍依旧是农业可持续发展道路中的难点,也是全世界农业共同面临的重大难题之一。

五、植烟土壤主要障碍因子导致的问题

(一)病虫害严重

烟叶病虫害历来是影响烟草生产的重要因素之一,如何有效且高效地控制病虫害以保障烟叶的正常生产一直都是烟叶生产的重要环节。病虫害发生受气候变化、烟草种植结构、烟草栽培管理、烟草品种等多种因素的影响。气候变化带来多方面综合效应,一方面气候变化可能会导致病虫害的寄主植物、传媒等发生变化,另一方面气候变化也会对烟株本身如生长状况、抗病性变化等产生影响。农村不合理的种植结构如长期连作、施肥不合理以及当地种植的其他作物为一些害虫提供了生长繁殖的温床,从而导致病虫害爆发。一般高质量烟草品种的抗病性相对较弱,为了追求高品质的烟草,需要对其本身的抗病性弱做出一定的妥协,这也导致了烟草易遭受病虫害侵袭。

烟叶病虫害常见于土壤退化区域,这是烟叶病虫害发生的重灾区,此外还有例如青

枯病、黑胫病、根黑腐病、根结线虫病等土传病害日益加重,这些都是土壤连作障碍的最直观表现,土壤连作也是导致地下害虫如地老虎、金针虫、线虫等大量发展繁殖的重要原因之一。地下害虫大量繁殖导致烟根、烟茎被大量啃食,同时其在地下大量活动,直接改变了根系的生长环境,抑制根系生长甚至使其断裂,导致烟苗凋萎甚至死亡。

病虫害现象在湖北省老烟区十分普遍,而且随着土壤连作年限的延长,病虫害现象也随之逐渐蔓延扩大。造成以上现象的原因主要有以下几点:第一,土壤生态功能由于长期连作出现退化,使原有的土壤生态环境平衡被破坏,土体内部环境调控失衡,病虫害发生概率大大提升;第二,根部发育受到抑制,导致烟株生长发育受限,病害感染率提高,尤其是土传病害极易侵染受体;第三,土壤退化打破了土壤酶催化体系,降低了对有害物质的降解能力,促使毒性物质大量积累,抑制烟株生长,降低烟株自我防病能力。一般随着土壤退化,病虫害和"死烟"现象会逐步加重。

（二）烟叶产量、质量下降

土壤退化直接抑制了烟叶产量和质量的提高。根据调查,在土壤退化较轻的区域,烟叶产量一般降低 8% 左右,在土壤退化严重区域,烟叶产量大幅下降,部分烟田甚至出现了绝收弃烤现象。其中土壤严重退化区域的烟叶单叶重明显低于非退化区域,且烟碱含量增加,总糖和蛋白质含量减少,香吃味较差,品质显著下降。随着土壤酸化加重,土壤中络合的重金属活化后被释放出来,严重影响了烟叶安全性。

（三）优质烟产区逐步萎缩

常年连作导致的土壤退化已经使部分曾经的优质烟叶产区质量逐渐下降,再加上缺乏必要的相关保育措施,当地土壤功能退化现象更加突出、严重。例如湖北咸丰县甲马池、尖山等烟区,这些烟区在 2004 年以前一直都是湖北省的优质烟区,但常年的连作、土壤酸化退化而导致的病害,严重影响了当地烟叶的产量和质量,也影响到优质烟区的稳定与发展;曾经的利川市柏杨、南坪等利中盆地一直都是利川烟叶的主产区,但近十年来,土壤退化导致当地"死烟"问题频频发生,大量种植区域被迫向高山区转移,原利川市烟叶产区质量大不如从前;房县是我省 2004 年后开发的烟叶生产新区,烟叶质量也得到了湖北中烟等工业企业的认可,但近年来的监测表明本区域已经有 23% 左右的土壤出现了酸化的趋势,部分区域的病害情况严重,对区域的稳定形成了潜在的威胁。

第二章 植烟土壤酸化改良技术

第一节 我国植烟土壤酸化现状

2017年,根据国家局(总公司)特色优质烟叶开发重大专项的标志性成果,将全国烤烟烟叶产区划分为八大生态区,相应的把烟叶风格划分为八种香型,突破了传统浓、中、清三大香型划分。

近年来,由于大量施用化肥及长年连作等,烟田土壤存在不同程度的酸化现象。

西南高原生态区中四川烟叶产区,植烟土壤pH最大值为8.0,中值为6.0,最小值为4.0,31.97%的土壤pH值集中在最适宜范围5.5~6.5,在较适宜范围4.5~5.5和6.5~7.5土壤的比例分别为25.07%和23.63%。四川植烟土壤多呈弱酸性或中性,总体来说大部分土壤适宜种植烤烟。

黔桂山地生态区中贵州烟叶产区,是中国第二大烟叶产区,常年种植面积在20万公顷左右,植烟土壤主要为黄壤、石灰土、水稻土和紫色土。烟区分布较广,遍及9个市(州),其中遵义市和毕节市是贵州省两大烤烟主产区。贵州省土壤pH值为4.03~7.98,平均为5.73±1.03,变异系数为18.0%,表明土壤pH值偏低,且不同区域之间变化幅度较小。从土壤pH值分布状况来看,pH值小于4.5的强酸性土壤占10.8%,pH值为4.5~5.5的酸性土壤占36.9%,pH值为5.5~6.5的微酸性土壤占29.2%,pH值为6.5~7.5的中性土壤占13.9%,pH值大于7.5的碱性土壤占9.2%,可见,贵州省植烟土壤以酸性至中性土壤为主,其所占比例达到80.0%。

武陵秦巴生态区中重庆市烟叶产区,2021年酉阳县pH均值为6.10,土壤酸化比例为26.4%;奉节县约有1.3%的土壤pH值小于4.5,11.7%的土壤pH值为4.5~5.0,有40.0%的土壤pH值为5.0~5.5,pH值为5.5~6.5的有19.5%,综合来看奉节县约有53.0%的烟田土壤酸化;涪陵区植烟土壤pH值为4.41~8.12,平均值为5.61,变异系数为16.76%,其中pH值小于4.5的强酸性土壤占3.12%,pH值为4.5~5.5的偏酸性土壤占57.29%,pH值为5.5~7.0的土壤占28.13%,涪陵区植烟土壤以酸性土壤为主。

湖北省植烟区土壤酸化现状详见第三章。

黄淮平原生态区中河南烟区主要分布在豫中区域,有研究表明,豫中区植烟土壤pH值介于5.11~8.82,平均为7.90,有78.64%的样点pH值大于7.5。许昌3个烟区差异不显著，pH 值均在 7.0 以上；漯河以舞阳最低，与城区和临颍差异显著，有 56.52% 的样点 pH 值为 5.5～7.0。pH 值明显偏高，应考虑采取秸秆还田、绿肥掩青等措施来降低土壤 pH 值。南阳市植烟土壤 pH 值的变幅在 5.60～7.95，平均值为 6.98。全市烤烟种植区中，23.7% 的土壤 pH 值为 5.50～6.50，属于酸性土壤；6.84% 的土壤 pH 值为 6.51～7.50，属于中性土壤；而 7.9% 的土壤 pH 值为 7.51～8.50，属于碱性土壤。由此可知，南阳市 92.1% 的植烟土壤属于酸性或中性，比较适宜烟草生长；7.9% 的植烟土壤偏碱性，应引起重视，防止土壤进一步碱化。

南岭丘陵生态区安徽烟区主要分布在皖南，包括宣城、芜湖、黄山 3 个市。有研究表明，从皖南烟区植烟土壤养分状况分析得出，黄渡烟站 pH 值为 5.33～6.28，平均 pH 值为 5.87；城区烟站 pH 值为 5.12～6.32，平均 pH 值为 5.62；芜湖烟站 pH 值为 5.29～6.78，平均 pH 值为 5.77；南陵烟站 pH 值为 5.21～6.04，平均 pH 值为 5.76；郎溪烟站 pH 值为 4.99～5.83，平均 pH 值为 5.44；泾县烟站 pH 值为 4.85～6.66，平均 pH 值为 5.61。pH 最大值出现在芜湖烟站为 6.78，pH 最小值出现在泾县烟站为 4.85。从土壤 pH 值分布状况看，pH 值为 4.5～5.5 的酸性土壤，黄渡 8.82%、城区 28.57%、芜湖 23.53%、南陵 11.76%、郎溪 44.44%、泾县 55.56%；pH 值为 5.5～6.5 的微酸性土壤，黄渡 91.78%、城区 71.43%、芜湖 70.59%、南陵 88.24%、郎溪 55.56%、泾县 33.33%；pH 值为 6.5～7.5 的中性土壤，芜湖 5.88%、泾县 11.11%，其他烟站所含区域没有分布。可见，皖南烟区各烟站土壤以酸性至微酸性为主。烤烟适宜的 pH 值为 5.5～7.5，最适宜的 pH 值为 5.5～6.5，处于最适宜范围表现为黄渡＞南陵＞城区＞芜湖＞郎溪＞泾县，黄渡最高为 91.18%，泾县最低为 33.33%。

武夷丘陵生态区中福建主产烟区土壤 pH 值为 4.47～6.93，平均 pH 值为 5.59±0.44，变异系数（CV）为 7.91%。其中，龙岩平均 pH 值为 5.68±0.55，CV 为 9.73%；三明平均 pH 值为 5.51±0.42，CV 为 7.60%；南平平均 pH 值为 5.59±0.31，CV 为 5.59%。土壤 pH＜5.5 的样品数占 43.45%。其中，三明占 48.76%，龙岩占 40.0%，南平占 38.99%。可见，与以往研究的福建烟区有 82.11% 土壤 pH 值小于 5.5 的结果相比，土壤 pH 值有所上升，但仍有部分烟区土壤 pH 值偏低。

东北平原生态区中辽宁省烟区是主产区之一，近年来，由于烟草连年种植、化肥的不合理施用，烤烟种植区土壤出现了板结、有机质低、耕层浅、犁底层上移、硬度大、酸性强、养分含量失衡等问题，严重影响了烤烟产量和品质，已成为制约铁岭市烤烟生产发展的瓶颈。

表 2-1 所示为铁岭各市县植烟土壤 pH 值统计表。

表 2-1　铁岭各市县植烟土壤 pH 值统计表

指标		区域		
		开原市	昌图县	西丰县
pH 值	范围	4.12～6.99	4.07～6.89	4.54～7.64
	均值 ± 标准差	4.73±0.53 ab	4.63±0.38 b	5.36±0.65 a
变异系数 /（%）		11.13	8.30	12.13

注：同列中小写字母表示在 5% 水平差异显著（$P \leqslant 0.05$），下同。

第二节 我国植烟土壤酸化成因

烟草生长与土壤生态环境有密切联系,植烟土壤酸化会引发一系列土壤质量和环境问题。这是因为,土壤酸化会加速土壤中养分离子的淋失,土壤结构退化,使烟叶产量及品质下降,烟叶安全性降低;同时,土壤酸化造成土壤微生态失衡,在不同程度上会影响微生物的种群变化,从而影响整个土壤微生态系统,导致烟草土传病害发生严重。综合各种研究材料显示,植烟土壤酸化的成因大致分为:酸沉降、农业措施不合理、自然因素与其他四类。

一、酸沉降

大气酸沉降是指 $pH < 5.6$ 大气酸性化学组分通过降水的气象过程进入陆地和水生生态系统的现象。酸沉降是导致土壤酸化的主要原因之一,可使土壤性能发生改变,影响土壤中氮、碳等元素的分布特性。酸沉降冲洗土壤一方面直接导致土壤酸化,另一方面淋洗土壤内的盐基离子,从而使土壤 pH 值降低。由于工业发展,在生产过程中会释放大量的 SO_2 和 NO_x 气体,导致酸雨沉降频率增加。

酸沉降主要包括各种酸性的雨、雾、雪、霜等形式,其成因主要是受人类生活和生产的影响而形成的如硫、氮、磷等酸性气体和悬浮粒子,通过降水沉降到地面进入土壤。酸雨通常包含 H^+、SO_4^{2-}、NO_3^- 等多种侵蚀离子,其酸性物质来源于火山爆发、森林火灾和闪电等天然排放,以及人类大量燃烧煤、石油等燃料。

酸雨导致土壤酸化的现象主要发生在工业密集区域、矿区周围,在地势低洼、空气流动性差,且将大量含硫高的煤炭作为生活能源的人口密集区也可发生。酸雨已成为当今世界备受关注的重大环境问题之一,我国是继北美、欧洲之后世界第三大重酸雨区域,我国酸雨区域面积占国土面积的 30%,主要集中在华中、西南和华东沿海三个区域。

二、农业栽培措施不合理

(一)种植制度不合理

不合理的种植制度会引起土壤酸化。ZHANG Y T 等研究发现,连续 10 年种植烟草会造成土壤酸化和土壤酸缓冲能力下降。烟草是一种忌连作作物,长期连作会造成植烟土壤酸化,也是植烟土壤易板结和土壤通透性变差的重要原因。同时,长期连作会影响烟草田间长势及农艺性状、降低烟草的产量和品质、加重病虫害的发生。邓阳春等对灰岩黄壤和第四纪黄壤研究表明,长期连作烟田 pH 值呈缓慢降低趋势,其中灰岩黄壤显著降低,年均降幅为 0.07,土壤表层酸化较为明显。

(二)施肥措施不适宜

从国内外研究结果来看,农业生产影响土壤酸碱反应的因素主要是施肥,施肥对土壤酸碱反应的影响是一把双刃剑,既可以导致土壤酸化,也能进行土壤酸性改良。

1.大量施用氮肥

随着全球农业氮肥投入的增加,氮沉积量的增加加速了陆地生态系统的土壤酸化进程,氮肥过量施用导致的土壤酸化等问题已在全球范围引起广泛关注。我国自 20 世纪 80 年代以来,氮肥用量急剧上升,90 年代中期就以 7% 的耕地消耗掉全球 35% 的氮肥,成为世界氮肥用量第一大国。氮肥过量施用不仅会导致氮肥利用率不断下降,也会产生土壤酸化、温室气体排放和地下水硝酸盐污染等环境问题。

有研究结果表明,过量施用氮肥是导致我国农田土壤酸化的主要原因。施用过量氮肥会使土壤中的硝酸根离子过度积累,氢离子的活性增加,这样又加速了活性铝离子的释放和盐基离子的淋失,从而加剧了土壤酸化。

在水热条件适当时,氮肥的过量施用,会导致氮肥迅速水解形成 NH_4^+ 并继续被硝化成 NO_3^- 离子,一方面会增加 H^+ 离子的释放,H^+ 留在土壤的交换点位使土壤酸化;另一方面伴随 NO_3^- 的淋失引起土壤中盐基阳离子的淋失。而土壤中盐基阳离子的减少会导致土壤酸化,因此过量施用氮肥必然会加速土壤酸化。

2.长期过量施用普钙

酸性肥料本身就含有一定量的游离酸,大量的施用会导致土壤 pH 值下降,尤其是施用量较大的普通过磷酸钙不仅含硫酸根,而且含有 3%～5% 的游离酸。因此含硫肥料和普通过磷酸钙的大量施用是导致耕地土壤酸化的又一主要原因。

普钙本身含有大量的游离酸,积年累月的施用也会使土壤酸性增强。再加之,由于土壤中酸性胶基多,施入土壤中的普钙中的磷酸根离子和部分钙离子被作物根系吸收利用,残留的 Ca^{2+} 将酸性胶基上吸附的 H^+ 置换到土壤溶液中,使潜性酸转换为活性酸,使土壤酸性增强。

3.大量施用生理酸性、酸性肥料

氯化钾、硫酸钾、氯化铵、硫酸铵等酸性肥料会引起植烟土壤酸化。生理酸性肥料本身是中性盐,但作物的选择性吸收或吸收比例差异,导致大部分酸性离子残留在土壤中,导致土壤酸化。土壤中施入的生理酸性肥料主要是硫酸钾,其中大部分 K^+ 被烟株吸收利用,并随收获物带走。而大量的 SO_4^{2-} 残留于土壤中,使土壤 pH 值降低。过量硫的存在是导致栽培土壤变化的重要原因,若长期施用,不仅使土壤酸化,还会使土壤板结。

4.施肥比例失调

大量施入氮、磷、钾等肥料,忽略镁、钙等中微量元素肥料的施用,导致土壤养分失调,使钙、镁等元素很容易被氢离子置换,从而引起酸化。有研究指出,大量施用化肥加速了农田土壤酸化的进程,过去 20 年来我国主要农田土壤 pH 均值下降约 0.5 个单位,相当于土壤酸量(H^+)在原有基础上增加 2.2 倍,这其中也包括植烟土壤。尤开勋等研究表明,施肥不当是导致宜昌市植烟土壤酸化的主要原因之一。土壤 pH 值随着硫酸钾用量的增多呈逐渐下降趋势，且降幅逐渐加大。同时，长期大量施用单一的化学肥料导致土壤有机质含量下降，减弱土壤的缓冲性能，引起植烟土壤酸化。

5.有机肥不合理施用

大量施用未腐熟的猪、牛厩肥和畜禽粪便，这些未腐熟的有机肥在分解过程中产生大量的有机酸和 SO_2，SO_2 遇水或在相对高温高湿环境条件下转化为亚硫酸和硫酸，也会使土壤酸度增大。

20 世纪 80 年代前，我国的肥料施用以有机肥为主，随后，有机肥的施用量严重下降，特别是进入 21 世纪以后有机肥的施用滑坡更加明显。有机肥是土壤 pH 值的调节剂，它在土壤转化后形成的有机质又是土壤酸碱反应的缓冲剂。由于有机质的等电点为中性，它能使酸性或碱性土壤趋于中性。因此有机肥施用量的下降也是导致土壤酸化的原因之一。

（三）水分管理措施

灌水对植烟土壤水分含量和水分剖面分布以及不同深度土层的水分含量、运动方向有影响，进而影响植烟土壤盐分积累以及酸化程度。有研究表明，大水漫灌灌溉方式会加剧土壤酸化，相比于沟灌和渗灌，滴灌处理表层水溶性盐分和硝酸盐积累较少，更利于土壤酸化的抑制。

（四）残茬留田

有研究表明，残茬留田会加速土壤酸化。残茬留田一方面将部分有机阴离子归还土壤，增加土壤的 pH 值；另一方面将植物所含的有机氮加入土壤中，可能通过有机氮的矿化和硝化降低土壤的 pH 值。植烟土壤的最终 pH 值由以上两种过程共同作用决定。

三、自然环境

自然因素引起的土壤酸化包括如下。

（1）天然酸的形成引起植烟土壤酸度增加，如动植物呼吸产生碳酸以及动植物残体分解产生的有机酸等。

（2）自然多雨条件下，降水量大大超过蒸发量，土壤溶液中的盐基离子在强烈的淋溶作用下随渗透水下移，使植烟土壤中易溶盐减少造成土壤酸化。水土流失状况显著影响植烟土壤 pH 值，水土流失严重的植烟土壤容易酸化。

（3）随海拔升高，植烟土壤 pH 值呈下降趋势。此外，植烟土壤 pH 值在不同地形间存在显著差异，其中平坝最高，丘陵最低，这可能与不同地形土壤类型等因素的差异有关，如平坝多为黄壤，山地和丘陵多为紫色土和红壤。

（4）成土母质。成土母质是自然土壤酸性的最大贡献者，除碳酸盐类母质发育的土壤 pH 值稍高外，砂质页岩、石英砂岩等母质发育的土壤 pH 值均较低。另外，气候是影响成土过程的主要因素之一，土壤湿热同步导致土壤酸化。我国热带和南亚热带气温高、降雨充沛，土壤矿物风化快、淋溶强度大，土壤脱硅富铝作用强，钙镁等盐基离子淋失严重，土壤酸性强。而在我国的中亚热带和北亚热带,虽然降雨较充沛,但由于气温偏低,土壤矿物风化较慢,土壤脱硅富铝作用弱。

四、其他

土地利用方式改变会影响土壤酸化程度。JACKSON R B 等研究表明,为促进生物固碳而大量种树加速土壤酸化,森林土壤比经常翻耕的农田土壤更容易发生酸化。在农田生态系统中,免耕措施更易加速土壤酸化。工业产生的废气、废渣、废水的任意排放,直接或间接导致植烟土壤酸化。

第三节　湖北植烟土壤酸化现状

湖北省位于长江中下游,土壤肥力水平高,光照充足,热量丰富,雨水充沛,无霜期长,是中国重要的优质烤烟和白肋烟生产基地之一。根据 2020 年湖北农村统计年鉴,湖北省烟叶播种面积 3.6 万公顷,烤烟播种面积 3.0 万公顷。十堰市植烟播种面积 5760 公顷,总产量达 10332 吨,主要集中在郧西县、竹山县、竹溪县、房县等县(市);宜昌市植烟播种面积 3560 公顷,总产量达 7010 吨,植烟区主要集中在兴山县、秭归县、长阳县和五峰县;襄阳市植烟播种面积 3140 公顷,总产量达 5857 吨,植烟区主要集中在南漳县、保康县和枣阳市等县(市);恩施自治州植烟播种面积 23210 公顷,总产量达 39850 吨,恩施市、利川市、建始县、巴东县、宣恩县、咸丰县、来凤县和鹤峰县均有种植;神农架林区植烟播种面积 40 公顷,2020 年总产量为 6 吨。

恩施自治州的恩施市、利川市、建始县、巴东县、宣恩县、咸丰县、来凤县和鹤峰县,十堰市的丹江口市、郧县(现十堰市郧阳区)、郧西县、竹山县、竹溪县和房县,襄阳市的枣阳市、南漳县和保康县,宜昌市的兴山县、秭归县、长阳县和五峰县以及神农架林区是湖北省主要植烟区。

根据植烟区域海拔、气温、降雨量、湿度和土壤特性等影响烟叶生长的生态条件,全省划分为 4 个植烟区:①以十堰为主的环神农架植烟区,所辖县(市)有十堰的房县、丹江口、郧西、郧县、竹山、竹溪以及宜昌的兴山 7 个县(市);②以恩施为核心的鄂西南植烟区,包括恩施州的巴东、建始、恩施、利川、咸丰、宣恩、来凤、鹤峰及宜昌市的长阳和五峰 10 个县(市、区);③神农架植烟区;④以襄阳和宜昌为核心的鄂西北植烟区,主要包括襄阳的保康、南漳、襄州、枣阳、老河口和宜昌的秭归、夷陵和宜都 8 个县(市、区)。

土壤酸碱度影响各元素的有效性和烟草对养分的吸收能力,也是影响烟草生长发育、产量和品质的重要因素之一。由表 2-2 可知,湖北省植烟土壤 pH 值变幅为 3.9~8.5,平均为 6.2 ,变异系数为 14.3%。从平均水平看,4 个植烟区中鄂西南土壤 pH 值明显低于其余 3 个植烟区。通常将土壤 pH 值为 5.0~7.0 作为植烟土壤的适宜类型的范围值,而土壤 pH 值为 5.5~6.5 又作为最适宜类型范围值。总体上看,湖北主要植烟土壤中有 30.9% 土壤 pH 值处于最适宜类型范围内,另有 43.1% 因土壤 pH ≤ 5.0 或 pH ≥ 7.0 不适宜烟叶正常生长,此类土壤若种植烟叶需采取适当的改土措施,诸如施用石灰或白云石粉等。

表 2-2 湖北省不同植烟区土壤 pH 值的分布状况

植烟区	样本数	变幅	均值	变异系数 /(%)	pH 值				
					≤ 5.0	5.0～5.5	5.5～6.5	6.5～7.0	≥ 7.0
环神农架	2518	4.8～8.4	6.8a[1]	13.2	2.4	9.6	30.4	13.9	43.7
鄂西南	3149	3.9～7.9	5.4b	17.2	41.0	18.1	23.4	7.7	9.8
神农架	154	4.1～8.4	6.8a	12.6	4.8	6.1	23.0	16.4	49.7
鄂西北	3201	4.3～8.5	6.4a	12.8	7.7	12.0	38.8	16.4	25.1
全省	9022	3.9～8.5	6.2	14.3	17.9	13.4	30.9	12.6	25.2

注:1 同列中不同的字母表示在 5% 水平上差异显著,下同。

鄂西南烟区黄棕壤、水稻土、黄壤及鄂西北烟区棕壤偏酸,此区烟草生产中应适当施用石灰或白云石粉以调节 pH 值至适宜范围;各烟区石灰土及环神农架烟区紫色土偏碱,在此区域可施用生理酸性肥料以满足优质烟草的生产需求。

谢媛圆等研究指出,2012 年湖北省烟区土壤的 pH 值变幅为 4.1～8.2,平均 pH 值为6.2,属弱酸性土壤;变异系数较低,仅为 13.9%,如表 2-3 所示。不同烟区的土壤 pH 值表现为襄阳市＞十堰市＞宜昌市＞恩施市,这与湖北省土壤 pH 值的地域性分布是一致的,整体上随着纬度的降低,土壤 pH 值呈降低的趋势,这与成土母质和气候有很大的关系。

表 2-3 湖北省烟区土壤 pH 值的描述性统计

烟区	变幅	均值		变异系数 /(%)	样本数
		2012 年	2002 年		
宜昌市	4.2～7.9	6.1	6.1	13.4	729
十堰市	4.5～7.9	6.3	6.2	13.6	204
襄阳市	4.7～8.2	7.0	7.0	10.3	548
恩施市	4.1～7.9	6.0	6.3	16.5	1920
湖北省	4.1～8.2	6.2	6.3	13.9	3401

2012 年湖北省烟区植烟土壤为弱酸性至中性(pH 值为 5.5～7.5),土壤面积占植烟土壤的 60.3%;在不同的烟区中,恩施市、宜昌市、十堰市和襄阳市的土壤 pH ≤ 5.5 的酸性土壤面积分别占调查总面积的 37.7%、29.8%、21.6% 和 5.1%;2002 年宜昌市、十堰市、襄阳市、恩施市、湖北省烟区植烟土壤 pH 均值分别为 6.1、6.2、7.0、6.3 和 6.3,与 2002 年相比,2012 年湖北省烟区的土壤 pH 值除恩施市明显降低外均无明显变化,但酸性土壤的面积明显增加,其中,湖北省烟区、恩施市、宜昌市和襄阳市的酸性土壤(pH ≤ 5.5)面

积分别增加了 15.9、26.1、5.8 和 3.3 个百分点,而十堰市的酸性土壤面积则降低了 6.2 个百分点,如表 2-4 所示。

表 2-4　湖北省烟区土壤不同 pH 值的占比分布情况（单位：%）

土壤 pH 值	宜昌市		十堰市		襄阳市		恩施市		湖北省	
	2012 年	2002 年	2012 年	2002 年	2012 年	2002 年	2012 年	2002 年	2012 年	2002 年
强酸性（≤5.0）	10	8.3	7.8	18.3	0.7	0.1	16.2	3.7	11.9	5.3
酸性（5.0, 5.5]	19.8	15.7	13.8	9.5	4.4	1.7	21.5	7.9	17.9	8.6
弱酸性（5.5, 6.5]	37.7	49	37.7	30.6	21.3	39.5	29.2	56.3	30.3	49.7
中性（6.5, 7.5]	29.8	23.3	35.8	34.7	52.5	54.2	23.1	29	30	32.6
弱碱性（7.5, 8.5]	2.7	3.7	4.9	6.9	21.1	4.5	10	3	9.9	3.7
碱性（＞8.5）	0	0	0	0	0	0	0	0.1	0	0.1

一、环神农架植烟区

环神农架植烟区以十堰市为核心,十堰市位于湖北省西北部,地处秦巴山东部、汉江中上游地区,属亚热带季风气候,整个地势南北高,中间低,自西南向东北倾斜。地貌可分为丘陵、低山、中山、高山 4 种主地貌类型和河谷平地、山间盆地 2 种副地貌类型。烟田土壤属于山区岩石风化后经淋溶形成的森林土壤和森林边缘地带土壤,主体具备山地森林土壤的基本结构。

十堰市是湖北省烟叶的主要产区,是环神农架地区中间香型风格"金神农"烟叶的主要产地之一。十堰烟区在全国烤烟种植区划中属于武陵秦巴生态区,是湖北省第二大烟叶产区,常年种烟面积约 6666.6 公顷,年产量约 12000 吨,占湖北省烟叶生产规模的 15% 左右,是湖北中烟、浙江中烟、河北中烟、陕西中烟、四川中烟等工业企业的重要卷烟原料基地。

伹国涵等通过比较 2011 年与 2001 年十堰市土壤 pH 值相关数据,如表 2-5 所示,得出下列结论:2011 年十堰市植烟土壤 pH 值范围为 4.3～8.3,平均值为 6.4±1.0,属于弱酸性范围;不同县市之间存在一定的差异,其顺序为郧西县＞竹溪县＞房县、竹山县,以郧西县土壤 pH 值最高,房县和竹山县土壤 pH 值最低。2011 年十堰市植烟土壤弱酸性(pH 值为 5.6～6.5)和中性(pH 值为 6.6～7.5)土壤样点分别占调查总样点的 30.6% 和 32.6%,而酸性(pH＜5.5)和碱性(pH＞7.5)土壤样点分别占调查总面积的 23.0% 和 13.8%。相对于 2001 年,2011 年十堰市植烟土壤的平均 pH 值降低了 0.9,降幅为 12.3%,其中中性(pH 值为 6.6～7.5)和碱性(pH＞7.5)土壤的样点较 2001 年分别降低了 6.9 和 28.5 个百分点,而弱酸性(pH 值为 5.6～6.5)和酸性(pH＜5.5)土壤样点较 2001 年分别提高了 14.7 和 20.7 个百分点,表明这 10 年间十堰市植烟土壤已经由以中性至碱性为主演变成以中性和弱酸性为主,酸性土壤面积明显增加,土壤酸化趋势十分明显。

表 2-5　十堰市植烟土壤 pH 值的样点分布

年份	平均值	pH 值区间占比 / (%)				
		< 5.0	5.1 ~ 5.5	5.6 ~ 6.5	6.6 ~ 7.5	> 7.5
2011 年	6.4	9.1	13.9	30.6	32.6	13.8
2001 年	7.3	0.4	1.9	15.9	39.5	42.3
增幅	−0.9	8.7	12.0	14.7	−6.9	−28.5

十堰市植烟土壤以弱酸至中性为主,其中弱酸性(pH 值为 5.6~6.5)和中性(pH 值为 6.6~7.5)土壤样点分别占调查总样点的 30.6 % 和 32.6 %。与 2001 年相比,2011 年中性 (pH 值为 6.6~7.5)和碱性(pH > 7.5)土壤的样点分别降低了 6.9 和 28.5 个百分点,而弱酸性(pH 值为 5.6~6.5)和酸性(pH < 5.5)土壤样点较 2001 年分别提高了 14.7 和 20.7 个百分点,表明十堰市烟区土壤已经表现出明显的酸化趋势。

黄凯等于 2018 年冬季对十堰市烟田进行了全面普查,共调查烟农 3098 户、烟田 8601 块。通过与 2004 年的普查结果对比分析,2018 年,pH < 5.5 的酸性土壤面积占调查总面积的 21.6%,总的趋势是土壤趋于酸化。究其原因,主要是植烟土壤长期施用生理酸性肥料。

十堰市现有基本烟田 23333.3 公顷,但受社会经济发展及多元化产业发展的影响,目前烟区轮作土地资源严重不足,部分烟田连续种烟 10 年以上,极端地块连续种烟达 20 年之久,长期连作,导致田间病菌积累,土壤肥力退化,土壤有效养分含量降低、养分不平衡、可溶性盐分含量过高、土壤酸化碱化等。

长期连作烟草、大量使用化学肥料以及忽视养地等原因,导致部分土壤质量下降,从而引发土壤酸化、生产力下降、病虫害加重、烟叶产质量下降等问题,成为烟叶生产的主要障碍因子,对烟区的稳定和可持续发展造成了严重威胁。换茬轮作,在以后的烟叶生长中,应控制化肥用量,适当增施有机肥,优化土壤环境。

研究表明中国高达 90% 的农田土壤均发生了不同程度的酸化现象,土壤 pH 值下降了 0.1~0.8。过度施用化肥,尤其是施用大量氮肥、磷肥是我国土壤酸化加剧的主要原因。土壤处于中性和酸性范围,特别是中性范围时,对酸性物质的输入比较敏感。因此十堰市烟区可采取施用石灰、白云石粉等碱性物质进行土壤酸化改良,而对于尚未酸化的土壤应通过优化施肥结构等方式进行土壤保育,防止土壤进一步酸化。

二、鄂西南植烟区

(一)恩施州植烟土壤酸化现状

恩施州地处鄂西南山区,是湖北省最大的烟叶产区,烟叶种植历史悠久,规模一直保持在 2.7 万公顷、5.0 万吨以上。从 20 世纪 90 年代以来,长期连作和大量施用化学肥料等原因导致其植烟土壤不断酸化,从而引起了生产力下降、病害加重、烟叶质量下降等严重问题。大量的研究表明,合理轮作与休耕养息是解决土壤退化的重要途径之一。然而,山地烟区由于受耕地资源、交通条件、种植成本以及土地所有制度等诸多因素影响,进行轮作和土地休耕还存在很多现实困难,多数烟农仍然保持连作的种植习惯,直到土壤彻底退化而放弃烟叶种植。

根据尹忠春对恩施州宣恩县土壤 pH 值的研究显示,适宜的植烟土壤 pH 值有利于烟株高效吸收各种养分,促进植株健康生长,从而获得品质优良的烟叶,因此优质烟叶的生产一般都要求土壤 pH 值在适宜的范围内。仅就土壤 pH 值而言,宣恩烟区植烟土壤 pH 平均值为 5.52,变异系数为 13.04%,总体偏酸,变幅范围为 4.43~8.08,平均值为 5.52±0.72,变异系数为 13.04%。烤烟生长最适宜土壤(pH 值为 5.50~6.50)占样本总数的 30.77%,适宜土壤(pH 值为 5.51~7.00)占样本总数的 35.39%,弱酸性土壤(pH 为 5.00~5.50)占样本总数的 33.07%,强酸性土壤(pH < 5.00)占样本总数的 26.92%,碱性土壤(pH > 7.00)占样本总数的 4.62%。适合种植烟草的占 35.39%(pH 值为 5.51~7.00)。

倡国涵等对宣恩县近 30 年植烟土壤 pH 值数据进行分析,发现 1982 年植烟土壤平均 pH 值为 6.51,2002 年植烟土壤平均 pH 值为 6.20,2012 年植烟土壤平均 pH 值为 5.76;在 2002—2012 年 10 年间,植烟土壤的 pH 值平均下降了 0.44 个单位,年平均变化速率为 0.044 个单位。研究结果表明,2012—2020 年 8 年间,植烟土壤 pH 值平均下降了 0.24 个单位,年平均变化速率为 0.03 个单位,可见 8 年间宣恩烟区植烟土壤的 pH 值下降速率较前 10 年间降低了 31.82%,但仍表现出酸化趋势。土壤酸化带来的一系列问题,已成为困扰宣恩烟区烟叶可持续发展的难题。王瑞等通过在重度酸化(pH < 0.5)植烟土壤上开展的定位研究表明,连续 3 年施用石灰后,土壤 pH 值可升高 0.7 左右,起到了快速提高土壤酸碱度和土壤消毒的作用。因此,宣恩烟区应注重生石灰的施用,以缓和土壤酸化,提高土壤 pH 值。

(二)宜昌市长阳县、五峰县植烟土壤酸化现状

尤开勋等对宜昌市长阳县与五峰县的烟区土壤进行对比分析,得出以下结论:各产烟县植烟土壤酸化程度差异不明显。长阳二高山烟区 146 个土样 pH 值为 4.49~7.34,平均值为 5.20,相比 20 年来土壤 pH 值下降 0.7 个单位;五峰二高山土样 pH 值平均为 5.75,相比 20 年来土壤 pH 值下降 0.85 个单位。

不同母岩类型土壤酸化程度差异明显,母岩类型是普查时划分土属的重要依据之一。泥质岩、砂页岩等归并为泥质岩类;石英砂岩、石英质砂页岩等归为石英质岩类;各种石灰岩归为碳酸盐类。统计结果表明,泥质岩土壤与石英质岩土壤在酸化过程中 pH 下降值高度吻合(20 年来在长阳的下降值分别为 0.62 个单位和 0.60 个单位,在五峰的下降值均为 0.48 个单位),而碳酸盐类土壤迥然不同(在长阳 pH 值下降了 0.75 个单位,而在五峰只下降了 0.24 个单位)。这可能与石灰岩中矿物组成含量有关。纯质石灰岩比白云质灰岩、铁镁石灰岩更易遭受化学淋溶作用的影响。

土壤 pH 值的升降受化学元素迁移富集规律的支配。土壤酸化的实质是土壤溶液中 H^+ 和 Al^{3+} 的增加,伴随着的是 Ca^{2+}、Mg^{2+} 盐基离子的淋失减少,并从山体较高处向低处迁移富集,从而又使土壤的 pH 值由小变大。这两类阳离子的消长变化,在五峰烟区土壤上表现得相当明显。统计结果表明,二高山区 pH 值平均为 5.75,到低山区就增大

为 6.33,到河谷冲积土再增大至 7.09。五峰烟区土壤 pH 值垂直分异的特点是土壤中化学元素迁移富集规律支配的必然结果。Ca^{2+}、Mg^{2+} 淋溶迁移使土壤酸化主要表现在二高山区。土壤酸化过程中 H^+ 和 Ca^{2+}、Mg^{2+} 等盐基离子的消失变化,表明它们之间有一种关联性。统计五峰烟区土壤 pH 值与土壤阳离子交换量(cmol/kg)表明它们呈显著正相关性。当 pH 值为 6.35~7.50、阳离子交换量为 12.49~19.84 cmol/kg 时,土壤阳离子交换量 $Y=2.9877X-3.1735(r=0.8189,n=6)$。由此可见,土壤 pH 值上升或下降 1 个单位,阳离子交换量则增加或减少约 3 cmol/kg。说明土壤酸化时交换态钙离子的减少降低了土壤的保肥性能和缓冲性能,使植烟土壤明显存在退化现象。

刘刚等人通过对 2016 年与 2003 年宜昌五峰、长阳植烟区土壤样品 pH 值的统计分析(见图 2-1),得出结论:五峰植烟土壤 pH 值为 5.5~7.5 适宜范围的占比由 2003 年的 85.46% 下降为 2016 年的 51.43%,下降了 34.03 个百分点;pH 值小于 5.5 的酸性土壤的占比由 2003 年的 12.73% 增加为 2016 年的 41.43%,增加了 28.7 个百分点。长阳植烟土壤 pH 值为 5.5~7.5 适宜范围的占比由 2003 年的 51.15% 下降为 2016 年的 19.23%,下降了 31.92 个百分点;pH 值小于 5.5 的酸性土壤的占比由 2003 年的 48.28% 增加为 2016 年的 76.92%,增加了 28.64 个百分点。

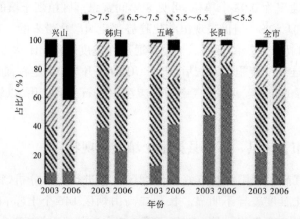

图 2-1　2003 年与 2016 年宜昌烟区植烟土壤 pH 值分级状况对比

鄂西南烟区宜昌市土壤 pH 值降低的区域主要集中在长阳县和五峰县,特别是长阳的土壤酸化较重。因受施肥习惯的影响,植烟区大量施用氮肥,施氮量达 225 kg/hm² 以上,同时长期过量施用过磷酸钙,导致土壤 H^+ 含量增加,使土壤酸性增强,这与尤开勋等研究结果一致。

近年来,鄂西南植烟区土壤一直呈现明显的酸化趋势,不科学、大量施用氮肥、长期过量施用过磷酸钙、常年连作等都是造成植烟区土壤酸化的重要原因,虽然通过有效的土壤改良方法例如运用石灰、白云石粉、生物质炭等方法进行土壤改良后植烟区土壤酸化的趋势明显减弱,但总体上植烟土壤 pH 值依然呈现连续下降的趋势。

三、神农架植烟区

由于神农架林区植烟播种面积较少,关于神农架林区植烟土壤酸化的现状鲜有报道。邹娟等通过对 2010 年神农架林区 154 个土壤样本进行分析,得到神农架林区土壤 pH 值为 4.1～8.4,平均值为 6.8,变异系数为 12.6%,pH ≤ 5.0 的部分占 4.8%,pH 值为 5.0～5.5 的部分占 6.1%,pH 值为 5.5～6.5 的部分占 23.0%,pH 值为 6.5～7.0 的部分占 16.4%,pH ≥ 7.0 的部分占 49.7%。神农架林区适宜烟草种植的土壤占全部土壤的 23.0%,近一半的土壤 pH 值较高,碱性较强,酸化土壤面积较少,只占总植烟面积的 5% 左右。

同时,神农架植烟区以黄棕壤、水稻土、棕壤为主,其中黄棕壤的 pH 值在 6.9 ± 0.7,水稻土的 pH 值在 6.6 ± 0.7,棕壤的 pH 值在 5.6 ± 0.8,以棕壤的 pH 值更适宜种植烟草,土壤酸化程度小,但碱化程度高,不适宜烟草种植的面积较大,针对这一部分土壤应该施用合理措施改良碱化土壤,使其适宜种植烟草。

四、鄂西北植烟区

(一)襄阳市烟区植烟土壤酸化现状

徐锐通过对 2021 年襄阳市植烟区土壤养分特征及肥力综合评价调查分析表明,全市土壤 pH 值分布见表 2-6。全市土壤 pH 值平均为 5.98～7.17,变异系数为 7.87%～10.44%,变异系数较小,表明全市土壤 pH 值变异幅度小。普遍认为,土壤 pH 值为 5.50～6.50 最适宜烤烟生长,全市土壤处于最适宜(pH 值为 5.50～6.50)范围占比为 19.67%,其中枣阳市最高,占比达 62.60%,明显高于其他两个产区。保康、南漳土壤 pH 值整体偏高,处于弱碱性范围(pH > 7.00)的占比分别达 65.21%、64.20%,应引起足够的重视。

襄阳市植烟土壤 pH 值处于适宜范围的占比为 41.73%,植烟土壤 pH 值高于 7.0 的占比达 57.44%,处于偏碱性范围占比较高,土壤呈碱化趋势。通过对各项养分指标隶属度分析可知,全市植烟土壤 pH 值隶属度低,表明土壤 pH 值为土壤肥力的主要限制因子。但各个产区之间限制因子略有差异,保康、南漳主要限制因子为土壤 pH 值,由于该地区土壤呈碱性的占比较大,引起土壤 pH 值在土壤肥力综合指标中所占权重大,这与王宏伟等研究的结果一致,表明土壤 pH 值在襄阳市植烟土壤综合肥力中起关键性作用,这与隶属度反映的结果一致,实际生产中应采取综合措施控制土壤 pH 值范围。

表 2-6　襄阳市及各产区植烟土壤 pH 值分布状况

产区	样本数 /个	平均	变异系数 /(%)	各区间占比 /(%)				
				< 5.00	5.00～5.50	5.50～6.50	6.50～7.00	> 7.00
保康	595	7.17a	8.98	0.34	1.34	13.11	20.00	65.21
南漳	243	7.03b	7.87	0.00	1.23	13.99	20.58	64.20
枣阳	123	5.98c	10.21	4.88	14.64	62.60	11.38	6.50
全市	961	6.98	10.44	0.83	3.02	19.67	19.04	57.44

（二）宜昌市烟区植烟土壤酸化现状

宜昌市位于湖北省西部，地处 110°15′～110°52′ E，29°56′～31°35′ N，位于长江上游与中游的结合部，鄂西山区向江汉平原的过渡地带，西北部是大巴山，中部是巫山，西南部是武陵山，属亚热带季风性湿润气候，耕地面积 290900 公顷。宜昌市烟区包括兴山县、秭归县、长阳县和五峰县 4 个县，海拔为 800～1200 m，属次高山地区。宜昌适宜植烟面积 34118.1 公顷，常年植烟面积 7100 公顷，产量 1.45 万吨，以烤烟、白肋烟、马里兰烟为主，是鄂烟区的重要组成部分。

通过尤开勋等人的研究结果显示，宜昌市植烟土壤酸性土样占 70% 以上（以 pH <6.5 的土样为酸性土样）。从全国第二次土壤普查（所查样土为老样，下同）到 2002 年全国县级烟区土壤养分肥力调查恰好 20 年。20 年来，随着农业生产的巨大变革，耕地土壤的物理化学性质也随之发生了深刻变化。其中土壤酸碱性变化见表 2-7。结果表明，宜昌市烟区土壤以酸性为主，兼有少量中性和碱性土壤。长江以南的秭归、长阳，包括极强酸性和强酸性土样在内均在 40% 以上。五峰占 20% 以上，而长江以北的兴山只有 10%，也符合我国土壤"南酸北碱"的地理分布特征。

表 2-7　宜昌市新老土样 pH 值分级百分率变化

县别	土壤类型	极强酸性 pH < 4.5	强酸性 pH 值为 4.5～5.5	微酸性 pH 值为 5.5～6.5	中性 pH 值为 6.5～7.5	碱性 pH 值为 7.5～8.5
兴山	新样	0.15	9.72	30.25	37.01	22.87
	老样	—	5.85	21.08	27.39	45.68
秭归	新样	—	47.74	42.86	8.40	1.00
	老样	—	14.60	40.00	36.00	9.40
长阳	新样	2.61	42.48	43.14	11.77	—
	老样	—	6.80	31.30	37.90	24.00
五峰	新样	0.59	20.47	64.91	12.28	1.75
	老样	—	10.87	38.13	36.54	14.46
合计	新样	0.84	30.10	45.29	17.37	6.40
	老样	—	9.53	32.63	34.46	23.38

宜昌市植烟土壤酸化受年降雨量影响较大，长江以南的秭归县、长阳县和五峰县年降雨量为 1200～1600 mm，其土壤酸性面积均在 80% 以上。而长江以北的兴山县年降雨量仅 1000 mm 左右，全县包括中性土、碱性土的面积则为 60%，黄粮镇、榛子乡等产烟乡（镇）的棕色石灰土 20 年来其酸碱性变化不大，土壤 pH 值仍保持在 7.7 左右。长阳县年降雨量虽多，但区域分布不均，贺家坪、都镇湾是两个多雨乡镇，年降雨量达 1400 mm，酸

性土壤面积为50%~60%,而榔坪等乡镇年降雨量为1000~1100 mm,酸性土壤面积约占1/3。可见,丰沛的年降雨量是导致土壤酸化的气候环境因素。

刘刚等人通过2016年与2003年宜昌市植烟区土壤样品pH值的对比分析(见表2-8)得出:2003年植烟土壤pH值在3.40~7.95,全市均值为6.10。兴山县植烟土壤pH值最高,为6.59;长阳县最低,为5.64。2016年全市植烟土壤pH值为3.96~8.33,全市均值为6.31。兴山县植烟土壤pH值最高,为7.05;长阳县最低,为5.24。相比2003年,2016年全市植烟土壤pH值上升了0.21,兴山县、秭归县土壤pH值分别上升了0.46、0.55,五峰县、长阳县土壤pH值分别下降了0.18、0.40。

表2-8 2003年与2016年宜昌烟区植烟土壤pH值变化情况

县	均值 ± 标准差		变幅		变异系数/(%)	
	2003年	2016年	2003年	2016年	2003年	2016年
兴山	6.59 ± 0.67	7.05 ± 0.90	4.53 ~ 7.9	4.67 ~ 8.33	10.16	12.82
秭归	5.68 ± 0.65	6.23 ± 0.91	4.45 ~ 7.6	4.45 ~ 8.03	11.40	14.68
五峰	6.06 ± 0.61	5.88 ± 0.99	3.40 ~ 7.60	4.35 ~ 8.02	9.99	16.82
长阳	5.64 ± 0.65	5.24 ± 0.88	4.83 ~ 7.95	3.96 ~ 7.94	11.44	16.95
全市	6.10 ± 0.75	6.31 ± 1.08	3.4 ~ 7.95	3.96 ~ 8.33	12.33	17.25

全市植烟土壤pH值为5.5~7.5适宜范围由2003年的72.61%降为2016年的52.56%,pH值小于5.5的酸性土壤、高于7.5的碱性土壤的比例分别增加了5.75、14.29个百分点。兴山县植烟土壤面积(pH值在5.5~7.5),由2003年的79.27%降为2016年的49.25%,下降了30.02个百分点;pH值高于7.5的碱性土壤,由2003年的12.2%增加为2016年的41.79%,增加了29.59个百分点。

秭归县植烟土壤pH值在5.5~7.5适宜范围由2003年的60.25%增加为2016年的65.52%,增加了5.27个百分点;pH值高于7.5的碱性土壤由2003年的0.62%增加为2016年的11.49%,增加了10.87个百分点。可见,全市烟区pH值适宜的植烟土壤面积在逐渐缩减,酸化或碱化在加剧,其中兴山县碱化明显,五峰县、长阳县酸化明显。

总体来说,鄂西北植烟区土壤酸化程度较其余三个植烟区来说不明显,适宜植烟生长的土壤面积较大。

第四节 植烟土壤酸化改良技术

对酸化烟田土壤的改良,主要从两个方面开展:一是改变施肥方式;二是酸化土壤改良,提高其pH值。将土壤pH值控制在适宜烟株生长的最适范围,为优质烟叶提供良好的土壤环境。

一、改变施肥方式

（一）合理施肥

据统计,我国90%的耕地土壤存在不同程度的酸化。1900—2014年间,由于氮沉降,全球土壤pH值平均下降了0.26个单位。据调查统计,1978—2007年30年间,我国化肥施用量增长了1400%以上,氮肥的过量施用已成为我国农田土壤酸化的主要原因之一。长期施用酸性以及生理酸性肥料或铵态氮肥会导致土壤营养元素不平衡,故而要注意增加碱性肥料如磷矿粉、钙镁磷肥等的施用,补充钙、镁、钾等盐基离子。

因此,农田选择氮肥时应减少酸性或生理酸性肥料的施用,选择对土壤酸化影响小的尿素、碳酸氢铵类肥料。另外,要避免单一肥料施用,防止土壤营养失衡。应在施用氮肥的基础上注意增加钾肥,补充微量元素。此外,施肥也不是量越多越好,应做到科学施肥,以减少对环境的污染。

（二）施用有机肥

减少化学肥料、增施有机肥是现阶段我国开展土壤生态保护最直接、易推广的一项技术措施。有机肥包括生物有机肥、发酵饼肥、农家肥等种类,各地可根据生态条件、土壤条件等选择适宜品种。有机肥可以提高土壤对酸化的缓冲能力,在分解过程中能同时形成腐殖质,为土壤微生物提供良好的生活条件,土壤微生物分泌的生物酶可以打破土壤胶体吸附的氢离子,减少酸性物质形成;有机肥还可提高土壤的吸附能力。因此,适当增施有机肥,可以提高土壤缓冲能力,使土壤pH值在自然条件下不会因外界条件改变而剧烈变化。

施用有机肥可改善植烟根际土壤环境和微生物的群落结构,抑制病原菌的生长。有研究表明,在云南植烟土壤施用有机肥后,土壤中细菌和放线菌数量较单施化肥分别增加32.28%和24.48%,青枯菌数量减少28.74%。有机肥还可使磷酸酶、脲酶、过氧化氢酶和蔗糖酶活性分别增加30.00%、20.78%、63.47%和38.19%,有利于增加烟株根系活力。此外,生物有机肥对控制作物病害的效果更为显著,有研究表明,施用生物有机肥增加了优势菌群数量和多样性,并且石灰与生物有机肥配合施用后作物细菌枯萎病发病率仅为14.27%。可见,与单施化肥相比,增施有机肥可以减缓土壤酸化速率。

王瑞等研究结果显示,就恩施烟区而言,土壤偏黏、后期供氮能力较强,推广秸秆类有机肥对提高土壤C/N、改善土壤团粒结构、促进烟株早生快发以及降低后期供氮较为有利。烟草秸秆含有大量的有机质,其特有的纤维和半纤维结构非常有利于改善土壤理化和生物学性状,是进行生物有机肥加工的良好原料。

从2007年开始,恩施州烟草公司通过开展烟草秸秆成分及养分释放规律分析、发酵及功能菌筛选、病源菌消解、生产工艺研究等,成功利用烟草秸秆废弃物研制出生物有机肥。烟草秸秆生物有机肥有机质含量 ≥ 45%,总养分($N+P_2O_5+K_2O$) ≥ 5.0%,pH值为7.5左右,有效活菌数 ≥ 0.20 亿/g,推荐用量为 1500 kg/hm²,做基肥一次性条施,同时减少15%左右的化学肥料。从表2-9可以看出,在连作条件下连续4年(2010—2013年)施用烟草秸秆生物有机肥较单施化学肥料而言,显著提高土壤 pH 值、有机质含量和阳离子交换量,显著降低土壤青枯菌数量。土壤容重表现出降低趋势,总孔隙度表现出升高趋势,从而改善土壤的通透性,优化土壤水肥气热调节能力。土壤中磷酸酶活性表现出增加趋势,土壤酶体系有所活化。

表 2-9　施用烟草秸秆生物有机肥对连作植烟土壤部分理化、生物性状指标的影响

处理	容重 /(g·cm⁻³)	总孔隙度 /(%)	pH 值	有机质含量 /(g·kg⁻¹)	阳离子交换量 /(cmol·kg⁻¹)	青枯菌数量 /(×10⁵个·g⁻¹)	磷酸酶活性 /(mg·g⁻¹·24h⁻¹)
对照	1.30a	51.05a	6.43b	7.70b	7.31b	4.52a	27.59a
烟草秸秆生物有机肥	1.25a	52.59a	6.77a	13.91a	9.29a	2.65b	28.97a

(三)施用绿肥

绿肥是一种养分完全的生物有机肥源。绿肥还田后可为后茬作物提供养分,各种绿肥的茎叶,含有丰富的养分,在土壤中腐解后能大量增加土壤的有机质以及氮、磷、钾、钙、镁和各种微量元素。利用烟田冬季空闲时间种植绿肥并适时翻压,可以改善烟田土壤环境、提高土壤肥力,有利于实现烟叶生产可持续发展。胡衡生等用种植格拉姆柱花草五年和三年的土壤与对照区土壤相比,其 pH 值分别上升 0.34 和 0.22,土壤内主要养分含量均大幅度增加,且种植年限越长,土壤肥力提高越明显。

绿肥还田主要针对亚健康土壤、贫瘠土壤、明显退化区域采取的修复措施。要根据不同海拔确定不同绿肥品种、播种量、播种时期和翻压时期,在 1200 m 以下区域一般种植紫花苕子或箭舌豌豆,播种量为 30～37.5 kg/hm²;1200 m 以上区域一般种植油菜(15～22.5 kg/hm²)或小麦(37.5～45 kg/hm²)等耐寒品种。在 800 m 以下区域,在八月下旬土壤翻耕后播撒,在十二月中下旬结合冬耕整体翻压绿肥。800～1200 m 区域,在九月中下旬土壤翻耕后播撒,第二年三月中旬进行整体绿肥翻压;在 1200 m 以上区域,在九月下旬至十月上旬,完全清除地膜和烟草秸秆后,沿垄沟垡土后或松动烟垄后进行条播,第二年四月,将绿肥压到垄体内,深度距垄面 20 cm 以上。

有研究表明,持续(连续五年)进行绿肥还田后,土壤容重表现出降低趋势,土壤物理结构得到改善;土壤有机质、碱解氮含量和速效磷含量显著提高;土壤青枯病原菌显著减少,微生物总量表现出增加趋势,微生态环境得到改善。崔鸣等研究表明,通过种植紫花苜蓿这种绿肥作物,种植后土壤有机质有较大幅度增加,多种有效元素的提升,使植烟土壤整体环境有利于烤烟生长。刘海伦等研究表明,绿肥掩青后,提高了土壤有机质含量,降低了土壤 pH 值,增加了土壤微生物数量,烤后烟的总糖和还原糖含量增加,总氮和烟碱含量降低。

表 2-10 所示为绿肥还田对连作植烟土壤部分理化、生物学性状指标的影响。

表 2-10　绿肥还田对连作植烟土壤部分理化、生物学性状指标的影响

处理	容重 /(g·cm⁻³)	有机质含量 /(g·kg⁻¹)	碱解氮含量 /(mg·kg⁻¹)	速效磷含量 /(mg·kg⁻¹)	速效钾含量 /(mg·kg⁻¹)	微生物总量 /(×10⁷ 个·g⁻¹)	青枯菌数量 /(×10⁵ 个·g⁻¹)
对照	1.31 a	19.82 b	124.91 b	16.23 b	89.71 a	2.25 a	4.52 a
绿肥	1.25 a	22.54 a	145.82 a	22.54 a	90.22 a	4.01 a	2.65 b

二、改良酸化土壤

（一）施用石灰等碱性物料

施用石灰是改良土壤酸度最普遍有效的方式。石灰的施用可提高土壤 pH 值,增加耕地表土中可交换 Ca^{2+} 含量和盐基饱和度,提高氮、磷、钾等营养元素的有效性。石灰的施用显著增加了土壤 pH 值,并且石灰施用量与 pH 值增加量呈显著正相关,pH 值每增加 0.5 个单位需要石灰约 1.35 t/hm²。贵州黄壤试验中发现,pH < 5.0 的烟田土壤 pH 值每增加 0.1 个单位,需用石灰约 2 t/hm²;而 pH 值为 5.2～5.8 的土壤 pH 值每增加 0.1 个单位,仅需用石灰约 0.4 t/hm²。

石灰的施用主要针对重度酸化区域,即治理前土壤 pH < 5.0 的区域。根据土壤酸碱度状况,移栽前 45 天均匀撒施。施用量按照"石灰用量(千克/亩)=(6－土壤 pH 值)×100,石灰用量最大限定值为 200 千克/亩"进行估算。同时,土壤 pH < 4.5 的田块建议施用石灰后隔一年再种植烟叶。连续施用时间不超过 3 年,且土壤 pH > 5.5 时,停止施用。施用石灰时间过长、施用量过大会造成明显的土壤板结。

通过石灰来调节土壤酸度的方法,一般根据烟田土壤酸度而定,土壤 pH 值在 4.0 以下,石灰施用量为 2250 kg/hm² 左右;土壤 pH 值在 4.0～5.0,石灰施用量为 1995 kg/hm² 左右;土壤 pH 值在 5.0～5.5,石灰施用量为 900 kg/hm² 左右;土壤 pH 值在 5.5 以上,不施石灰。土壤 pH < 4.5 的烟田施用石灰后间隔 1 年再种烤烟。同一地块石灰连续施用时间不得超过 3 年。土壤 pH 值超过 7 的地块,施肥时优先选择硫酸钾、过磷酸钙等酸性肥料。

研究表明,施用石灰能够提高植烟土壤 pH 值,在烤烟生长后期对烟株株高、茎围产生促进作用,能有效提高烤烟生长中期叶片叶绿素含量,增强烤烟光合特性,提高叶片的净光合速率、气孔导度、蒸腾速率;能有效提高中部叶可用性,叶片开片率好,叶质重适中。一般来说,对土壤酸化十分严重的地块,每 667 m² 施用石灰 100～150 kg,可以快速提高土壤 pH 值。李玉辉等研究表明,施用石灰并结合种植绿肥还田改良酸性植烟土壤,能使土壤容重、水解性酸、交换性酸、交换性氢、交换性铝分别降低 11.97%、25.00%、18.46%、21.74% 和 16.67%,土壤孔隙度、有机质、碱解氮、速效磷、速效钾、pH 值、阳离子交换量、盐基饱和度、土壤缓冲容量分别提高 42.26%、57.02%、11.86%、16.39%、50.65%、5.97%、8.05%、13.17% 和 81.90%。

施用石灰同样有利于烟叶质量的提高,适量施用石灰可使烟叶总氮/烟碱、总糖/烟碱降低,烟叶成分较为协调,感官评析质量也有所提高。王瑞等的研究表明,通过连续三年(2012—2014年)在pH值小于5.0的重度酸化植烟土壤上开展的定位研究表明,通过连续三年施用石灰,土壤pH值可升高0.7左右,交换性总酸下降约30%,起到了快速提高土壤酸碱度和土壤消毒的作用,达到土壤酸化治理目标。图2-2所示为施用生石灰对土壤交换性酸和pH值的影响。

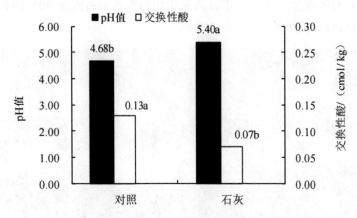

图2-2　施用生石灰对土壤交换性酸和pH值的影响

近年来,石灰炭、轻烧粉作为新型改良剂逐渐引起人们的重视。郑福丽等研究发现,在闲地土壤和酸化较为严重的土壤上,施用石灰炭与轻烧粉混合各半,且用量为1‰时效果最好。

然而,石灰对烟株根际土壤微生物有杀灭作用,施用石灰后的烟株根际土壤细菌、真菌和放线菌数量较对照样本分别降低了87.0%、89.8%和87.3%。施用石灰还会减少烟株根际土壤微生物群落多样性与丰富度,其中绿弯菌门、酸杆菌门和放线菌门等不同菌种表现出差异,然而石灰分解也为微生物提供氮源,使鞘脂单胞菌属、硝化螺旋菌属和黄杆菌属等与土壤氮循环有关的功能菌丰度显著增多。酸性条件下微生物的生长和拮抗活性均受到抑制,因此,石灰可以通过提高土壤pH值来抑制病原微生物活性,控制烟株病害发生率,其中烟草青枯病的防控率达到49.9%,烟草细菌枯萎病的控制率达到31.09%,并且石灰的杀菌作用也可以减少烟草土传病害根结线虫病和黑胫病的发生。由此可见,石灰的施用对土壤微生物的影响具有两面性,但在我国田间施用石灰改良酸性烟田土壤的同时却忽略了对微生态环境的影响。

(二)施用白云石粉

传统改良剂除生石灰(或石灰粉)以外,也包括近年来广泛使用的矿物及工业副产物。沸石、粉煤灰等改良剂在土壤酸化治理中也得到广泛应用。如沸石可以提高土壤对铵离子、磷酸根离子和钾离子等的吸附能力。烟田土壤中施入白云石粉,土壤pH值明显提高,烟叶氯含量明显降低,还原糖含量、钾/氯值明显提高,烟叶品质及协调性得到了较大的改善。

重庆地区烟田土壤中撒施白云石粉 $1500\,kg/hm^2$、条施草木灰 $900\sim1050\,kg/hm^2$ 可使土壤 pH 值提高至 5.5 以上,并促进烟株根系生长,活化土壤中有关酶及相关微生物。由于生石灰、白云石等与土壤反应较为缓慢,因此烟田施用前要筛匀筛细,移栽前 $1\sim2$ 个月条施、翻耕。

白云石粉主要针对重度酸化区域实施,即治理前土壤 pH 值小于 5.0 的区域通过施用白云石粉和石灰后,提高土壤 pH 值,减轻酸化对作物生长的影响。在移栽前 45 d 左右实施白云石粉和石灰修复技术。施用方式采用均匀撒施同时配施 30% 的有机肥,撒施之后,采用旋耕机进行土地平整,如图 2-3 所示。

图 2-3　白云石粉均匀撒施

按照"白云石粉用量(kg/ 亩)=(6-土壤 pH 值)×150,白云石粉用量最大限定值为 300 kg/ 亩"进行估算。

按照"石灰用量(kg/ 亩)=(6-土壤 pH 值)×100,石灰用量最大限定值为 200 kg/ 亩"进行估算。

土壤 pH < 4.5 的田块建议施用白云石粉或石灰后隔一年再种植烟叶。连续施用时间不超过 3 年,且土壤 pH 值大于 6.0 时,停止施用。

(三)施用生物质炭

生物质炭是有机物质在高温无氧条件下煅烧产生的一种具有强大表面能力的活性物质,该类物质具有吸附力强、稳定性高、保水促肥等作用。生物质炭属碱性,研究表明,生物质炭可以提高土壤的 pH 值,其原因:一方面,生物质炭含有较多的盐基离子,这些盐基离子以碳酸盐或者氧化物的形式存在,碳酸盐或者氧化物会与氢离子发生中和反应;另一方面,生物质炭中含有一些含氧有机官能团,在土壤中会发生质子化作用。生物质炭有较多的孔隙,自身容重比土壤小,因此可以减小土壤的容重,而且较大的比表面积和较高的离子交换量增加土壤的持水量以及土壤的吸附能力。官恩娜的研究表明生物质炭除了可对土壤理化性状(pH 值、土壤容重、持水量)进行改良,对烟草黑胫病菌也有一定的抑制作用。

生物质炭也是改善烟田土壤理化性质和促进烟草吸收营养的关键物料,添加生物质炭可增加变形菌门、酸杆菌门、接合菌门和担子菌门等细菌和真菌的数量。另有研究表明,施用生物质炭可以提高土壤酶活性,但过多的生物质炭输入反而会减少土壤中微生物的数量。加入烟草秸秆可显著降低土壤中 H^+ 和 Al^{3+} 含量,提高土壤 pH 值约 2 个单位,同时病原体青枯菌减少了 94.51%,烟草细菌枯萎病发病率减少了 76.64%。其主要针对土壤物理结构差、土壤板结严重或病虫害高发的酸化防御区域。"三先"前均匀撒施 500～1000 kg/ 亩生物质炭,并用旋耕机与 0～20 cm 土层进行均匀搅拌。

此外,施用牡蛎壳粉末在预防烟草细菌枯萎病和改良土壤酸度方面比石灰和生物质炭更有效,牡蛎壳土壤调理剂主要成分为 CaO,具有调酸补钙的特点。施用牡蛎壳粉末将我国重庆彭水县烟田土壤的 pH 值显著提高了 0.77 个单位,并增加了细菌群落多样性,烟草细菌枯萎病发病率降低了 36.67%。

目前,石灰和碱性改良剂的施用不仅可以缓解烟田土壤酸化问题,还可以改善烟草的生长环境,有利于烟草高产优产,但在碱性物料大量施用的同时也要关注土壤的微生态环境。

三、农艺措施

适宜的农艺措施,也可以有效地对酸化土壤进行一定程度的改良。不同种植类型(种粮、露天种菜、温室种菜)对土壤酸化有影响,而且减少灌溉用水量可以有效缓解土壤酸化进程;对酸化烟田而言,可以采用免耕覆盖秸秆栽培技术或地膜覆盖技术来延缓土壤酸化。

（一）轮作措施

合理的种植制度对于土壤酸化改良具有一定的作用。地块轮作、间作、套作等模式能够改良土壤构造,促进烟田生态系统的良性循环,调节利用土壤肥力,减轻部分病虫害危害,能够充分利用有限的生产资源获得较高的种植效益。轮作是改善土壤性质和植物健康的有效策略。

玉米 – 烟草轮作方式下土壤 pH 值显著高于连续种植烟草的土壤,钙含量也显著提高,并可以抑制病原微生物活性,烟株细菌枯萎病下降至 23.56%。

采用轮作换茬,套种间作是改良烟田土壤非常重要的一环。同一地块连续种植烤烟 3 年后,应进行轮作换茬,同一烟区每年的轮作面积应在 30% 以上,核心烟区轮作面积应不低于 35%。前茬作物一般选择芝麻、玉米、红薯、小麦、油菜、黄豆等,严禁选择与烟草有同源病虫害的茄科作物如洋芋、番茄、辣椒、茄子等,葫芦科作物如黄瓜、甜瓜、葫芦、南瓜、冬瓜、丝瓜等蔬菜和瓜果轮作。

在有条件的植烟区域可以选择轮作,不仅可以缓解土壤酸化,还可以改善土壤微生态环境,有效控制烟草病害。免耕覆盖秸秆或地膜覆盖技术也是缓解土壤酸化的一项措施,广东南雄烟区土壤覆膜处理后硝态氮径流损失量比裸地种植低 40%,显著减少了烟田氮素的径流损失,从而提高氮肥利用率,减少硝酸盐的流失,进一步缓解土壤酸化。土壤中合适的水分管理也十分重要,在半干旱地区加入适量的水在一定程度上也会提高土壤 pH 值,并削弱土壤中交换性阳离子对氮添加的负面响应,加速风化以及土壤表面凋落物的分解率,使更多阳离子释放到土壤中。因此,采用适宜的农艺措施,不仅可以减少土壤中氮素和盐基离子的流失,还可以向土壤中补充盐基离子,改善土壤微生物群落结构,缓解烟田土壤酸化和烟草病害等问题。

(二)冬耕冻土

在立冬前后,对烟田进行深翻,翻耕深度达到 25 cm 以上。经过冬天的光、风、雨、雪共同作用,土壤中害虫、虫卵及病菌孢子冻死或晒死,从而减轻和抑制来年烟草病虫害的危害;同时,土壤结构得以改善,土壤的通透性和蓄水保肥能力增强。

(三)客土改良技术

客土改良技术主要针对犁底层土壤 pH 值小于 5.5 的重度酸化、连作障碍明显、病害极为严重区域。将 80% 以上的原有耕作层翻入 80 cm 之下,治理后,田块坡度 < 15°;土体沉降后土层厚度 ≥ 50 cm;土体 35 cm 以下土壤紧实,具有保水保肥特征;田面规整,无波浪起伏,无坑洼;土壤表面无弃石或其他妨碍耕整的异物。

(四)合理管理水分

从土壤质量变化过程、防治土壤退化和协调土壤条件的要求出发,综合考虑每一灌溉方法的植烟土壤盐分积累特点,应优先选择滴灌。再辅以科学的管理对策,可消除和防治植烟土壤退化,达到植烟土壤的可持续利用。

(五)施用"陪嫁土"

在烟苗移栽或"井窖"封口时施用"陪嫁土",有效改善烟株根系环境,促进了烟苗早生快发。配制方法为:过 5 mm 筛网的土壤中加入 10% 草木灰、10% 农家肥(或生物有机肥)和 5‰ 烟草专用复合肥以及适量水,混合均匀,覆盖薄膜后充分堆积发酵腐熟。从表 2-11 可以看出,施用"陪嫁土"可以提高烟株根际土壤对酸碱的缓冲能力,有效改善土壤酸碱环境。

表 2-11　"陪嫁土"对烟株根际土壤酸碱调控的影响

处理	pH 值	交换性酸总量 / (cmol · kg^{-1})	交换性 H$^+$/ (cmol · kg^{-1})	交换性 Al^{3+}/ (cmol · kg^{-1})	阳离子交换量 / (cmol · kg^{-1})
对照	5.23 a	1.20 a	0.25 a	0.95 a	9.86 b
陪嫁土	5.46 a	0.33 b	0.00 b	0.33 b	13.51 a

施用"陪嫁土",可以有效改善根系环境,"陪嫁土"按 3750～4500 kg/hm^2 的用量配制,移栽前 30 d 完成配制。1 kg 营养土配方:粒径小于 2 mm 的土壤中加入 30% 生物有机肥或过孔径 5 mm 筛网腐熟农家肥、0.7% 过磷酸钙和 0.3% 烟草专用复合肥以及适量水分,混合均匀,覆盖薄膜后充分堆积发酵腐熟,在烟苗移栽或"井窖"封口时每孔施用

"陪嫁土" 0.3～0.5 kg，以提高烟株根际土壤对酸碱的缓冲能力，有效改善土壤酸碱环境，促进烟苗早生快发。

（六）硝酸钾部分替代硫酸钾

传统的硫酸钾作为主要钾肥种类，是一种生理酸性肥料，长期大量施用会导致土壤酸化。应利用硝酸钾替代部分硫酸钾，减少酸性肥料使用量。比例一般为硝酸钾占 2/3，硫酸钾占 1/3。从图 2-4 可以看出，在连作条件下连续三年（2012—2014 年）采用硝酸钾部分替代硫酸钾处理较单施硫酸钾而言，植烟土壤交换性总酸量降低了 25% 左右，土壤 pH 值提高约 0.2，延缓了土壤酸化程度。

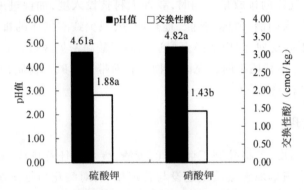

图 2-4　施用硝酸钾对连作植烟土壤交换性酸和 pH 值的影响

四、利用"碱度"作为土壤酸碱平衡的杠杆

不同种类有机肥的碱度不同，有机肥可有效控制农田土壤的酸度，同时节约生产成本。还可增加土壤中带负电荷的胶体数量，以吸附交换性盐基阳离子，增加盐基饱和度。

因此，利用"碱度"作为酸碱平衡的杠杆，可有效精准地缓解土壤酸化问题。在重庆烟田土壤中，由于氮肥施入产生了 1.93 kmol H^+，盐基离子的损失产生了 12.52 kmol H^+，最终土壤总酸输入量达到 14.45 kmol/hm²H^+。针对该土壤，以不同物料的碱度、土壤 pH 值和各致酸因子对烟田土壤酸化的贡献率，查宇璇等通过不同物料碱度计算公式：不同物料碱度（cmol/kg）=（$m_钙$/20.04+$m_镁$/12.15+$m_钾$/39.10—$m_磷$/30.97—$m_硫$/16.03）×100，提出了不同性质土壤的改良措施，即针对 pH < 5.0 的强酸性土壤，施用约 1.3 t/hm² 的石灰并配施 1 t/hm² 高温堆肥，可使碱度达到 16.77 kmol/hm²OH^-，同时恢复土壤的微生态环境；对于 pH 值为 5.0～5.5 的弱酸性土壤，施用约 1 t/hm² 生物质炭、2 t/hm² 高温堆肥和 0.5 t/hm² 钙镁磷肥，其碱度之和达到 14.85 kmol/hm²OH^-，可实现酸碱平衡，并有利于土壤的微生态健康。因此，针对不同酸化程度的土壤选择不同的物料及用量，可使烟田土壤达到酸碱平衡，实现烟田的"精准降酸"。

目前，烟田土壤微生态环境的恢复也占据着十分重要的地位。因此，根据不同地区土壤酸化程度，因地制宜、合理地利用"碱度"选择不同改良物料，不仅可以与酸化土壤达到酸碱平衡，还有利于恢复土壤微生态环境，提高土壤中相关酶活性并减少病害，最终有效地缓解烟田土壤酸化和微生态环境破坏的问题。

五、其他措施

（一）控制酸雨

酸雨是工业高速发展的副产物,现已成为土壤酸化的重要成因之一。酸雨的污染源主要是燃料、工业生产过程释放的废气及汽车尾气的排放。因此,减少污染源排放是控制酸雨的关键措施,如采用脱硫脱氮技术,减少燃煤过程中或汽车尾气排放中二氧化硫和氮氧化物等致酸气体的排放量。同时,要加大科技投入度,加快进度开发和利用可替代燃煤的新能源,如太阳能、风能、核能、地热能等,减少致酸气体的排放,达到控制酸雨的目的。同时,在烟区规划、烟田选择上要适当避开酸雨密集区域,通过控制酸雨达到改良酸化土壤的目的。秸秆还田能补充因作物收获而带走的碱性物质,同时对于增加土壤有机质、改善土壤结构效果良好。

（二）建设管理

加大环保执法力度,严格控制工业废气、废渣、废水的任意排放,减少土壤酸化。同时,烟草部门要加强植烟地土壤质量建设与管理投入,对酸化植烟土壤改良进行政策倾斜,加大投入,加强技术研究,提出不同土壤类型、不同酸化原因、不同程度酸化土壤因地分类改良的技术措施和治理效果评价方法,引导开展酸化土壤改良工作。

（三）微生物技术

此外,越来越多的高新技术也开始应用到酸化土壤改良上。如:纳米羟基磷可以吸附土壤溶液中铜离子和锌离子。微生物技术也可以对酸化土壤进行改良,郭秀珠等应用某种微生物肥料改良土壤,发现它可以很好地降低土壤酸性,提高土壤速效肥力。

六、小结

目前烟田土壤酸化问题在全国烟草种植区普遍存在,因此,探究烟田土壤酸化的致酸机理及调控措施非常必要。通过不同影响因子对烟田土壤酸化贡献率的定量分析,认为盐基离子输入输出不平衡是我国烟田土壤酸化的主要原因。此外,氮肥的不合理施用、养分管理不均衡,以及酸沉降等也会进一步加速土壤酸化。施用石灰和碱性物料是调节烟田土壤酸化最方便有效的措施。与此同时,应关注土壤的微生态环境,采用生物有机肥或农家肥对土壤微生态环境进行恢复。利用"碱度"作为酸碱平衡的杠杆,针对不同酸化程度土壤采用不同的改良方式,可达到"精准降酸"的目的。

虽然国内外关于烟田土壤酸化影响因子及机理的研究已获得了重要的进展,但仍有很多问题没有得到有效解决。各致酸因子影响占比的定量分析应进一步加强,以平衡烟田土壤盐基离子输入输出为主,选用合适的肥料和改良剂及改良措施。针对我国烟田强酸性和弱酸性土壤区域分布不均问题制定不同改良措施,同时运用 GIS 数字化精准划分土壤酸化空间分区图,以实现退化单元精准识别,按照不同单元土壤酸化特点实现精准分类降酸治理,达到"精准降酸"。

烟叶生产是一项农业支柱性产业,要想提高烟叶品质,不仅要选择优良的品种和适宜的配套栽培措施,更要从土壤方面着手,为烟草的生长发育创造一个良好的生长环境。对于我国的烟草种植业来说,改良烟田土壤是关系到产业发展的关键性课题。酸化土壤改良是一个严峻而复杂的过程。目前,国内外对酸化土壤改良技术方面的研究与实践在个别时间段,或一些局部地区取得了一定效果,但土壤酸化问题依然没得到很好解决。此外,我国农户对石灰等碱性物料的施用量过大,忽视了土壤微生态环境被破坏的问题。未来应将农艺措施与生物学知识相结合建立综合改良与调控技术,高效且可持续、生态环保的改良剂或改良方法也是未来的发展趋势。要将化学方法、生物学方法与农业栽培措施等方法相结合建立综合调控技术,这不仅可以有效地控制烟田土壤酸化问题,还可以恢复土壤微生态环境,实现对我国烟田酸化土壤长久有效的控制。

针对不同地区的烟叶生产实际,因地制宜地探索配套的烟田保育技术,综合诸如增施有机肥、秸秆还田、施用土壤改良剂等土壤改良措施的优点,建立本地的烟草优质高产与烟田生态保护可持续发展的综合管理体系,促进烟草产业的健康、长远发展。

第三章　湖北植烟土壤保育及修复技术

第一节　植烟土壤有机质提升技术

一、我国植烟土壤有机质现状

土壤有机质指以各种形态存在于土壤中的所有含碳的有机物质,包括土壤中的各种动、植物残体,微生物及其分解和合成的各种有机物质。狭义上,土壤有机质一般是指有机残体经微生物作用形成的一类特殊、复杂、性质比较稳定的高分子有机化合物。土壤有机质是土壤固相部分的重要组成成分,是植物营养元素特别是氮、磷的重要来源,含有刺激植物生长的胡敏酸、胡敏素类等物质,可促进植物的生长发育。另外,由于它具有胶体特性,可改善土壤的物理性质,促进微生物和土壤生物的活动,促进土壤中营养元素的分解,提高土壤的保肥性和缓冲性。它与土壤的结构性、通气性、渗透性和吸附性、缓冲性有密切的关系,通常在其他条件相同或相近的情况下,在一定含量范围内,有机质的含量与土壤肥力水平呈正相关。

二、土壤有机质的基本特性

（一）土壤有机质来源

土壤有机质主要来源于植物、动物及微生物残体,其中高等植物为主要来源。原始土壤中最早出现在母质中的有机体是微生物,随着生物的进化和成土过程的发展,动、植物残体及其分泌物就成为土壤有机质的基本来源。在自然土壤中,地面植被残落物和根系是土壤有机质的主要来源,如树木、灌丛、草类及其残落物,每年都向土壤提供大量有机残体。在农业土壤中,土壤有机质的来源较广,主要有作物的根茬、还田的秸秆和翻压绿肥;人畜粪尿、工农副产品的下脚料(如酒糟、亚胺造纸废液等);城市生活垃圾、污水;土壤微生物、动物的遗体及分泌物;人为施用的各种有机肥料(厩肥、腐植酸肥料、污泥以及土杂肥等)。其中,耕地土壤中自然植被已不存在,主要来自作物根的分泌物、根茬、枯枝落叶以及人们每年施入的有机肥料(绿肥、秸秆、堆肥、沤肥和厩肥等)。

(二) 土壤有机质的含量及组成

土壤有机质含量在不同土壤类型中存在显著差异。在泥炭土和森林土壤等特定条件下,有机质含量可高达 20% 以上。然而,在砂质土等其他土壤类型中,有机质含量可能不足 0.5%。在土壤学中,通常将耕层有机质含量超过 20% 的土壤定义为有机质土壤,而有机质含量低于 20% 的土壤则被归类为矿质土壤。在全球范围内,不同土壤在 0~100 cm 土层中的有机碳和无机碳含量也有所不同。表 3-1 提供了全球不同土壤的有机碳和无机碳含量数据。值得注意的是,土壤有机质的含量不仅受气候、植被、地形和土壤类型等自然因素的影响,还与耕作措施等人为因素密切相关。这些因素的相互作用决定了不同土壤中有机质的实际含量。

表 3-1　全球土壤 0 ~ 100 cm 土层中有机碳和无机碳的含量

土纲	面积 / ($\times 10^3 km^2$)	0 ~ 100 cm 土层中有机碳和无机碳的含量			
		有机碳 / ($\times 10^{15}$g)	无机碳 / ($\times 10^{15}$g)	总量 / ($\times 10^{15}$g)	占全球比例 / (%)
新成土	21137	90	263	353	14.3
始成土	12863	190	43	233	9.4
有机土	1526	179	0	179	7.2
暗色土	912	20	0	20	0.8
冻 土	11260	316	7	323	13.1
变性土	3160	42	21	63	2.5
旱成土	15699	59	456	515	20.8
软 土	9005	121	116	237	9.6
灰化土	3353	64	0	64	2.6
淋溶土	12620	158	43	201	8.1
老成土	11052	137	0	137	5.5
氧化土	9810	126	0	126	5.1
其 他	18398	24	0	24	1.0
总 计	130795	1526	949	2475	100.0

土壤有机质的主要元素组成包括碳(C)、氧(O)、氢(H)、氮(N),分别占据了 52%~58%、34%~39%、3.3%~4.8% 和 3.7%~4.1%。此外,土壤有机质中还含有少量的磷(P)和硫(S)。C/N 比值是评价土壤有机质质量的重要参数,通常为 10~12。土壤有机质的主要化合物包括类木质素和蛋白质,它们是构成土壤有机质的主要物质。此外,还有半纤维素、纤维素以及一些可溶于乙醚或乙醇的化合物。与植物组织相比,土壤有机质中的木质素和蛋白质含量较高,而纤维素和半纤维素含量较低。大多数土壤有机质属于水不溶性,

但在强碱条件下可以溶解。水溶性土壤有机质仅占土壤有机质的较小部分,但其容易被土壤微生物分解,为植物提供养分,因此在土壤养分循环中起到重要作用。由于水溶性有机质在水中可溶,它还对土壤生态系统中的元素生物地球化学循环、污染物质的毒性和迁移等方面产生影响。

土壤腐殖质是指除未分解和半分解动、植物残体及微生物体以外的有机物质的总称。它是由非腐殖物质和腐殖物质组成,通常占土壤有机质的90%左右。其中,腐殖质物质是腐殖质的主要组成部分,占土壤有机质的60%~80%,而非腐殖质物质则占20%~40%。非腐殖质物质是一些较为简单、易被微生物分解的物质,具有一定的物理化学性质,如糖类、有机酸和一些含氮的氨基酸、氨基糖等。这些物质在土壤微生物的作用下,经过分解、转化,最终形成腐殖质。腐殖质是由非腐殖质经过土壤微生物的作用后形成的一种性质稳定、暗棕色的高分子化合物。它具有较高的分子量,是由多种有机化合物组成的复杂混合物。腐殖质是土壤有机质的主体,属于土壤中比较难分解的物质,对维持土壤肥力和生态系统健康具有重要作用。

(三)土壤有机质的分解与转化

土壤有机质的分解和转化过程是生物化学过程,主要是在微生物的作用下进行的。这个过程可以分为两个方向:有机质矿化过程和有机质腐殖化过程。

有机质矿化过程是指土壤有机质在微生物的作用下,分解为简单无机化合物的过程。这个过程的最终产物是二氧化碳、水和氮、磷、硫等矿质元素,这些元素以矿质盐类的形式释放出来,同时释放出热量。这个过程为植物和微生物提供了养分和能量,也为形成土壤腐殖质提供了物质来源。土壤有机质的腐殖化过程是形成土壤腐殖质的过程。这个过程是一系列复杂过程的总称,主要包括微生物主导的生化过程,也可能有一些纯化学反应。目前对腐殖化过程的机理尚未完全研究清楚,一般认为这个过程可以分为两个阶段。第一阶段是植物残体分解产生简单的有机化合物。第二阶段是通过微生物对这些有机化合物的代谢作用和反复循环利用,合成多元酚和醌;或者来自植物的类木质素聚合形成高分子的多聚化合物,即腐殖质。腐殖质形成后比较难分解,在不改变其形成条件的情况下具有相当的稳定性。然而,当形成条件变化后,微生物群体也会发生改变,新的微生物群将引起腐殖质的分解,并将其储藏的营养物质释放出来供植物利用。因此,腐殖质的形成和分解与土壤肥力有密切的关系。协调和控制这两种作用是农业生产中的重要问题。

(四)土壤有机质的作用

土壤有机质是土壤中一种复杂而处于不断变化的物质。在表层土壤中具有强大的水分保持和阳离子交换吸附能力。土壤有机质中含有大量的营养物质,且多以缓效养分的形式缓慢释放出来,是一个巨大的缓效养分储备库,特别是氮素。土壤有机质同时为土壤微生物提供能源和碳源,有利于微生物在土壤中活动;另外,土壤有机质对土壤也具有清洁作用,可消除土壤中污染物。

1.土壤有机质对土壤肥力的影响

（1）提高土壤的持水性，减少水土流失。土壤有机质在维持土壤水分方面扮演着关键角色。它能够增强土壤的保水能力，提升土壤中有效水分含量，为植物提供稳定的水分来源。腐殖质具有巨大的比表面积和亲水基团，使其具有超强的吸水能力，远超过黏土矿物。此外，土壤有机质的保水性有助于减少地表径流和深层渗漏，降低土壤水分流失的速度，从而有效减少水土流失。

（2）提供植物需要的养分，土壤有机质是多种作物必需养分的主要来源。大量的资料显示，我国土壤表层中的氮素和磷素主要以有机形态存在，分别占据了80%和20%～76%的比例。在非石灰性土壤中，有机态硫占据了全硫的75%以上。这些养分在土壤有机质的转化过程中，通过土壤微生物的作用，以一定的速率释放出来，为植物和微生物的生长提供所需的营养。在微生物分解有机质的过程中，它们获得了生命活动所需的能量。同时，产生的二氧化碳既可为植物提供碳素营养，又能促进土壤矿物的风化。

在土壤有机质的分解和合成过程中，产生的多种有机酸和腐殖酸对土壤矿物质有一定的溶解作用，有助于促进矿物的风化，从而提高养分的有效性。一些有机酸，如富里酸，能够络合土壤中的金属离子，使其保留在土壤溶液中，避免沉淀丧失有效性。

此外，极低浓度的腐殖质（胡敏酸）分子溶液对植物具有刺激作用。它能改变植物体内的糖类代谢，促进还原糖的积累，提高细胞的渗透压，从而提高植物的抗旱性。同时，它还能提高种子氧化酶的活性，加速种子的发芽和对养分的吸收。此外，它还能增强根系的呼吸作用，提高细胞膜的透性和对养分的吸收，促进根系的发育。

（3）改善土壤物理性质。土壤有机质，特别是多糖和腐殖质，在土壤团聚体的形成及其稳定性方面起着核心作用。这些有机物质通过各种机制，如功能基团、氢键和范德华力，以胶膜的形式紧密地附着在矿质土粒的表面。在砂质土壤中，多糖和腐殖质的黏结力能够显著增强砂土的凝聚力，从而促进稳定团粒结构的形成。这一过程不仅显著提高了砂质土壤的保肥能力，而且进一步增强了其保水能力，为植物生长提供了理想的环境。同时，土壤有机质的松软、絮状和多孔特性意味着其黏结力相对较弱。在黏性土壤中，黏粒被有机质包裹后容易形成更为松散的团粒结构，从而使土壤变得更为疏松。这一特性有效地改善了黏质土壤在通气和透水方面的不足，提高了其耕作性能，为植物根系的生长和土壤微生物的活动创造了有利条件。

（4）提高土壤的保肥性和缓冲性。腐殖质属于胶体物质，具有巨大的比表面积和表面能，并带有大量负电荷。这些特性使其能够显著提高土壤对阳离子的吸附能力，进一步增强土壤的保肥能力。腐殖质展现出一种独特的两性胶体性质，具备强缓冲能力。当土壤溶液中的 H^+ 和 OH^- 含量过高时，腐殖质通过离子交换作用来降低土壤的酸度或碱度，有效避免土壤 pH 值发生剧烈波动。这一特性对于维持土壤的酸碱平衡至关重要，有助于保持土壤养分的有效性并促进植物的健康生长。

（5）提高土壤生物和酶的活性，促进养分的转化。土壤有机质是土壤中微生物生命活动所需养分和能量的重要来源，并在土壤的生物化学过程中发挥着核心作用。土壤微生物的生物量与土壤有机质含量之间存在着显著的正相关关系，这意味着有机质含量的增加会促进微生物的生长和活动。值得注意的是,有机质不像新鲜植物残体那样对微生物产生短暂的刺激效应,而是持久稳定地为微生物提供所需的能源。因此,含有丰富有机质的土壤通常具有平稳而持久的肥力,使得作物生长稳定,不易出现猛发或脱肥的现象。此外,土壤有机质能够刺激土壤微生物和动物的活动,从而增强土壤酶的活性。这些酶在土壤养分转化的生物化学过程中起着关键作用。通过刺激酶的活性,有机质直接影响着养分的转化和有效性。然而,值得注意的是,有机质分解过程中可能会产生一些对植物生长有毒害的中间产物。特别是在不利的环境条件下,如嫌气条件,这些中间产物更容易积累。当达到一定浓度时,这些有毒物质如脂肪酸可能会对植物产生毒害作用。

2.土壤有机质在生态环境上的影响

(1)土壤有机质对全球碳平衡的影响。土壤有机质在全球碳循环系统中扮演着至关重要的角色,是全球碳库中的重要组成部分。据估计,全球土壤有机质的总碳量为 $1.4 \times 10^{12} \sim 1.5 \times 10^{12}$ t,这个数量是陆地生物总碳量的 2.5~3.0 倍。每年,由于土壤有机质的生物分解,大约有 6.8×10^{10} t 的碳释放到大气中,这个数量比全球每年因燃烧燃料而释放到大气中的碳量高出 11~12 倍。这一事实突显了土壤有机质损失对地球自然环境的重大影响。从全球角度来看,土壤有机碳水平的不断下降会对全球气候变化产生重大影响,其影响力可能不亚于人类活动向大气中排放的碳。

(2)土壤有机质对重金属的影响。土壤腐殖质含有多种功能基团,这些官能团对重金属具有很强的络合和富集能力。它们对土壤和水体中重金属离子的固定和迁移具有重要影响。各种功能基团对金属阳离子的亲和力顺序如下:烯醇基 > 氨基 > 偶氮化合物 > 环氮 > 羧基 > 醚基 > 羰基。

重金属离子的存在形态也会受到腐殖物质的络合作用和氧化还原作用的影响。例如,胡敏酸可作为还原剂,将有毒的 Cr^{6+} 还原为 Cr^{3+}。作为 Lewis 硬酸,Cr^{3+} 能与胡敏酸上的羧基形成稳定的复合体,从而可以限制动植物对 Cr^{3+} 的吸收性。此外,腐殖物质还能将 V^{5+} 还原为 V^{4+}、Hg^{2+} 还原为 Hg、Fe^{3+} 还原为 Fe^{2+}、U^{6+} 还原为 U^{4+}。

(3)土壤有机质对农药等有机污染物的固定。土壤有机质对农药等有机污染物具有强烈的亲和力,并对这些污染物在土壤中的生物活性、残留、生物降解、迁移和蒸发等过程产生重要影响。作为固定农药的最重要土壤组分,土壤有机质与农药的固定密切相关,这主要取决于腐殖物质功能基的数量、类型和空间排列,以及农药本身的性质。一般来说,极性有机污染物可以通过多种不同机理与土壤有机质结合,如离子交换和质子化、氢键、范德华力、配位体交换、阳离子桥和水桥等。而非极性有机污染物则主要通过分隔机理与之结合。腐殖物质分子中同时具有极性亲水基团和非极性疏水基团,这使得它们能够与各种有机污染物进行结合。

可溶性腐殖质能够增加农药从土壤向地下水的迁移。富里酸具有较低的分子质量和较高的酸度,比胡敏酸更可溶,因此能更有效地迁移农药和其他有机物质。此外,腐殖物质还能作为还原剂改变农药的结构,这种改变因腐殖物质中羧基、酚羟基、醇羟基、杂环、半醌等的存在而加强。一些有毒有机化合物与腐殖物质结合后,其毒性可能会降低或消失。

三、植烟土壤有机质现状

土壤有机质是反映土壤肥力和供肥特征的重要指标。根据全国第二次土壤有机质普查分级标准,可以将有机质的丰缺划分为六个等级(见表3-2)。在烤烟生产过程中,适宜的土壤有机质含量不仅能提高土壤肥力,改善土壤的理化性质和微生物环境,还能为烟叶生长提供全面的养分,促进烟株苗壮成长,增强其抗性。许自成等人的研究结果表明,土壤有机质含量与烤烟的化学成分之间存在显著的关系。在分组比较分析后发现,烟碱、总氮、硝酸盐、亚硝酸盐、石油醚提取物、钾、氯离子、总氮/烟碱、还原糖/烟碱、钾/氯等成分在各组间差异显著,而总糖和还原糖的含量差异不显著。因此,增加土壤有机质含量对改善烟田土壤结构、合理平衡施肥和提高烤烟产量和品质等方面具有重要作用。

表3-2 全国第二次土壤有机质普查分级标准 （g/kg）

含量分级	＞40	30～40	20～30	10～20	6～10	＜6
丰缺水平	一级 （很丰富）	二级 （丰富）	三级 （中等）	四级 （缺乏）	五级 （很缺乏）	六级 （极缺乏）

土壤有机质含量是评价土壤肥力的重要指标之一,对于烤烟生长和品质具有重要影响。不同气候条件和土壤类型对适宜的土壤有机质含量有不同的要求。根据研究,北方烟区的适宜土壤有机质含量为10～20 g/kg,而南方烟区为15～30 g/kg。

陈江华等人根据我国烤烟种植区划和地理位置,将云南、贵州、重庆、湖南、湖北、河南、安徽、福建、广东和黑龙江共10个烟草主产区划分为5个不同的类型。他们分析了这5个烟区的土壤主要养分,发现土壤有机质在不同烟区间存在差异。黄淮烟区的土壤有机质最适宜,平均为13.4 g/kg;而西南烟区和中南烟区的土壤有机质含量居中,平均为27.0 g/kg;东北烟区和两湖烟区的土壤有机质含量较高,均高于33.0 g/kg(见图3-1)。

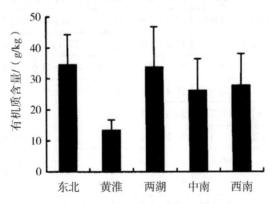

图3-1 不同烟区植烟土壤有机质状况

我国植烟土壤有机质含量相对丰富,平均为26.99 g/kg。其中,有机质含量低于1.5%的土壤仅占17.1%,而处于1.5%～2.5%的土壤占30.5%(见表3-3)。这表明超过一半的植烟土壤有机质含量偏高。在我国大面积的烤烟种植区域,烤烟生长后期土壤温度和湿度较高,这有利于土壤有机质的矿化,但不利于后期对氮素供应的控制。高温高湿条件容易导致土壤氮素供应过量,从而使烟叶贪青晚熟,不容易正常落黄,甚至出现黑暴现象。为了解决这些问题,制定土壤培肥方案时需要采取不同措施,根据各地具体情况来实施。在黄淮烟区,可以适当地施用部分腐熟的有机肥,或鼓励采用秸秆还田等措施来增加土壤有机碳的含量,同时注意不增加土壤有机氮的量。而在一些土壤有机质偏高的烟区,应大力提倡少施或最好不施有机肥。如果短期内难以改变现状,也应提倡将有机肥施用在烟草的前茬作物上。这样既能培肥土壤、改善土壤结构,又能有效控制土壤氮素的矿化,确保烤烟生长过程中的氮素供应得到合理控制。

表 3-3 我国植烟土壤有机质分布范围

范围 /（g/kg）	样本数	平均值 /（g/kg）	占总量比例 /（%）
＜ 15	2338	11.8 ± 2.3	17.1
15～25	4182	20.4 ± 9.2	30.5
25～35	4099	29.6 ± 2.8	29.9
＞ 35	385	44.9 ± 2.9	22.5

根据陈江华等人的统计分析结果,全国不同植烟区的土壤有机质含量存在较大的差异(见表 3-4)。由于各省植烟土壤的母质多样、成土条件复杂,不同母质发育成的不同土壤具有不同的物理性状和养分含量。此外,不同地区的气候、降雨量、土壤酸碱度、温度等也存在较大差异,这些因素共同导致了不同植烟区土壤有机质含量的时空变异性。

表 3-4 我国主产区植烟土壤有机质分布情况

产区	土壤有机质含量 /（g/kg）			平均值
	＜ 15	15-25	＞ 25	
云南	11.3 ± 2.7（10.5）	20.6 ± 2.8（32.5）	35.6 ± 9.6（57.0）	28.2 ± 11.6
贵州	12.4 ± 2.7（4.0）	20.9 ± 2.6（33.9）	35.0 ± 9.2（62.1）	29.3 ± 10.5
河南	11.8 ± 2.0（77.4）	17.0 ± 1.9（22.1）	27.0 ± 1.0（0.5）	13.1 ± 3.1
湖南	12.2 ± 2.2（3.3）	20.7 ± 2.7（27.7）	40.1 ± 11.9（69.0）	33.8 ± 13.8
福建	12.5 ± 2.0（22.9）	19.4 ± 2.8（46.1）	32.1 ± 6.3（31.0）	21.7 ± 8.5
重庆	12.0 ± 2.5（9.7）	20.0 ± 2.7（49.4）	32.9 ± 7.7（40.9）	24.6 ± 9.0
湖北	11.6 ± 2.9（11.1）	20.2 ± 2.9（32.3）	34.3 ± 7.6（56.6）	27.2 ± 10.4
山东	6.4 ± 2.7（96.2）	17.9 ± 2.4（3.4）	34.1 ± 6.7（0.4）	7.0 ± 7.1
黑龙江	—	21.5 ± 2.6（13.0）	36.5 ± 8.9（87.0）	34.5 ± 9.8
广东	8.7 ± 3.1（24.6）	20.7 ± 2.8（28.4）	34.4 ± 7.8（47.0）	24.2 ± 12.1
广西	13.4 ± 1.6（1.3）	20.9 ± 2.8（18.8）	38.6 ± 9.2（79.9）	34.9 ± 11.1
安徽	12.1 ± 2.2（46.9）	11.27 ± 2.7（50.0）	28.7 ± 3.3（3.1）	15.5 ± 4.3

注:括号内为所占比例（%）。

第二节　湖北植烟土壤有机质现状分析

湖北省位于长江中游,其土壤肥沃、光照充足、热量丰富、雨水丰沛且无霜期长,是我国优质烤烟和白肋烟的重要产地。土壤条件对烟草的生长至关重要,适宜的土壤肥力是确保烟草优质、高产的关键因素。土壤有机质作为土壤肥力的基础,对烟草的产量、品质和风味产生着深远的影响。

据统计,湖北省 2019 年的烟叶播种面积达到 3.57 万公顷,使其成为我国的主要植烟区之一。为更好地指导烟草种植,湖北省根据海拔、气温、降雨量、湿度和土壤特性等生态气候条件,将全省划分为四个主要的植烟区。这些植烟区包括以十堰为主的环神农架植烟区、以恩施为核心的鄂西南植烟区、神农架植烟区以及以襄阳和宜昌为核心的鄂西北植烟区。

邹娟等人对湖北省 2009—2010 年间植烟区的土壤养分数据进行了抽样分析。研究结果显示,湖北地区的土壤有机质含量平均为 23.3 g/kg(见表 3-5)。其中,约 61.7% 的土壤有机质含量在 15~35 g/kg 的适宜范围内,有利于烟草的生长。然而,约 24.2% 的植烟土壤有机质含量偏低,主要分布在环神农架和鄂西北烟区。为改善这一状况,可采取种植绿肥、秸秆还田、施用农家肥等措施来提高土壤有机质含量。另外,约 14.1% 的土壤有机质含量偏高,主要分布在各烟区的棕壤以及鄂西南、神农架烟区的黄棕壤、水稻土(见表3-6)。总体来看,湖北省植烟区的土壤有机质含量较高,有助于维持良好的土壤理化性状。然而,对于烟草生产而言,过高的土壤有机质可能对烟叶的内在质量产生一定影响。因此,在实际生产中,还需根据具体情况采取相应措施,合理调节土壤有机质含量,以实现烟草生产的优质、高产和风味优良的目标。

表 3-5　湖北不同植烟土壤有机质含量分布状况

植烟区	样本数	均值 / (g/kg)	变幅 / (g/kg)	变异系数/(%)	有机质含量/(g/kg)			
					<15	15~25	25~35	>35
环神农架	2490	21.3	5.3~71.9	40.6	28.3	43.1	19.3	9.3
鄂西南	3118	29.2	3.7~98.2	33.1	8.7	29.1	35.5	26.7
神农架	153	33.3	2.4~88.4	33.6	4.2	23.6	32.3	39.9
鄂西北	3169	18.7	8.2~92.8	33.3	36.5	45.7	12.8	5.0
全省	8930	23.3	2.4~98.2	35.1	24.2	38.9	22.8	14.1

表 3-6　湖北植烟区不同土壤类型有机质含量 (g/kg)

植烟区	黄棕壤	水稻土	黄壤	石灰土	紫色土	棕壤
环神农架	21.5±10.0	22.3±9.4	23.7±9.7	21.5±8.2	16.1±7.1	32.2±12.7
鄂西南	29.8±10.4	31.5±11.3	25.6±10.0	25.1±9.2	22.5±9.2	34.0±12.7
神农架	31.4±10.7	40.5±10.7	—	—	—	41.2±11.3
鄂西北	19.9±7.7	19.1±7.1	19.7±9.8	17.9±7.7	14.6±7.0	41.0±11.7
全省	23.4±9.4	24.5±9.2	23.4±9.9	21.2±8.3	17.5±7.7	34.3±12.6

湖北省烟区土壤有机质含量在2012年的调查中呈现出中等偏上水平,其变幅为1.5~68.4 g/kg,平均值为24.5 g/kg,属中等偏上水平;变异系数为34.0%,属中等变异。然而,与2002年相比,宜昌市、襄阳市和恩施州植烟土壤的有机质含量均有所降低,分别降低了2.4 g/kg、7.9 g/kg和5.5 g/kg,降幅分别为9.0%、22.6%和18.6%(见图3-2)。这表明在这十年间,湖北省大部分烟区土壤的有机质含量出现了不同程度的降低。长期连作导致湖北省烟区部分P、K等营养元素大量累积,有机质含量下降及部分微量元素亏缺,进而造成土壤养分比例失调、供肥能力失衡、土壤微区系失调和土壤生产力大幅下降。因此,根据全省烟田土壤养分现状及变化趋势,应按照"稳氮、控磷、减钾、分区调节酸碱度"的原则,并结合土地用养实际情况,适当调整烤烟专用复合肥配方,降低磷、钾比例。同时,增施腐熟农家肥或微生物有机肥,推广绿肥掩青和秸秆还田等栽培措施,以改良烟田土壤理化性状、提高土壤生物活性、调节土壤酸碱度。

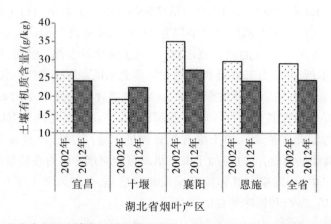

图3-2 湖北省烟区土壤有机质含量示意图(数据来源于湖北省烟草科学研究院)

2019年,刘刚等对宜昌市2003年和2016年两次植烟土壤有机质检测数据进行了深入分析(见表3-7)。从分析结果来看,宜昌市植烟土壤有机质含量在一定范围内波动。2003年全市植烟土壤有机质含量为3.60~62.91 g/kg,平均值为26.51 g/kg。到了2016年,全市植烟土壤有机质含量为3.73~74.48 g/kg,平均值为25.87 g/kg。相较于2003年,2016年兴山、五峰、长阳三个烟区的土壤有机质含量有所上升,分别增加了1.33%、4.55%和37.56%。然而,秭归烟区的土壤有机质含量显著下降了20.32%,导致全市植烟土壤有机质含量总体下降了0.64 g/kg。这可能是由于长期施用氮磷钾化肥而减少农家肥的施用,导致土壤有机质含量下降。值得注意的是,2016年宜昌市烟区土壤有机质含量晾烟区高于烤烟区。这主要归因于兴山、秭归烤烟产区长期施用化肥而减少农家肥的施用,以及五峰地区仍保持施用农家肥的习惯。为了改善这一状况,宜昌市逐渐推广土壤保育与修复措施,如种植翻压绿肥、增施生物有机肥和饼肥,并鼓励烟农施用农家肥。这些措施的实施有助于提高土壤有机质含量,与董贤春等人的研究结果一致。

2019年,徐锐等对襄阳市的三个主产烟区保康、南漳和枣阳进行了土壤样品采集与分析。研究结果显示,全市土壤有机质含量的平均值为29.16 g/kg。具体到各个产区,保康的有机质含量为 28.50 g/kg,南漳为 35.66 g/kg,而枣阳为 19.48 g/kg。可以看出,南漳的有机质含量最高,其次是保康,而枣阳的有机质含量最低,三个产区间存在显著性差异(见表 3-8)。全市土壤有机质含量处于中等级以下水平的占比达到 57.23%,而处于高水平(> 40.00 g/kg)的仅占 18.73%。这一结果表明,襄阳烟区的土壤有机质含量普遍偏低,尤其是枣阳烟区的土壤有机质含量较低。此外,闫铁军等人的研究指出,2010 年襄阳烟区的有机质含量为 31.74 g/kg。与 2010 年的数据相比,2019 年的数据表明,襄阳烟区植烟土壤有机质含量呈降低趋势。为了提高土壤有机质含量,尤其是在有机质偏低田块和枣阳植烟区,建议采取一系列措施,如增施生物有机肥、发酵饼肥、秸秆还田和绿肥种植等。这些措施的实施将有助于改善土壤理化性质,提高烟叶品质和产量,促进烟草生产的可持续发展。

表 3-7　2003 年与 2016 年宜昌烟区植烟土壤有机质含量变化

县区	均值 ± 标准差 / (g/kg)		变幅 / (g/kg)		变异系数 / (%)	
	2003 年	2016 年	2003 年	2016 年	2003 年	2016 年
兴山	25.55 ± 9.55	25.89 ± 9.23	9.60 ~ 59.50	6.84 ~ 55.40	37.39	35.68
秭归	27.91 ± 8.64	22.24 ± 8.30	7.10 ~ 61.10	3.73 ~ 56.50	30.96	37.36
五峰	28.76 ± 7.02	30.07 ± 8.06	11.19 ~ 62.91	17.38 ~ 74.48	24.41	26.82
长阳	23.48 ± 9.87	32.30 ± 9.46	3.60 ~ 62.50	8.20 ~ 50.87	42.01	29.3
全市	26.51 ± 8.99	25.87 ± 9.41	3.60 ~ 62.91	3.73 ~ 74.48	33.93	36.39

表 3-8　襄阳市不同产区土壤有机质含量

产区	均值 / (g/kg)	变异系数 / (%)	各区间（g/kg）占比 / (%)				
			<10	10 ~ 20	20 ~ 30	30 ~ 40	>40
保康	28.50b	42.04	4.2	20.17	37.65	22.02	15.97
南漳	35.66a	30.17	0	7.41	24.28	33.33	34.98
枣阳	19.48c	49.84	18.7	31.71	34.15	15.45	0
全市	29.16	42.42	4.99	18.42	33.82	24.04	18.73

注:小写字母表示在 $P < 0.05$ 上有显著差异。

恩施烟区,作为湖北省烟叶的主产区,位于鄂西南,拥有典型的立体山地气候特征。这里,年均气温维持在 16.3℃,降水量稳定在 1434.9 mm,种烟面积约 3.3 万公顷。近年来,邓建强等对恩施州植烟区土壤理化指标的测定研究显示,土壤有机质含量出现下降趋势(见表 3-9)。具体来说,与 2017 年相比,2018 年的土壤有机质含量下降了 4.59%。另外,李锡宏等对恩施州 8 个植烟区的土壤有机质含量进行了深入的测定分析。他们发现,2002—2003 年间,恩施州的土壤有机质平均含量为 30.89 g/kg。然而,经过 15 年的时间,土壤有机质含量明显下滑,降幅高达 12.55%。土壤有机质含量的多少对烤烟的生长、产量和品质起到至关重要的作用。当土壤有机质不足时,烟叶的油分也会相应减少,进而影响到烟叶的整体品质。因此,为了提高土壤有机质含量,并确保烟叶的优质生产,恩施烟区采取了一系列措施。这些措施包括但不限于增施适量的有机肥料、选择合适的绿肥或秸秆种类进行还田,以及逐步推广土壤保育与修复技术。

表 3-9　2017-2018 年恩施州植烟区土壤有机质含量

年份	平均值 /（g/kg）	标准差 /（g/kg）	变幅 /（g/kg）	变异系数 /（%）
2017 年	27.65	5.16	18.20～37.76	19
2018 年	26.38	5.98	16.03～41.65	23

第三节 土壤有机质提升技术应用

据报道,耕作会导致土壤有机质含量损失 20%～30%。在初期,这种损失速度较快,但大约 20 年后,土壤有机质的分解速率会逐渐减慢,并在 30～40 年后达到平衡状态,此时土壤有机质会稳定在一个较低的水平。全球范围内,土壤有机质含量的降低已经引发了土壤生产力下降的问题,这引起了世界各国的关注。在我国,由于人口众多、土地资源有限,保持适量的土壤有机质含量对于农业的可持续发展至关重要。

施用有机肥料是我国劳动人民长期实践的经验总结,对于提高土壤有机质水平具有显著效果。然而,我国耕地土壤的有机质含量普遍偏低,因此需要不断添加有机物质以维持土壤活性有机质的适宜水平。这不仅有助于保持土壤良好的结构,还能持续为作物提供生长所需的养分。

有机肥源多种多样,包括作物秸秆、植物根系、绿肥、粪肥、厩肥、堆肥、沤肥等。在我国一些地区,还有施用饼肥、蚕沙、鱼肥、河泥、塘泥的习惯。各地可根据实际情况选择合适的有机肥源进行施用。对于水稻等作物的秸秆,直接还田是一种有效提高土壤有机质水平的措施。然而,农作物秸秆的碳氮比很高,为了防止在秸秆分解过程中微生物与作物争夺土壤中的有效氮,需要增施一些无机氮肥。这有助于解决因秸秆还田导致土壤短期有效养分供应不足的问题。尽管因气候条件、土壤类型、利用方式、有机物质种类和用量等因素的差异,土壤有机质含量的提高幅度有所不同,但施用有机肥在各种土壤和不同种植方式下都能提高耕地土壤有机质的水平。通常使用"腐殖化系数"作为换算系数,将有机物质转化为土壤有机质。这个系数表示单位重量的有机物质碳在土壤中分解一年后的残留碳量。表 3-10 展示了我国不同地区耕地土壤中有机物质的腐殖化系数。由于水热条件和土壤性质的差异,同类有机物质在不同地区的腐殖化系数依次为东北地区＞华北地区、江南地区＞华南地区;而在同一地区,不同有机物的腐殖化系数依次为植物根系≥厩肥＞作物秸秆＞绿肥。

表 3-10 我国不同地区耕地土壤中有机物质的腐殖化系数

有机肥源	指标	东北地区	华北地区	江南地区	华南地区
作物秸秆	范围	0.26～0.65	0.17～0.37	0.15～0.28	0.19～0.43
	平均	0.42（9）	0.26（33）	0.21（53）	0.34（18）
植物根系	范围	0.30～0.96	0.19～0.58	0.31～0.51	0.32～0.51
	平均	0.6（5）	0.40（14）	0.40（54）	0.38（14）
绿肥	范围	0.16～0.43	0.13～0.37	0.16～0.37	0.16～0.33
	平均	0.28（14）	0.21（46）	0.24（33）	0.23（31）
厩肥	范围	0.28～0.72	0.28～0.53	0.30～0.63	0.30～0.52
	平均	0.46（11）	0.40（21）	0.40（38）	0.31（8）

注：括号内为样品测定个数。

近年来，农田土壤培肥的忽视和大量化肥的施用导致土壤有机质含量急剧下降，进而引发了土壤板结、耕作层变浅、作物生长不良、土传病害频发等一系列问题。这些问题的存在导致了作物产量和品质的降低。虽然耕地土壤存在多种问题，但最根本的原因是有机质含量的偏低。为了解决这些问题，提升土壤有机质含量成为关键。为此，需要从多个方面进行集成创新，包括秸秆还田、施用有机肥、种植绿肥、深耕改土、水旱轮作、科学施肥、覆盖种植以及施用土壤改良剂等。这些技术的应用有助于提升土壤有机质，提高土壤肥力，促进土壤的良性循环和健康发展。

农业农村部在 2015 年制定的《到 2020 年化肥使用量零增长行动方案》中提出了"环保施肥"的理念，强调了推广秸秆还田技术、增施有机肥以及恢复发展冬闲田绿肥种植等重点任务。这些措施的实施对于保护和提升耕地质量至关重要，也是实现农业增效和农民增收的重要途径。因此，开展烟田耕层土壤保育工作是当前亟待进行的工作。通过采取一系列措施，保护和改善烟田耕层土壤的质量，提高土壤有机质含量，促进土壤养分的良性循环，为烟草产业的可持续发展提供坚实的土壤基础。

一、绿肥

绿肥，即利用绿色植物体制成的肥料，是一种养分全面的生物肥源。种植绿肥不仅为土壤提供了宝贵的肥源，对土壤的改良也有着显著的影响。绿肥中含有丰富的养分和大量的有机质，当这些有机物质翻入土壤后，经过腐解，大部分碳被矿化成二氧化碳释放到大气中，部分碳则被土壤微生物利用，还有一部分碳会进一步腐殖化，形成更稳定的有机碳库。

绿肥,尤其是豆科绿肥,具有强大的固氮能力,能将植物体内的氮迅速有效地补充到土壤中,同时也会显著增加土壤中的磷、钾、钙、镁和各种微量元素等,以满足作物对养分的需求。此外,绿肥还能更新和积累土壤中的有机质。研究显示,采用稻 – 绿肥轮作模式,随着时间的推移,土壤的有机质含量显著增加。其中,稻 – 紫云英轮作模式下的土壤有机质积累速度最快,每年增加 0.31 g/kg;稻 – 黑麦草轮作次之,每年增加 0.28 g/kg;稻 – 油菜轮作再次之,每年增加 0.26 g/kg。长期使用绿肥还田,能使土壤有机质含量提高 25%,进而提高粮食产量 20~40 kg/667m^2。

近年来,土地整理后烟田土壤肥力、物理性状和微生物生态恢复等方面的研究增多,发现土地整理后土壤有效养分含量降低、物理性质变差、微生物群落结构遭到破坏,因此需要进行土壤改良。而绿肥培肥被普遍认为是烟田土壤保育的重要途径之一。目前,在云南、贵州、四川、湖南、湖北、福建等多个生态烟区开展了绿肥还田培肥植烟土壤的应用研究和示范,并取得一定成效。

(一)施用绿肥对植烟土壤特性的影响

1.绿肥对植烟土壤理化性质及养分含量的影响

绿肥在烟草种植中的重要性不容忽视。它不仅能为土壤提供丰富的有机质和养分,还能显著改善土壤的理化性质,从而为烟草的生长创造良好的土壤环境。土壤有机质、容重和 pH 值是影响烟草生长的关键因素。研究表明,绿肥能有效提高土壤有机质含量,降低土壤容重,同时还有助于维持适宜的 pH 值范围。通过绿肥的应用,土壤的缓冲能力得到增强,为烟草的生长提供了稳定的环境。绿肥对土壤养分含量的提升也具有显著效果。曹海莲等人的研究表明,不同类型的绿肥对土壤养分的贡献各异。翻压绿肥后,土壤中的有机质、氮素、磷素和钾素含量均有所增加,这有助于提高烟叶的品质。

此外,绿肥还能在一定程度上减轻长期连作对土壤的不利影响。长期连作可能导致土壤 pH 值下降和养分比例失衡,而绿肥的施用有助于调整土壤养分比例,提高土壤肥力。

综上所述,绿肥在烟草种植中具有多重作用,能改善土壤理化性质、提高土壤养分含量、调整土壤 pH 值以及缓解连作障碍。因此,合理利用绿肥是实现烟草优质高产的重要措施之一。为了充分发挥绿肥的潜力,应进一步优化绿肥品种选择、翻压技术和施肥管理等方面的措施,提高烟草生产的效益。

2.绿肥对植烟土壤酶活性和微生物的影响

土壤酶活性和微生物数量是衡量土壤质量和土壤肥力的关键指标。绿肥通过根系的胞外分泌物直接增加根际土壤相关酶类,使土壤酶活性发生变化。土壤酶活性在介导生化过程以确保养分循环方面起着至关重要的作用,它间接反映了土壤中物质转化情况,是提高土壤生产力的催化剂。

翻压绿肥能够释放出用于植物生长和养分循环的无机养分,进而影响土壤酶活性。

磷酸酶是土壤中一种重要的酶，主要源于植物根系和微生物的分解。磷酸酶的含量会随着微生物数量、有机物、矿物质、耕作方式及其他农业措施的程度而发生变化。脲酶在自然界中广泛分布，主要来源于细菌、酵母、真菌、藻类、动植物废物等。脲酶具有较强的敏感性，具有提供整合环境因素和氮循环信息的能力。因此，脲酶活性可以作为评估土壤肥力的良好指标。蔗糖酶和过氧化氢酶也是重要的酶活类型，它们具有反映土壤情况的指示作用。

在湖北恩施的试验表明，当化肥用量降到当地常规施肥量的 85% 时，翻压绿肥可以明显提高土壤活性有机质含量，并可以较大幅度提高烟叶旺长期土壤脲酶和磷酸酶活性。大量研究表明，翻压绿肥的各处理土壤脲酶、酸性磷酸酶、蔗糖酶、过氧化氢酶活性等均有不同程度增加。这表明绿肥对提高土壤酶活性具有积极作用。

除对土壤酶活性的影响外，绿肥还对土壤微生物数量和活性产生影响。土壤微生物是驱动土壤有机质和养分循环的重要力量。已有研究表明，细菌、放线菌和真菌三大类群微生物的数量与烟叶产量、质量呈正相关关系。绿肥翻压后，这三大类群微生物的数量及总量均有大幅度增加。这表明绿肥能够促进土壤微生物的生长和繁殖，提高微生物的数量和活性。

（二）施用绿肥对烤烟的影响

1.绿肥对烟株生长发育的影响

绿肥对植烟土壤和烤烟生长具有多方面的积极影响。首先，绿肥能够改善植烟土壤的通透能力和温度，从而改善土壤结构、质地和化学环境。此外，绿肥还能提高土壤应对逆环境的抗逆性，这些因素共同作用，为烤烟的生长提供了良好的土壤环境。其次，绿肥对烤烟地上部分的生长具有促进作用。研究表明，翻压大麦绿肥可以明显提高烟叶的单叶重、叶面厚、最大叶长和叶宽等指标。而且，随着绿肥种植年限的增加，这种促进效果更加明显。经济性状方面，绿肥的施用也呈现正向增长的趋势。此外，通过减施氮肥与翻压绿肥相结合的方法，也可以提高烟叶的叶面积指数和光合特性的各项指标。在云南红壤地区进行的试验表明，随着翻压绿肥光叶苕子数量的增加，烟草叶片的长度和宽度以及株高和茎粗都呈现增长趋势。尤其对于中、上部叶片，这种促进作用更加明显。最后，黑麦草翻压还田也被证明能够改善烤烟的农艺性状和光合生理特性。与对照相比，黑麦草处理使株高提高了 21.89%、14.75%、10.85%，产值提高了 5.27%、24.89% 和 2.13%。

大量研究表明，绿肥品种、翻压批次和配施化肥等施用模式对烤烟生长的影响是多种多样的。李集勤等人的研究表明，箭舌豌豆和紫花苜蓿处理的烟株在株高、有效叶片数和最大叶面积等农艺性状方面表现显著好于对照，并且二者的产量和产值均显著高于对照 30% 以上。常春丽的研究也表明，草木樨、紫花苜蓿、黑麦草、小麦作为绿肥的处理均能改善烤烟的农艺性状、光合生理参数，增大上中等烟产量、产值等，其中紫花苜蓿作为绿肥时的效果最好。她还建议在黑龙江烟区以紫花苜蓿的翻压生物量 1890 g/m² 为宜，化肥的用量应在常规施肥的基础上减少 30%。

2.绿肥对烤烟产量和品质的影响

近年来,绿肥在提升和改良土壤肥力、提高烟叶产质量方面得到了广泛研究。学者们主要关注了不同绿肥翻压量对烟叶产质量的影响、不同种植模式对绿肥生物量和养分积累量的影响,以及绿肥翻压和减氮对烤烟养分累积、产量及质量的影响。

研究表明,长期翻压绿肥能显著提高烟叶产量,改善烟叶品质。施用绿肥15000～22500 kg/hm² 时,烟叶的外观质量较好,评吸得分也较高。具体来说,翻压黑麦草、油菜可分别使烟叶增产 13.70%、16.40%,并且能使上、中等烟叶比例达到 90% 以上。

此外,采用大麦掩青可提高烤烟中总糖、还原糖、总氮和钾的含量,各成分的含量与大麦掩青量呈正相关。以光叶紫花苕子和肥田萝卜作绿肥施用于植烟土壤后,能降低中、上部叶的还原糖含量,有利于提高烟叶品质。苕子翻压处理可使中部叶钾含量显著提高33.5%,上部叶中糖碱比显著下降 34.4%。将紫云英和黑麦草鲜样以质量比 3∶1 混合翻压,可显著提高烟叶的总氮含量、氮碱比、钾含量和钾氯比。

研究还发现,翻压禾本科黑麦草绿肥较大麦绿肥可能更能增加中部烟叶中性致香成分含量,大麦绿肥对中部叶中性致香成分含量的影响不一致。翻压油菜和翻压黑麦草具有相似的作用。增施绿肥对烟叶中芳香族氨基酸降解产物有一定影响。种植绿肥后,苯甲醛、苯乙醇含量均有所升高,烟叶芳香族氨基酸降解产物总含量比对照组增加了15.76%。

黑麦草翻压量以 22.5 t/hm² 效果最佳,能改善烟叶化学成分协调性,其中烟碱降低10.55%,总氮降低 33.54%,氮碱比降低 25.93%,总糖增加 8.59%,还原糖变化不明显,糖碱比增加 21.41%,钾含量增加 12.50%,氯降低 12.00%;可提高烟叶外观质量;烤烟香气质、香气量和余味增加,杂气降低;致香成分中类胡萝卜素物质降解提高 12.95%,芳香族氨基酸物质降解提高 20.76%,西伯烷类物质降解提高 9.59%;上等烟比例提高 35.59%,产量、产值和烤烟经济形状均得到提升,以烤烟套种草木樨或小麦的效果最好。

(三)施用绿肥对湖北植烟区土壤特性及烟叶产质的影响

在湖北不同海拔(1150 m 和 850 m)植烟土壤上开展田间试验,研究紫花毛苕子、油菜对连作障碍土壤理化性状改善及烟株生长、经济性状、烟叶品质的影响,明确适宜的前茬绿肥品种。

1.绿肥对植烟土壤理化特性的影响

研究结果表明,在海拔 1150 m 和 850 m 的植烟土壤上种植绿肥能够降低土壤容重,增加土壤总孔隙度、pH 值和有机质含量(见表 3-11)。在两个海拔下,与对照相比,种植油菜和紫花苕子土壤容重分别下降了 6.50%、3.42% 和 8.13%、4.27%;土壤孔隙度均呈增加趋势且都大于 50%。海拔 850 m 植烟土壤 pH 值和有机质含量略高于海拔 1150 m,在海拔 1150 m 点,种植油菜和紫花苕子与对照相比,pH 值提升了 1.31% 和 1.87%,有机质含量增加了 7.58% 和 5.56%;在海拔 850 m 点,种植油菜和紫花苕子与对照相比,pH 值提升了 1.26% 和 1.08%,有机质含量增加了 5.60% 和 10.40%。

表 3-11 绿肥种植对土壤理化性质的影响

海拔	处理	容重 / (g/cm³)	总孔隙度 / (%)	pH 值	有机质含量 / (%)
1150m	CK	1.23 a	53.50	5.36 c	1.98 c
	油菜	1.15 b	56.77	5.43 b	2.13 a
	紫花苕子	1.13 b	57.18	5.46 a	2.09 b
850m	CK	1.17 a	55.80	5.56 b	2.50 c
	油菜	1.13 b	57.89	5.63 a	2.64 b
	紫花苕子	1.12 b	57.93	5.62 a	2.76 a

2.绿肥对烟叶产质量的影响

在海拔 1150 m 点,种植油菜和紫花苕子与对照相比,产量和产值分别增加了 4.57%、3.29% 和 12.79%、11.27%,油菜效果优于紫花苕子;在海拔 850 m 点,烟叶产量和产值分别增加了 3.02%、5.28% 和 12.98%、14.43%,紫花苕子优于油菜(见表 3-12)。

表 3-12 绿肥种植对烟叶产量、产值的影响

海拔	处理	产量 / (kg/ 亩)	产值 / (元 / 亩)
1150m	CK	108.69 b	2713.90 b
	油菜	113.66 a	3061.09 a
	紫花苕子	112.27 ab	3019.86 a
850m	CK	118.75 b	3004.38 b
	油菜	122.34 ab	3394.48 a
	紫花苕子	125.02 a	3438.05 a

因此,从长远角度来看,为减少农业活动带来的负面影响,维持和改善土壤有机质状况,提高土壤肥力,种植绿肥并结合多样化的种植方式是可持续农业生产中的一种经济可行的施肥措施。而不同自然环境以及不同种植区域对于绿肥品种的选择有很大的差异性,需要根据当地土壤、气候等条件,选择适合的绿肥品种或配施适宜比例化肥,从而推动各植烟区烤烟生产的高质量和可持续发展。

二、秸秆还田

秸秆中含有大量的有机物和矿物质,经过腐解后一部分归还土壤,转化为有机质和速效养分,不断调节土壤中的水、肥、气、热的含量以满足农作物生长发育的需要。

在英国洛桑试验站,每年翻压玉米秸秆 7～8 t/hm²,18 年后土壤有机质含量提高了

2.2%～2.4%；美国在大平原土壤上每年还田秸秆和残茬 1.6～1.7 t/hm²，8 年后土壤有机质含量从 1.79% 提高到 2.0%；德国波恩大学试验站研究表明，施入 6.5 t/hm² 秸秆并补施氮肥，19 年后土壤有机质含量从 1.02% 增加到 1.48%。

我国农作物废弃资源产量巨大，2014—2018 年，中国秸秆年均产量高达 6.54×10^8 t，其中谷类、麦类和玉米秸秆产量分别占 32.3%、22.7% 和 45.0%。大量研究发现，充分、有效地利用这些作物秸秆可有效降低土壤容重、改善土壤板结情况、增加土体总孔隙度，并且有助于提高土壤有机质含量。洪春来等研究表明，秸秆全量还田两年后，土壤有机质含量由原来的 4.23% 上升到 4.38%～4.53%，而不还田处理则下降了 0.14%。

（一）秸秆还田对植烟土壤肥力的影响

1.秸秆还田对植烟土壤理化性质及养分含量的影响

作物秸秆，富含纤维素、木质素等富碳物质，是一种极具价值的农业资源。当秸秆在土壤中分解时，会释放 CO_2 并形成土壤微生物体，这些微生物体进一步通过固持或矿化作用释放无机氮，最终转化为土壤有机质，为土壤提供丰富的养分。近年来，大量研究证实，秸秆的综合利用能显著增加土壤孔隙度，降低土壤密实度和容重，从而有效改善土壤的通气性和水分状况。这不仅有助于增强土壤的锁水和固土能力，还能为作物根系的生长提供更有利的环境，进而促进作物的整体生长和发育。

在现代烟草农业中，为提高烤烟的产量和品质，轮作或间套作制度常被采纳。在这些制度下，作物秸秆作为一种优质的有机肥源，其还田技术在烟叶生产中得到了广泛应用。有研究显示，通过炭化烟草秸秆处理，连作植烟土壤的酸度明显降低，同时土壤有机质含量和速效养分含量均显著增加。具体而言，与对照相比，土壤的 pH 值增加了 0.78，有机质含量提高了 10.54%，碱解氮含量提高了 35.77%，速效磷含量提高了 97.09%，速效钾含量提高了 50.70%。这些改善为烤烟的生长提供了更加理想的土壤环境。此外，针对黄淮烟区丰富的玉米和小麦秸秆资源，有学者进行了异地还田（烟田）的研究。结果表明，秸秆还田能够增加土壤中 N、P、K 的含量，并且随着秸秆还田量的增加，土壤中有机质及速效养分的含量也呈现出增加的趋势。

然而，目前关于秸秆还田方式、还田量等方面的研究仍存在较大差异。如何确定最佳的还田方式以改善烟田土壤理化性质并提高烤烟产质量，仍是当前的研究重点。例如，有研究表明，玉米秸秆直接还田配合腐熟剂的方式对烤烟干物质积累、烟叶经济性状及微生物量影响较大；而在改善中上部位烟叶内在品质方面，玉米秸秆直接还田方式表现较优。另有研究通过探讨秸秆还田对烟田土壤结构特征的影响，筛选出碳化玉米秸秆配施石灰作为整治烟田土壤改良中的较优秸秆配施方式。还有学者比较了无秸秆、秸秆覆盖还田、秸秆粉碎还田和秸秆炭化还田这四种方式对皖南烟－稻轮作区土壤理化性质的影响。结果表明，不同秸秆还田方式均能改善土壤理化性质；与对照相比，粉碎还田和炭化还田能显著提升土壤 pH 值、碱解氮、速效磷和速效钾含量；三种还田方式均不同程度提高土壤的团粒结构及稳定性，总体效果以水稻秸秆粉碎还田最优，其次是秸秆炭化还田，最后是秸秆覆盖还田。

2.秸秆还田对植烟土壤酶活性和微生物的影响

通过秸秆还田，土壤的酶活性得到了显著提高。这些酶,如碱性磷酸酶、转化酶和脲酶,对于土壤的代谢和养分循环至关重要。尤其在表层土壤(0～10 cm),这些酶的活性提升更为明显。而且,随着秸秆还田年限的延长,土壤脲酶、酸性磷酸酶、过氧化氢酶的活性存在一个上升的趋势。当秸秆还田配合减量施肥时,这些土壤酶的活性明显上升,进一步增强了土壤的肥力。

此外,秸秆还田对土壤微生物群落也有着积极的影响。土壤微生物在秸秆腐解及营养元素释放过程中扮演着关键角色。研究表明,小麦、玉米秸秆还田都能显著或极显著增加土层中微生物的数量。这为微生物的生长、发育和繁殖提供了良好的环境,同时增加了土壤层的养分含量。这为微生物提供了丰富的碳源、氮源,可以显著提高土壤微生物总量。

不同秸秆覆盖量处理的土壤根际细菌数量较无秸秆覆盖处理有明显增加,放线菌和纤维分解菌的数量也有所增加。其中,覆盖量为 500 kg/667 m² 时,土壤中真菌和固氮菌的数量最多,分别比无秸秆覆盖增加 2.24 倍、1.60 倍。此外,玉米秸秆还田在提高真菌多样性的效果优于小麦秸秆,以 7500 kg/hm² 的玉米秸秆还田对提高烟田土壤真菌群落多样性效果最好。这可能是因为玉米秸秆的全碳及其养分含量高于小麦。

3.秸秆还田对植烟土壤酶活性和微生物的影响

秸秆还田对土壤酶活也有着显著的影响。路怡青等研究发现,与不还田相比,秸秆还田的土壤碱性磷酸酶、转化酶、脲酶活性均显著提高,且对表层(0～10 cm)土壤的酶活性影响较大。随着秸秆还田年限的延长,土壤脲酶、酸性磷酸酶、过氧化氢酶的活性存在一个上升的趋势,并且与不施秸秆处理相比,秸秆还田配合减量施肥处理的各土壤酶活性明显上升。陶军等在水稻小麦轮作系统中开展了持续 7 年的秸秆还田试验,结果表明秸秆还田处理可以显著提高土壤蛋白酶、脲酶、蔗糖酶和碱性磷酸酶的活性。张伟等在棉田上开展类似研究,结果显示秸秆施入田块后随着连作时间的延长,土壤中的脲酶以及过氧化氢酶活性表现出先降后升的规律。

土壤微生物群落在秸秆腐解及营养元素释放过程中具有举足轻重的作用。已有研究证明,土壤微生物的生物量和多样性与土壤可利用元素之间存在明显的相关性,土壤微生物代谢活跃,对土壤系统的变化反应灵敏。因此,土壤微生物也逐渐被用来作为土壤质量评价的生物指标。

秸秆还田为微生物的生长、发育和繁殖提供了良好的自然环境,并增加了土壤层的养分含量,为微生物提供了丰富的碳源、氮源,可以显著提高土壤微生物总量。研究表明,小麦、玉米秸秆还田都能显著或极显著增加 20～40 cm 植烟土层中微生物的数量。林云红等研究指出,覆盖小麦秸秆处理的土壤细菌、放线菌和纤维分解菌的数量越大,不同秸秆覆盖量处理的土壤根际细菌数量较无秸秆覆盖处理增加了 1.87～2.76 倍;放线菌增加了 1.12～1.43 倍;纤维分解菌增加了 1.3～3.39 倍;覆盖量为 500 kg/667 m² 时,土壤中真菌和固氮菌的数量最多,分别比无秸秆覆盖增加 2.24 倍、1.60 倍。有研究指出,等量玉米秸秆还田在提高真菌多样性的效果优于小麦秸秆,以 7500 kg/ hm² 的玉米秸秆还田对提高烟田土壤真菌群落多样性效果最好,这可能与玉米秸秆全碳及其养分含量高于小麦有关。此外,通过对真菌多样性和土壤养分之间的相关性分析得出,土壤真菌多样性指标与土壤有机质、全钾及碱解氮含量呈显著正相关。

(二)秸秆还田对烤烟的影响

1.秸秆还田对烟株生长发育的影响

秸秆中含有大量氮、磷、钾等元素和硼、锰、铜、锌、钼等丰富的微量元素,通过秸秆还田能够促进植株根系对养分的吸收,增强烟株呼吸功能,促进烟株生长,进而提高烟叶的产量和品质。据前人研究表明,不同作物秸秆还田,对植株生长发育的影响具有显著差别。目前,在植烟土壤上关于油菜秸秆、玉米秸秆、小麦秸秆和水稻秸秆等具有较多的研究,并取得了一定的成果。

油菜属于十字花科植物,油菜秸秆中富含氮、磷、钾等成分,油菜秸秆就地还田,非常有利于改善土壤和农田系统。针对湘西州烟区油菜秸秆还田对烤烟产质量的影响研究,结果表明,油菜秸秆覆盖处理的烟株株高、茎围、最大叶面积均大于空白对照组。另外,油菜秸秆还田处理的烟叶开片率、叶片厚度、单叶重、含梗率等物理特性显著优于对照,进而有利于烟叶片结构疏松,提高烟叶可用性。相关调查研究显示,玉米秸秆中的氮含量为 0.6%,磷含量为 0.3%,钾含量为 2.3%,其中的有机质含量达到 15% 左右。云南、贵州、湖南、湖北等主要植烟区对玉米秸秆覆盖的影响均有研究。通过田间试验研究表明,当玉米秸秆还田量为 4500 kg/hm² 时,可显著提高烟株生育后期株高、茎粗、干物质积累量和氮累积量,且叶片展开较大,各性状均优于常规施肥。小麦秸秆无论是以深翻还田的方式还是覆盖还田的方式,均有利于烤烟的生长。其中,从旺长期至初采期麦秆覆盖处理的效果较好,烟株生长量增长较快,烟叶成熟期提前,烟叶均价和上等烟比例均呈上升趋势。

2.秸秆还田对烤烟产量和品质的影响

大量研究表明,秸秆的综合利用是促进烟草植物生长发育、提高烟草质量、增加烟农收入的重要途径。杨跃等研究了秸秆还田在高肥力的土壤上对烟叶经济性状的影响认为,相同施氮水平下,配施秸秆处理的烟叶产量、产值均高于不配施秸秆处理,产量增幅分别为 12.2% 和 13.9%,产值分别增加 47.65% 和 39.25%。作为田间土壤改良的关键策略,秸秆的长期综合利用是维持土壤层长期生产力和推广可持续农业发展理念的关键途径。

秸秆在降解过程中产生各种中间物质,可以促进烟草根系的生长发育和新陈代谢,有利于糖类和芳香族化学物质的积累。肖战杰等研究表明,施加 605 kg/hm² 的生物质炭可改善烟草外观质量,并在不同水平上改善烟叶的成熟度,使叶片起皱柔软,具有较强的延展性,并具有明显的成熟斑;叶片结构疏松;烟叶身份趋于中等;增加烟叶油分及弹性,油润感更强；烟草的光泽明亮，表现出橘黄色。王毅等探究了小麦秸秆施用方式对烤烟叶片发育及产量和品质的影响，结果表明，将小麦秸秆制成生物质炭施用后促进了烤烟叶片发育，产量、产值显著提高 21.83%、54.23%。改善了中部烟叶外观质量，叶片身份、油分得分及外观质量总分显著增加，显著提高了中、上部烟叶含钾量，分别增加了 8.39% 和 22.63%，且烟碱含量增加不明显。

王绍坤等比较了云南烟区小麦秸秆和玉米秸秆还田对烤烟品质的影响，认为秸秆还田能改善烟叶糖碱比和氮碱比，并明显提升烟叶的内在品质，且相比玉米秸秆还田，小麦秸秆还田更有利于烟叶品质的提升。王育军等发现油菜秸秆还田能够增加烟叶中色素、芸香甙（多酚）含量，提高烟叶的感官质量评分。贾国涛等研究发现，施用 7500 kg/hm² 腐熟麦秸秆可使烟叶钾含量提高 22.26%、香气物质总量提高 32.36%，烟叶的香气质、香气量、浓度、杂气、燃烧性得分以及感官质量得分明显高于其他施用量处理。郑梅迎等研究发现，较秸秆覆盖还田和秸秆炭化还田，秸秆粉碎还田有利于促进中部叶片烟叶化学成分的协调，并提高烟叶的评吸质量。谭慧等认为在连作植烟土壤中添加炭化烟草秸秆，可以促进烤烟的生长，提高烟叶的产量，增加植烟的收益。而且在植烟土壤上使用一定量的生物质炭可使中性致香成分含量接近优质烟叶的适宜范围，香气质、香气量、余味、劲头和评吸总分均明显高于其他处理的烤烟，而杂气和刺激性等指标则相对低于其他处理。

（三）秸秆还田对湖北植烟区土壤特性及烟叶产质的影响

通过田间试验，探究秸秆还田对连作土壤特性及烟叶产质的影响，并明确秸秆还田的最佳种类及还田量。将秸秆粉碎后在移栽前 30 d 均匀撒施到烟田，通过整地翻入土壤中。根据还田的秸秆类型和用量设置处理，研究结果如下。

1.秸秆还田对湖北植烟土壤理化特性的影响

由表 3-13 可知，秸秆还田后，土壤容重和孔隙度均得到改善。不同秸秆对土壤容重影响大小顺序总体表现为：玉米秸秆＞烟草秸秆＞水稻秸秆，不同用量之间表现为，容重随秸秆用量的增加基本呈现下降趋势。在 2016 年和 2017 年，不同秸秆处理与对照组相比，容重下降了 5.56%～13.49% 和 12.40%～18.60%，总孔隙度增加了 0.02%～5.27% 和 11.77%～17.65%。

与对照组相比，秸秆还田处理的土壤 pH 值和有机质含量呈上升趋势。2016 年，不同类型秸秆还田对土壤 pH 值和有机质含量影响大小顺序表现为：烟草秸秆＞玉米秸秆＞水稻秸秆，其中施用烟草秸秆 1000 kg/ 亩时，pH 值和有机质含量显著增加并高于其他各处理；在施用一年后，2017 年对土壤 pH 值和有机质含量影响大小顺序表现为：玉米秸秆＞烟叶秸秆＞水稻秸秆，与对照组相比，施用玉米秸秆和烟叶秸秆对提高 pH 值和有机质含量均达到显著水平。2017 年与 2016 年相比，对照组有机质含量下降了 2.04%，玉米秸秆（1000 kg/ 亩）处理下有机质含量增加达最大幅度为 4.21%。综合 2016-2017 年的数据分析，在湖北植烟土壤上以玉米秸秆（1000 kg/ 亩）处理对改善土壤理化性质，提高土壤 pH 值和有机质含量的效果较好。

表 3-13 秸秆还田对土壤理化特性的影响

处理 /（kg/ 亩）	土壤容重 /（g/cm³）		总孔隙度 /（%）		pH 值		有机质含量 /（%）	
	2016 年	2017 年	2016 年	2017 年	2016 年	2017 年	2016 年	2017 年
水稻秸秆（250）	1.12 cde	1.12 b	57.61	57.73	5.60 ab	5.59 f	1.96 f	1.95 f
水稻秸秆（500）	1.12 cde	1.11 b	57.67	58.11	5.63 ab	5.56 f	2.00 e	2.09 d
水稻秸秆（1000）	1.13 cd	1.11 b	57.91	58.11	5.66 ab	5.63 def	2.15 b	2.12 c
玉米秸秆（250）	1.09 e	1.07 cd	56.18	59.62	5.61 ab	5.71 bc	1.97 f	1.98 e
玉米秸秆（500）	1.10 de	1.07 cd	58.63	59.62	5.62 ab	5.75 ab	2.09 c	2.17 b
玉米秸秆（1000）	1.15 c	1.05 d	58.9	60.38	5.65 ab	5.79 a	2.14 b	2.23 a
烟草秸秆（250）	1.10 de	1.11 b	58.45	58.11	5.63 ab	5.66 cde	1.97 f	1.98 e
烟草秸秆（500）	1.12 cde	1.10 bc	57.87	58.49	5.67 ab	5.68 bcd	2.05 d	2.09 d
烟草秸秆（1000）	1.19 b	1.13 b	59.13	57.36	5.68 a	5.70 bcd	2.24 a	2.25 a
对照	1.26 a	1.29 a	56.17	51.32	5.61 b	5.57 f	1.96 f	1.92 g

由表 3-14 可知，不同秸秆对土壤酶活性影响有所差异，土壤蔗糖酶、脲酶和酸性磷酸酶活性，总体表现为：玉米秸秆＞烟草秸秆＞水稻秸秆，酶活性随秸秆用量的增加呈增加趋势。与其他处理相比，采用玉米秸秆（1000 kg/ 亩）处理 4 种酶活性最高，且差异达到了显著性水平。

表 3-14 秸秆还田对土壤酶活性的影响（2017 年 7 月）

处理 /（kg/ 亩）	酶活性 /（mg/g）			
	过氧化氢酶	蔗糖酶	脲酶	酸性磷酸酶
水稻秸秆（250）	1.05 c	1.19 f	0.25 f	11.30 g
水稻秸秆（500）	1.09 b	1.21 ef	0.34 e	12.74 f
水稻秸秆（1000）	1.09 b	1.26 cd	0.37 d	13.92 e
玉米秸秆（250）	1.06 bc	1.42 b	0.38 d	16.75 c
玉米秸秆（500）	0.96 e	1.45 b	0.44 b	17.86 b
玉米秸秆（1000）	1.18 a	1.60 a	0.53 a	20.54 a
烟草秸秆（250）	1.00 d	1.25 de	0.34 e	10.57 h
烟草秸秆（500）	1.05 c	1.30 c	0.37 d	13.58 e
烟草秸秆（1000）	1.16 a	1.41 b	0.40 c	14.70 d
对照	0.88 f	1.17 f	0.37 d	11.05 gh

2. 秸秆还田对湖北烟叶产质量的影响

不同种类秸秆还田后，烤烟植株株高在 99.17～118.33 cm，以玉米秸秆 1000 kg/ 亩还

田,株高最大,对照株高最低(见表 3-15);不同种类秸秆对烤烟株高影响大小顺序表现为:
玉米秸秆＞烟草秸秆＞水稻秸秆,烤烟株高随秸秆用量的增加呈增高趋势。方差分析结
果显示,秸秆还田处理与对照相比,株高差异显著。

表 3-15　秸秆还田对烟株平顶期农艺性状的影响（2017 年）

处理 /（kg/ 亩）	株高 /cm	下二棚面积 /cm^2	腰叶面积 /cm^2	上二棚面积 /cm^2
水稻秸秆（250）	100.67 e	1055.87 g	867.65 e	521.16 g
水稻秸秆（500）	109.33 d	1157.12 e	947.81 d	606.22 d
水稻秸秆（1000）	114.33 bc	1455.15 bc	1114.90 b	582.92 e
玉米秸秆（250）	112.00 cd	1412.39 c	1066.49 c	632.67 c
玉米秸秆（500）	116.17 ab	1265.00 d	1153.16 a	676.31 a
玉米秸秆（1000）	118.33 a	1625.09 a	1131.49 ab	653.40 b
烟草秸秆（250）	109.00 d	1289.01 d	977.96 d	613.62 cd
烟草秸秆（500）	109.50 d	1477.47 b	1133.19 ab	690.62 a
烟草秸秆（1000）	110.83 d	1103.69 f	879.15 e	549.45 f
对照	99.17 e	1050.54 g	772.82 f	498.06 h

由表 3-16 可知,采用 3 种秸秆还田,烟叶产量产值总体表现大小顺序为:玉米秸秆
＞烟草秸秆＞水稻秸秆,烟叶产量随秸秆用量的增加呈增加趋势。且不同类型秸秆还田,
烟叶感官质量总体表现为玉米秸秆最优,烟草秸秆次之,水稻秸秆最差。烟叶感官质量以
玉米秸秆(1000 kg/ 亩）还田最优,主要差异表现在香气质、香气量、刺激性和余味方面(见
表 3-17）。

表 3-16　秸秆还田对经济性状的影响（2017 年）

处理 /（kg/ 亩）	产量 /（kg/ 亩）	产值 /（元 / 亩）	上等烟率 /（%）
水稻秸秆（250）	132.44 c	3142.20 f	60.53
水稻秸秆（500）	136.91 bc	3584.03 e	58.42
水稻秸秆（1000）	139.04 b	2987.58 g	50.54
玉米秸秆（250）	137.81 b	3520.23 e	51.02
玉米秸秆（500）	146.91 a	3834.31 cd	60.31
玉米秸秆（1000）	151.46 a	4368.66 a	61.20
烟草秸秆（250）	136.79 bc	3946.48 bc	54.28
烟草秸秆（500）	138.78 b	3987.70 b	56.31
烟草秸秆（1000）	140.67 b	3715.45 d	52.34
对照	117.16 d	2970.76 g	53.31

表3-17 秸秆还田对烟叶感官质量的影响（2017年）

处理 / (kg/ 亩)	香气质 18	香气量 16	杂气 16	刺激性 20	余味 22	燃烧性 4	灰色 4	合计 100
水稻秸秆（250）	14.5	13.3	13.1	16.3	16.9	4.0	4.0	82.1
水稻秸秆（500）	13.9	12.9	12.7	17	17.1	4.0	4.0	81.6
水稻秸秆（1000）	13.8	13.1	13.3	16.6	17.3	4.0	4.0	82.1
玉米秸秆（250）	14.7	13.8	12.9	16.8	17.1	4.0	4.0	83.3
玉米秸秆（500）	14.6	13.5	13.1	17.2	16.9	4.0	4.0	83.3
玉米秸秆（1000）	14.3	13.6	13.3	17.6	17.7	4.0	4.0	84.5
烟草秸秆（250）	13.9	13.1	13.2	17.1	17.4	4.0	4.0	82.7
烟草秸秆（500）	14.1	13.2	13.1	17.3	17.6	4.0	4.0	83.3
烟草秸秆（1000）	14.1	13.3	13.1	17.6	17.7	4.0	4.0	83.8
对照	13.9	13.3	13.0	16.2	16.6	4.0	4.0	81.0

综合分析,玉米秸秆、烟草秸秆和水稻秸秆还田后均有利于改善湖北植烟土壤理化特性,提高土壤酶活性,并促进烟株生长,增加产量和产值;其中以玉米秸秆(1000 kg/ 亩)处理效果最优,烟草秸秆(1000 kg/ 亩)次之。这与前人研究结果相同,说明在植烟土壤上进行秸秆还田处理,无论是对土壤保育还是烟草生长均表现出正向作用,但要根据不同植烟区土壤的具体理化特性、养分含量和微生物活性等,明确秸秆还田的最佳种类及还田量。

三、有机肥

目前烟叶的生产存在许多问题,香气物质不足、化学成分不够协调、上部烟叶可用性差、不同部位间品质差异过大和烟碱含量过高等问题突出。究其原因可能是:一方面由于大部分烟区植烟土壤复种指数较大;另一方面由于长期施用化肥造成烟田土壤酸化、板结,生物活性降低,磷、钾等养分利用率不高。要改善这种状况,最有效并可行的途径是施用有机肥或用有机肥改良土壤。有机肥能提高土壤有机质含量,改善土壤的理化性质和营养状况。

目前,国内外对植烟土壤施用有机肥存在两种不同的观点:一种观点认为有机肥的缓效性与烟株的需氮规律不符,并且包括美国在内的其他一些国家也有不施用有机肥烟草品质也很好的先例,因此主张在植烟土壤上不施用有机肥。有专家指出,有机肥养分的分解和释放受到多种环境因子的制约,难以预测和控制其有效性,并且难以与烤烟需肥规律相吻合,用量过大导致烟株发育慢,旺长与成熟推迟,影响烤烟的产量和品质。另一种观点认为,随着有机肥用量的减少和无机肥的大量施用,我国烟区土壤有机质含量正在逐年下降,导致土壤贫瘠化,在施用纯化肥的情况下烟株难以吸收到协调平衡的矿质营养,造成烟叶化学成分失调,影响烟叶的香气品质,因此应重视有机肥的施用。

（一）施用有机肥对植烟土壤肥力的影响

1.有机肥对植烟土壤理化性质及养分含量的影响

由于无机肥料在短时间内能够提高作物产量,我国的烟草栽培使用了过多的无机肥料,但长期施用无机肥料使土壤退化,加重土壤板结,土壤微生物失衡,降低土壤肥力,而施用有机肥能够提高土壤肥力,增加土壤有机质含量,能够有效改善土壤理化性质。

有机肥是指主要来源于植物或动物,施于土壤以提供植物营养为其主要功能的含碳物料,经生物物质、动植物废弃物、植物残体加工而来,消除了其中的有毒有害物质,富含大量有益物质。研究表明,有机肥在一定程度上能够增加土壤有机质含量,提高土壤的保水保肥能力、土壤酶活性、土壤孔隙度以及增加土壤微生物种类和数量。相对于化学肥料,有机肥更符合"安全、优质、绿色、生态"烟叶生产目标对栽培的管理要求。长期以来我国的烟叶生产遵循优质适产的质量目标,研究有机肥对烤烟产量和品质的内在影响机制,有利于为制定科学的烟叶生产栽培管理技术措施提供依据,促进我国烟叶生产的可持续性发展。

大量研究表明,有机肥施用能改善植烟土壤物理性状及培育良好的植烟土壤耕层结构,有机肥施用对改善植烟土壤物理特性具有显著的效果,大量的研究关注于有机肥施用对植烟土壤物理特性的影响。有机质含量高的土壤其缓冲性能就高,土壤 pH 值不会发生大的变化,长期施用有机肥能提高土壤有机质含量,从而增加土壤的缓冲能力,还能适当提高酸性土壤的 pH 值。当有机肥的含氮量占总氮量的 50% 时,可明显增加土壤有机质含量,提高酸性土壤 pH 值,土壤中氮磷钾含量协调,烟株生长发育较好。研究表明,有机肥施用在降低土壤容重、增加土壤的孔隙度、改善土壤的团粒结构以及提高土壤的含水量等方面发挥着重要的作用。这可能与有机肥中含有丰富的有机质及大量微生物活体密切相关。当有机肥施入土壤时,土壤微生物分解有机质后形成腐殖质,能够促进土壤团粒结构形成。同时,有机肥在分解过程中能产生羧基一类的配位体,与土壤黏粒表面或氢氧聚合物表面的多价金属离子相结合,促进土壤大团聚体的形成。因此,增加了土壤大团聚体的数量,使得土壤容重变小、总孔隙度增大,改善了土壤保水性、保肥性和通气状况等。

优质腐熟芝麻饼肥、腐殖酸、氨基酸和苔子等不同种类有机肥可以不同程度地提高土壤中有机质、碱解氮、速效磷、速效钾的含量。耿明明等研究结果表明在有机肥与化肥配施的土壤中,有机质含量、速效磷含量和速效钾含量显著高于单施化肥处理。近年来,大量研究表明,施用有机肥能提高土壤有机氮、有机碳、土壤微生物生物量碳、土壤微生物生物量氮等含量,显著提高了植烟土壤可溶性碳(DOC)含量。土壤中有机碳氮等组分的变化促进了土壤团聚体的形成,土壤团聚体的形成进一步减少土壤中的氮磷等养分流失,如焉莉等研究结果表明,有机肥能有效减少地表径流氮磷流失负荷,常规化肥和有机肥处理的径流氮流失负荷为 $2.0\,kg/hm^2$ 和 $1.7\,kg/hm^2$,磷流失负荷为 $0.23\,kg/hm^2$ 和 $0.20\,kg/hm^2$。有机肥在土壤的溶液中离解形成氢离子,吸附土壤中钙、钾、钠等金属离子,减轻这些元素在土壤中的流失,从而起到保持或提高土壤养分、增强土壤溶液缓冲作用。总之，氮磷等养分流失量的降低使得土壤中氮磷含量增加，进一步提高了土壤供应氮磷等养分的能力。段鹏鹏等研究结果表明，不同种类的有机肥施用后，土壤矿质氮（$NH_4^+ - N$ 和 $NO_3^- - N$）含量明显高于纯化肥处理，土壤矿质氮比对照高 30%～113.7%。廖超林等研究结果表明，油菜秸秆、紫云英和菜枯饼肥三种有机肥均能促进烟叶吸收磷，茎秆吸收磷和钾，进而改善烟株的碳氮代谢。进一步研究表明，施用有机肥显著促进了碳代谢基因在成熟期的表达。

2.有机肥对植烟土壤酶活性和微生物的影响

有机肥有利于提高土壤酶活性，促进营养元素的转化与循环，改善土壤营养，从而提高土壤肥力。有机肥对土壤中转化酶、蛋白酶、淀粉酶、蔗糖酶、磷酸酶、脱氢酶、ATP 酶等多种酶的活性有较好的促进作用。大量研究结果表明，配施有机肥能够有效地提高土壤中蛋白酶、脲酶、转化酶、磷酸酶的活性，对烟叶品质有一定的提升效果。土壤酶活性的增加能进一步提高土壤养分供应能力和提高烟株的根系活力，增强植株对氮磷等养分的吸收。

土壤微生物在土壤生态系统中对土壤有机物质分解、团粒结构形成、速效养分释放和累计以及改善土壤结构等具有重要作用。大量研究表明，施用有机肥能够对土壤微生物产生重要影响。施用有机肥可以明显增加烟田土壤根际细菌和放线菌的数量，其中施用饼肥＋腐殖酸的烟田，根际与非根际土壤中细菌数量较多；烟株生长中、后期的根际放线菌数量较高。施用氨基酸肥可使烟株生长前期根际放线菌数量较高。有机肥施用提高了烟田土壤细菌物种丰富度，改变了土壤细菌菌群结构和土壤优势细菌种类及比例，如提高了假丝酵母属细菌的丰度，降低了红色杆菌属、硝化螺旋菌属细菌的丰度。施用生物有机肥可以显著影响土壤细菌的群落结构，促进土壤中有益菌（如鞘氨醇单胞菌属、类芽孢杆菌属、耐热芽孢杆菌、梭菌属等）的增殖，芽孢杆菌和链霉菌的数量也明显增加。施用烟草专用拮抗青枯病型生物有机肥，可有效防控烟草青枯病，控制土壤中病原菌数量，并提高了根际土壤的微生物群落功能多样性。不同有机肥部分替代化肥后，均可提高烤烟大田生长各阶段土壤中有机质含量和土壤酶活性，增强土壤微生物功能多样性。

（二）施用有机肥对烤烟产量和品质的影响

1.有机肥对烤烟生长发育的影响

近年来，关于有机肥对烟草生长影响的研究表明，与常规化肥施用相比，施用有机肥的处理能够提高烟草的农艺性状指标，如株高、茎围、单株叶数、中上部叶面积和最大叶面积等。这表明有机肥能够促进烟株的生长和干物质积累。尽管有机肥的肥效相对较慢，通常在烤烟生育期的后期才表现出活性，但研究结果表明，有机肥对烟草生长具有积极的促进作用。例如，化党领等人的研究发现，有机肥有利于增加株高，但对叶长、叶宽和叶面积等指标的增加作用在旺长期之前并没有表现出显著差距。另外，林桂华等人的研究表明，化肥能促进烟株的早期生长发育，而有机肥则能够保证烟株后期的营养供应。这表明在施用有机肥时需要配合施用化肥，并且有机肥的比例不能过大。如果有机肥比例过高，可能会导致烟株早期生长迟缓，后期落黄较慢，成熟期延长。张建国等人的研究也发现，配施生物复合有机肥可以加快烟株的生长速度，增加株高和有效叶数。然而，他们也指出有机肥比例过高可能会产生不利影响。

烟草的健康生长与烟株根系对水分和养分的吸收密切相关。施用有机肥可以增加烤烟根系的长度、体积、直径和分枝数，从而促进烟株根系的发育，有利于烟株的生长。有机肥对烟草叶片的净光合作用速率和水分利用率也有积极的影响。这可能是因为有机肥提高了烟叶叶绿素含量及光合速率，随着叶龄的增加，这种作用效果愈发明显。施用有机肥可能改变了叶绿素荧光参数，从而延缓了烟株的衰老，提高了烟叶的光能利用效率，有利于干物质的积累。然而，不同种类或不同混配比例的有机肥对烟株生长的影响存在差异。因此，需要根据实际情况来确定有机肥的施用比例。周晓等人的研究结果表明，当有机氮肥施用比例占总施氮量的 30% 时最为适当，这有利于改善烤烟的光合作用，后期氮代谢转弱，碳氮比提高，从而促进碳氮代谢的协调发展。

近年来，研究表明有机肥的施用能够减轻烟草中一些土传病害的发生，包括青枯病、黑胫病、花叶病和叶斑病等。这主要归因于土壤微生物在土传病害传播中的重要作用，以及根系分泌物对土传病害的影响。

烟草自身根系分泌的某些物质，如苯甲酸和苯丙酸，可以改变土壤中的微生物种群和组成。这些分泌物质促进病原菌的生长，并抑制拮抗菌的生长。当有机肥施入土壤后，它能够丰富土壤微生物群落结构，改善土壤微生物功能多样性。一方面，有机肥施用可以促进土壤中有益菌和拮抗菌数量的增加，如鞘氨醇单胞菌属、类芽孢杆菌属、耐热芽孢杆菌、梭菌属等。这些有益菌和拮抗菌能够控制土传病害的发生，从而降低病害的发病率。另一方面，有机肥施用可以抑制土壤中病原菌的数量，进一步抑制根际土壤病原菌的数量。这样可以减少病原菌对烟草的侵害，降低病害的发生率。

2.有机肥对烤烟产量和品质的影响

近年来，有机肥对烟叶产质量的影响在烟草生产中受到了广泛关注。大量研究显示，施用不同有机肥均可显著提高烟叶的产量、产值和上中等烟比例。例如，肖汉乾等在湖南省烤烟主要种植区进行的烟草活性有机无机专用肥的肥效试验和大面积推广示范表明，施用这种专用肥能够促进烤烟烟株根系的生长发育。与施用普通烟草复混肥的处理相比，旺长期烟株的根系活力提高了 8.1%～20.75%，叶片中硝酸还原酶的活性提高了 13.3%～14.8%。这使得烟株的出叶速率加快，早生快发好，单株的有效叶片数增多，烟叶产量提高了 2.7%～10.8%，原烟的上等烟比例提高了 33.3%～102.3%，产值增加了 14.3%～26.9%。另外，陆亚春等通过田间试验发现，与当地常规施肥相比，施用自制秸秆堆肥、土秀才鱼蛋白高钙有机肥和土秀才菌肥等三种不同有机肥，烤烟的最大叶片面积分别增加了 37.93%、35.54% 和 5.93%；烤烟的产量分别增加了 56.86%、177.4%、91.31%；中上等烟比例分别增加了 29.87%、10.78%、15.56%。

烟叶中的化学成分是影响烤烟品质的重要因素。这些成分可以分为含氮化合物和非含氮化合物。含氮化合物在一定范围内是有利因素，可以中和糖类化合物燃烧后产生的酸性物质。一般优质烟的总氮含量为 1.5%～3.5%，蛋白质含量为 8%～10%，烟碱含量为 1.5%～3.5%。研究表明，增施有机肥能够提高烟株根际土壤中蛋白酶和脲酶的活性，促进烟株对氮素的吸收、利用和分配。例如，50% 生物有机肥与无机肥配施可以促进烟株前期对氮素的吸收,降低后期的氮素吸收速率。当饼肥中的含氮量占总氮量的50%时,烘烤后烟叶中的绿原酸含量、总糖、钾含量以及与Amadori化合物形成有关的游离氨基酸总和较高,这使得烤烟烟叶的化学成分比值合理,产量、产值以及上等烟比例达到最佳。另外,有机肥可以使烤烟中、下部烟叶的烟碱含量降低,上部叶烟碱含量不增加。同时,有机肥还能降低中、上部叶的蛋白质含量,这有利于下部叶增厚和上部叶充分开片。在我国,烤烟的蛋白质含量普遍高于国外。蛋白质含量过高会在燃烧时产生臭味,影响烟叶的香吃味。因此,在烤烟生产中,可以通过施用有机肥来改善蛋白质含量高的状况。

非含氮化合物是烟叶中重要的组成部分,包括单糖、双糖、淀粉、有机酸、石油醚提取物、萜烯类、多酚类、纤维素和果胶质等。优质烤烟的总糖含量通常在18%～20%之间,还原糖含量在16%～18%之间,还原糖/总糖比值不小于0.9,淀粉含量一般为2%～4%。这些非含氮化合物是形成香气的重要因素。施入土壤中的有机肥会产生有机酸、维生素、植物激素、氨基酸等小分子物质和多肽、酶类等大分子化合物,这些物质被烟株吸收后,有利于烟株生成香气物质。研究显示,施用活化有机肥可以提高烟叶中总糖和还原糖的含量,增加烟叶上、中、下三个部位烟叶的总糖与还原糖比值。此外,有机肥还能提高烤后烟叶中的中性香气成分,如类胡萝卜素、类西柏烷类、苯丙氨酸、新植二烯等。武雪萍等人的研究发现,饼肥可以显著提高烟株上部叶和中部叶的石油醚提取物含量,增加豆蔻酸、月桂酸等饱和脂肪酸的含量,降低亚麻酸、亚油酸等不饱和脂肪酸的含量。这有利于提升中、下部叶的还原糖含量。

烟叶的抽吸质量是指烟叶吸食时产生的各种感觉,如劲头、刺激性、香气、杂气、吃味、余味和燃烧性等。烟叶评吸是鉴定烟叶品质最直接的方法。研究表明,配施有机肥可以提高烟叶的香气质、香气量、劲头和刺激性,而基本不影响燃烧性、灰色、余味和浓度。施用饼肥可以增加烟叶的香气量,使香气质纯净、杂气减少,还能提高燃烧性,使刺激性适中、余味舒适。施用生物有机肥可以使烟叶的香气质提高、杂气减少,同时改善吃味,这表明有机肥可以促进烟株平衡吸收各种养分,提高各种化学成分的协调性。

随着科技的发展和人们生活水平的提高,吸烟与健康的问题逐渐受到关注,提高烟叶的安全性成了烟草行业的重要任务。研究表明,施用有机肥可以有效地提高烟叶的安全性。有机肥的非水溶性分解产物能够产生络合作用,提高土壤pH值,促进重金属沉淀、吸附,降低其有效性。这可以降低烟叶中的重金属含量,提高烟叶的安全性。另外,有机肥还能提高烟叶中硝酸还原酶的活性,促进烟草叶片中NO_3^-的还原和同化。这样可以降低叶片中的硝酸盐和亚硝酸盐含量,因为硝酸盐和亚硝酸盐是烟草特有亚硝胺(TSNA)的前体物。因此,施用有机肥能够降低叶片中TSNA的含量,提高烤烟的安全性。

(三)有机肥对湖北植烟区土壤特性及烟叶产质的影响

通过大田试验,探究有机肥对连作土壤特性及烟叶产质的影响,并明确有机肥的最佳种类及施用量。具体设计如下:

T1:不施用有机肥,CK;

T2:施用烟草秸秆肥,施用量40 kg/亩;

T3:施用农家肥(牛粪),施用量1000 kg/亩。

1.有机肥对湖北植烟土壤理化特性的影响

施用有机肥有助于提升土壤 pH 值和土壤孔隙度,降低土壤容重(见表 3-18)。与 CK 相比,施用秸秆肥和农家肥后,土壤 pH 值和孔隙度分别增加了 1.08%、2.53% 和 15.87%、19.26%,且差异均达到显著性水平($P < 0.05$);土壤容重分别下降了 0.05 g/cm^3 和 0.08 g/cm^3。

表 3-18 施用有机肥对土壤容重、孔隙度的影响

处理	pH 值	土壤容重 / (g/cm^3)	孔隙度 / (%)
CK	5.53 c	1.45 a	31.31 c
烟草秸秆肥	5.59 b	1.40 b	36.28 b
农家肥（牛粪）	5.67 a	1.37 b	37.34 a

施用有机肥有助于提高土壤酶活性,蔗糖酶、脲酶和酸性磷酸酶活性大小顺序表现为:农家肥＞烟草秸秆肥＞CK,其中施用农家肥与 CK 相比,蔗糖酶活性提高了 50.52%,脲酶活性提高了 15.79%,酸性磷酸酶活性提高了 10.62%(见表 3-19)。

表 3-19 施用有机肥对土壤酶活性的影响

处理	酶活性 / (mg/g)		
	蔗糖酶	脲酶	酸性磷酸酶
CK	1.94 c	0.19 b	17.14 b
烟草秸秆肥	2.53 b	0.14 c	18.63 a
农家肥牛粪	2.92 a	0.22 a	18.96 a

首先,施用有机肥有助于提升土壤微生物量,与 CK 相比,土壤微生物总体数量,尤其是细菌及芽孢杆菌、放线菌数量均有较大幅度提升(见表 3-20)。其次,施用有机肥也可提高微生物群落功能多样性(见表 3-21),烟草秸秆肥和农家肥均能提升根际微生物的碳源利用能力(McIntosh 指数),提高了其整体代谢活性,并可有效提升其种群多样性(Shannon 指数),改善区系结构。

表 3-20 施用有机肥土壤微生物主要种群数量分析（cfu/g）

处理	细菌	芽孢杆菌	霉菌	放线菌	固氮菌
CK	8.42×10^7	3.37×10^7	3.74×10^6	1.69×10^6	5.57×10^6
烟草秸秆肥	42.8×10^7	9.13×10^7	2.93×10^6	5.77×10^6	6.41×10^6
农家肥（牛粪）	51.4×10^7	15.4×10^7	2.51×10^6	6.63×10^6	5.98×10^6

表 3-21 不同处理下土壤微生物群落功能多样性指数

处理	Shannon 指数	Shannon 均一性指数	Simpson 指数	McIntosh 指数
CK	3.264	0.981	0.968	9.13
烟草秸秆肥	3.368	0.981	0.971	10.03
农家肥（牛粪）	3.411	0.982	0.970	10.15

2.有机肥对湖北烟叶生长和产量的影响

由表 3-22 可知,施用烟草秸秆肥和农家肥均可提高烤烟打顶期农艺性状,其中烟草株高分别增加了 21.82% 和 23.90%;与 CK 相比,农家肥(牛粪)处理对叶长、叶宽和长/宽比的影响最大,叶长、叶宽分别提高了 9.42% 和 61.25%,长/宽比下降了 32.09%。另外,在团棵期和旺长期,植株根系活力均表现为:农家肥>烟草秸秆肥> CK。尤其在旺长期,施用烟草秸秆肥和农家肥与 CK 相比,植株根系活力差异显著,增幅分别为 8.88%、11.14%,且施用农家肥效果显著优于施用烟叶秸秆肥(见表 3-23)。

表 3-22　施用有机肥对烤烟打顶期主要农艺性状的影响

处理	株高 /cm	叶长 /cm	叶宽 /cm	叶长 / 叶宽
CK	93.12 ± 0.93b	57.56	19.46	2.96
烟草秸秆肥	113.44 ± 1.06a	58.78	21.36	2.75
农家肥（牛粪）	115.38 ± 1.15a	62.98	31.38	2.01

表 3-23　施用有机肥对植株根系活力的影响（TTC（μg）/ 根（g）h）

处理	团棵期（30d）	旺长期（50d）
CK	105.69b	155.34c
烟草秸秆肥	107.39ab	169.14b
农家肥（牛粪）	107.98a	172.65a

不同种类有机肥施用均可显著提高烟叶产量、产值和均价($P < 0.05$),其中,产量大小顺序表现为:烟草秸秆肥>农家肥> CK,烟叶产值和均价大小顺序表现为:农家肥>烟草秸秆肥> CK;与 CK 相比,施用烟草秸秆肥和农家肥烟叶产量分别提高了 6.29% 和 5.20%;产值分别提高了 9.47% 和 15.51%,烟叶均价分别提高了 3.01% 和 9.82%(见表 3-24)。

表 3-24　施用有机肥对烤烟经济指标的影响

处理	产量 /（kg/ 亩）	产值 /（元 / 亩）	均价 /（元 /kg）
CK	115.86 ± 1.56c	3044.10 ± 14.68c	26.27c
烟草秸秆肥	123.15 ± 1.63a	3332.50 ± 18.99b	27.06b
农家肥（牛粪）	121.89 ± 1.62b	3516.37 ± 18.47a	28.85a

综合来看,施用有机肥能够改善湖北植烟土壤理化性质,提高土壤酶活性和根际微生物活力以及根际微生物的碳源利用能力,提高烟叶产量、产值;尤其是施用农家肥(牛粪)(1000 kg/ 亩)在植烟土壤上的作用效果明显优于施用烟叶秸秆肥。因此,可以建议在连作植烟土壤上合理地施用有机肥,这样既有利于提高土壤有机质含量,又可获得更高产量以提高烤烟的经济效益。

第四章 植烟土壤养分失衡矫正技术

第一节 我国植烟土壤养分失衡现状

土壤是作物生长所需养分的重要来源,植烟土壤养分管理是烟叶生产的关键环节,土壤养分的丰缺状况直接影响烤烟生长发育的营养水平,进而影响烟叶的产量、品质和风味,掌握土壤养分丰缺状况对于植烟土壤养分合理分区管理、烟叶生产科学施肥以及烟区优质烟叶生产与土壤可持续利用具有重要意义。

一般认为,土壤 pH 值为 5.6~6.5、有机质含量为 10~20 g/kg、全氮含量为 0.76~1.68 g/kg、碱解氮含量为 45~135 mg/kg、全磷含量为 0.61~1.83 g/kg、速效磷含量为 10~35 mg/kg、速效钾含量为 120~200 mg/kg 的土壤适宜优质烟生产。

随着现代烟草农业的发展,国内典型烟区植烟土壤养分丰缺状况与空间变异特征、养分分区管理与施肥优化等方面已开展了广泛研究。如云南六大典型烟区、重庆烟区的 12 个区(县)、河南洛阳烟区 8 个县的烟田相继开展了土壤主要养分的丰缺状况分析。GIS 技术、地统计学和经典统计学方法是研究土壤养分空间变异特征和丰缺格局的主要手段。已有研究表明,不同烟区土壤养分的空间差异性显著,不同含量等级区域差异明显,不同养分的空间分布规律不一。在植烟土壤养分丰缺分析评价的基础上,不少烟区因地制宜地对植烟土壤养分进行分区管理,并在推进测土配方施肥、改善烟区施肥方式、合理控制施肥量、提升施肥效率、提高植烟土壤养分均衡供应能力等方面进行了施肥优化方案的实践探索。

一、云南烟区养分失衡现状

云南六大烟区土壤综合肥力总体处于中等水平;土壤 pH 平均值除滇东北烟区外,其余烟区都在种植优质烤烟的最适宜 pH 值范围内;碱解氮、速效钾含量均值都达到丰富及以上水平,均超出适宜烤烟生长的土壤碱解氮、速效钾含量上限;滇东和滇东南烟区的土壤速效磷含量有利于种植优质烟叶,其余烟区土壤速效磷含量偏大;有机质、全磷含量均值除滇东北烟区处于种植优质烤烟的最适宜含量范围内,其余烟区含量偏大;除滇东和滇中烟区外,其余烟区土壤全氮含量适宜;滇中的全钾含量均值最高(10.87 g/kg),但也处于较为缺乏的状态。

二、重庆烟区养分失衡现状

重庆烟区土壤的碱解氮含量偏高,其中,涪陵、南川、石柱、黔江、酉阳和彭水县均有90%以上的烟区土壤碱解氮含量大于100 mg/kg,这些土壤种植烤烟要特别注意氮肥施用量,以免因施氮过多而影响烤烟优良品质的形成。相对碱解氮含量而言,重庆烟区土壤的速效磷含量较为适宜,全市有52.8%烟田土壤的速效磷含量较为适宜,如南川、万州、巫山、巫溪和奉节县均有60.0%以上烟田土壤速效磷含量介于10～40 mg/kg之间,这些土壤有利于烤烟优良品质的形成。

三、河南烟区养分失衡现状

洛阳烟区植烟土壤速效氮含量平均为65.78 mg/kg,整体处在适宜～偏高水平,且分布不均匀。其中洛宁、宜阳、伊川县20%以上的烟田速效氮含量处于很高水平,烟叶生产中应注意控制氮肥施用量,而汝阳县有28.57%的烟田速效氮含量处于偏低水平,在烟田施肥中应注意适当增加氮肥用量。土壤速效磷含量平均为18.62 mg/kg,整体处在偏低～适宜水平,但速效磷含量在各县区分布不均,变异较大。其中孟津75.00%的烟田速效磷含量偏低,在烟田施肥中应增加磷肥用量;洛宁、汝阳、嵩县、伊川、新安也有20%以上的烟田速效磷含量偏低,施肥中应适当增加磷肥用量。植烟土壤速效钾平均含量为237.18 mg/kg,整体处在适宜～丰富水平。仅汝阳(2.86%)和孟津县(3.23%)的少部分烟田速效钾含量偏低,在烟田施肥中可适当增加钾肥用量。

四、湖北烟区养分失衡现状

湖北省烟区土壤的有机质含量主要分布在最适宜或适宜水平中,但是不同烟区的土壤有机质分布不同,其中最适宜土壤有机质含量大小顺序为:宜昌市＞恩施州＞襄阳市＞十堰市。土壤碱解氮含量主要分布在50～200 mg/kg水平的适宜或最适宜范围中,其占调查总面积的95.7%的土壤碱解氮含量处于最适宜比例顺序为:恩施州＞十堰市＞襄阳市＞宜昌市。土壤速效磷含量处在大于20 mg/kg的最适宜比例其占调查总面积的76.5%。在不同烟区中,宜昌、十堰、襄阳和恩施的土壤速效磷含量大于20 mg/kg的土壤面积分别达到了68.9%、76.5%、71.6%和80.9%。土壤的速效钾含量主要分布在大于150 mg/kg的最适宜区域内,其占调查总面积的75.0%。在不同烟区中,宜昌、十堰、襄阳和恩施的土壤速效钾含量最适宜区域水平的土壤面积分别达到了83.5%、64.2%、84.3%和70.3%。

湖北省烟区66.7%的土壤交换性镁含量主要分布在大于120 mg/kg的适宜区域内。在不同烟区中,恩施州土壤的交换性镁含量低于其他产区,次适宜和不适宜比例分别占48.7%和5.0%,烟田出现烟叶缺镁的可能性高于其他地区。土壤中硼和锌各产区均有缺乏,植烟土壤需要补充硼肥和锌肥。

第二节　植烟土壤养分失衡矫正技术

一、氮磷钾养分失衡及其矫正技术

氮是影响烤烟生长发育及烟叶质量最重要的矿质元素,优质烤烟生产要求氮素供应"少来富、老来贫",即前期有足够氮素供应,打顶后几乎停止氮素养分供应。磷是烤烟的生命物质元素,吸收量低于氮和钾。钾是烤烟的品质元素,烤烟的钾素养分供应,不仅影响烟株正常生长发育,而且也影响烤烟的烟叶品质,钾素不足时,烟株碳氮代谢减弱,生长缓慢,烟叶易变黄枯死,烟叶化学成分协调性差,工业可用性低。

(一)植烟土壤氮素失衡及其矫正技术

植物需要多种营养元素,而氮素尤为重要。从世界范围看,在所有必需营养元素中,氮是限制植物生长和形成产量的首要因素。它对改善产品品质也有明显的作用。氮素是对烤烟生长发育以及烟叶质量影响最重要的元素。烤烟生产上为保证烟株的健壮生长,需要施用足够的氮肥。氮肥施用得过少,则会导致烟株营养不良,茎秆细弱,上部烟叶不能正常开片,烤后烟叶品质较差,叶片薄而轻,烟叶色淡,光滑,内含物不充足。当前生产中除淹水导致缺氮外,一般缺氮症状已经较少见。反而常见的是氮肥施用过量,表现为叶片厚而大,颜色为浓绿至墨绿,烟株营养生长期拖长,叶片落黄延迟,贪青晚熟,甚至形成"黑暴烟"。这种烟叶调制后,内在品质指标严重失调,烟碱含量过高,可利用性下降。如果氮肥施用合理,则烟株生长健壮,叶色正常,叶片厚薄适中,烟株打顶后分层落黄明显,烤后烟叶产量和质量都较好。

一般认为南方雨季烟区植烟土壤有机质含量以15%～30%为宜,碱解氮以25～45 mg/kg为宜。有机质和速效氮水平偏高土壤,生产当中应该适控氮肥。

(二)植烟土壤磷素失衡及其矫正技术

磷元素是烟草生长发育所必需的三大营养元素之一,在烟草的生长发育及代谢过程中具有重要的生理作用。烟草生长所需要的磷主要来源于土壤,土壤磷的供给状况不仅影响烟草的干物质积累与分配,还直接影响烟草的产量和烟叶品质。土壤磷含量过多,烟株有暴长的势态,叶片变老变厚,主脉变粗,组织粗糙,易破损,烟草成熟过早导致减产。而土壤磷含量过低也会影响烟株根系生长发育,并使烟叶不能正常成熟落黄,烟叶面积小,烟叶化学成分协调性差。当植物缺磷时,光合产物将优先分配运输到根系,保证根对养分的吸收,维持其正常生长,而地上部则生长较慢,成熟期推迟,叶色暗绿,叶形细长狭窄,烟叶长宽比与烟叶开片率和平衡含水率呈显著负相关,长宽比增大也会影响烤烟香气和余味的舒适性,同时烟叶中烟碱含量显著增加,总糖和还原糖含量显著降低。土壤磷含量适宜时,烟株根系发达,生长健壮,成熟落黄好,烟叶易烘烤,同时,适宜的磷素营养对烟株氮和钾的吸收与利用都有一定的促进作用,从而提高烟叶的质量和产量。

烟草对磷的吸收量虽然比氮素要少,但磷酸化合物在烟株体内所起的生理作用与氮素同样重要。通常认为适宜烤烟生产的土壤速效磷含量为 5～15 mg/kg。土壤速效磷含量的高低会对烟草生长发育和干物质积累与分配产生较大影响,当速效磷含量充足时烟草生长良好,速效磷含量小于 30 mg/kg 时则明显影响烟草的生长发育,表现为烟株矮小,有效叶片数减少,干物质量明显降低。尤其是土壤速效磷含量小于 16 mg/kg 时,烟株的干物质积累量仅为速效磷含量高的土壤烟株干物积累量的 3.6%,同时也极大地限制了烟草茎和叶的生长,使烟叶的长宽比由 2.2 明显增大到 2.7,烟叶呈狭长形。烟草移栽后 76～90 d 是烟株干物质积累最快的时期,但土壤速效磷含量低会限制烟株旺长期的生长,使烟株干物质积累明显滞后。因此,在烟草生产中确保旺长期的磷素营养充足供应,有利于实现烟草优质适产的生产目标。

(三)植烟土壤钾素失衡及其矫正技术

钾素在植株体内是以游离状态存在的,参与体内的代谢过程,并且与碳水化合物的合成转化密切相关,影响氮素代谢。钾离子能提高细胞渗透压,增加烟株抗逆性。土壤速效钾含量在 120～200 mg/kg 适宜烤烟生长。

钾是烟株吸收最多的元素,也是影响烤烟品质的重要因素,钾含量的多少是衡量烟叶是否优质的一个关键指标。钾参与烟株物质代谢和能量代谢,对改善烟株的生长发育和烟叶品质具有重要的生理作用。钾离子具有很强的移动性,在细胞中钾离子具有高速通过细胞膜的能力,是构成渗透势的重要组成成分。钾通过影响气孔的开闭调控叶片的蒸腾作用,使植株在不良气候条件下能保持水分不受损失。钾能促进作物的呼吸作用、加速氧化磷酸化作用促进 ATP 释放,促进电子在类囊体膜上的传递和促进光合磷酸化作用,同时还能促进氧化态辅酶 Ⅱ 转变为还原态辅酶 Ⅱ 促进 CO_2 的同化。钾营养能提高植株病毒抗性。钾离子在提高作物抗逆性方面独特的优点在于钾离子由于其自身离子半径小,水合作用大,能有效地降低细胞的渗透压,促使细胞膜内糖类含量增加,提高细胞的渗透调节能力,稳定细胞质膜,提高作物抗寒性。提高烟叶含钾量还可以减少烟叶淀粉的积累,提高烟叶的香气质和香气量,促进烟叶的燃烧和阴燃持火力;钾还能够加速烟叶的成熟落黄,提高烟叶烘烤性能。此外施用钾肥还能提高烟叶产量改善烟叶叶色,促进烟叶顶叶开片,还通过烟叶的栽培、烘烤等改善烟叶的品质。

二、中量元素钙镁硫丰缺诊断及矫正技术

(一)植烟土壤钙肥丰缺诊断及矫正技术

地壳中钙的平均含量达到 3.25%,位列第五。土壤中的含钙量则变化较大,从微量到超过 4%,这主要取决于土壤母质和气候等因素。钙是植物生长发育不可或缺的营养元素,它起到稳定细胞膜和细胞壁的作用,并参与第二信使传递和调节众多生理活动。在烟草植株中,钙主要以果酸钙的形式存在于胞间层,并以磷酸化合物的钙盐形式存在于细胞中,其移动性相对较低。烟草对钙的吸收动态呈现出一个近似"S"形的曲线。在移栽后

的初期,吸收速度较慢;进入中期后,吸收速度加快;而到了后期,吸收速度又逐渐降低。吸收的高峰出现在移栽后的第 35 天。随着生育期的推进,烤烟植株体内的钙含量逐渐下降,但在打顶后会略有回升。值得注意的是,钙在烟草体内主要分布在叶片和茎秆中,其中 60%~70% 的钙分布在叶片中。

1.烟草中钙的丰缺指标

由于烟草中钙的活性较低,它很少从老叶转移到嫩叶。因此,烟草在整个生长期都需要及时补充适量的钙。当烟草植株缺钙时,会表现出植株矮小、叶片深绿等症状。缺钙严重时,上部花蕾会死亡,下部叶片加厚并出现棕红色斑点,甚至导致顶部死亡。这些缺钙症状会导致生理代谢紊乱,抑制蛋白质合成,促进蛋白质分解,使叶片失绿、变黄变白,最终脱落。同时,游离氨基酸的含量会显著增加。

当土壤中钙含量较高时,会增加烟草叶片对钙的吸收,从而增加叶片细胞数量,延长生长营养期,抑制叶片成熟和颜色转化。这可能导致过度生长、贪青和晚熟,不利于烟草的品质。适量施钙可以提高烟草叶片的含糖量,提高耐燃性,使燃烧后的灰分呈白色。

钙是烟草体内难以再利用的营养元素。当土壤供钙不足时,钙会优先满足老叶的生长需求,因此缺钙症状通常首先出现在上部叶片。如果烟草叶片中钙含量过高,叶片会变得粗糙、僵硬,硬度增加,降低使用价值。此外,钙过量还可能导致一些微量元素的失调。而缺钙则会导致烟草叶片出现反转卷曲的畸形症状,即"倒勺子状"翻转卷曲。

在诊断实践中,确定适宜的取样部位时,除了考虑相关性这一基础外,还需要充分考虑烤烟的生长特点,以便诊断指标在生产上的推广应用。烤烟旺长期是生理代谢最旺盛的时期,因此上部烟叶中钙含量的大小可以作为钙素营养丰缺的诊断指标。

一般来说,土壤中交换性钙含量的临界值为 400 mg/kg。随着连作年数的增加,土壤中交换性钙含量呈现先增后减的趋势,但连作并没有导致土壤中交换性钙与镁的比例失衡。邹文桐在对福建优质烤烟生产的钙素营养研究中指出,在烤烟旺长期,土壤交换性钙含量较低的钙处理(如 370.23 mg/kg 和 436.22 mg/kg)的烟株,虽然未出现明显的缺钙症状,但其生长发育受到抑制,表现为植株矮小、长势较差。这些烟株的上部烟叶含钙量分别为 1.30% 和 1.33%。而土壤交换性钙含量较高的钙处理(如 1540.21 mg/kg)的烟株,虽然未出现钙中毒现象,但其农艺性状较差,长势相对较弱,上部烟叶含钙量为 2.03%。

因此,根据各处理的烟株在旺长期的生理生化指标、相对生物量指标以及养分吸收状况,可以合理划分植烟土壤交换性钙含量的丰缺指标。初步提出以下标准:土壤交换性钙含量小于 400 mg/kg 为缺钙;400 mg/kg 至 700 mg/kg 为潜在性缺钙;700 mg/kg 至 1200 mg/kg 为适宜;大于 1200 mg/kg 为丰富。综合分析表明,烤烟土壤钙的临界值为 400 mg/kg。在土壤基础理化性质相近的条件下,若土壤有效钙含量低于 400 mg/kg,说明该植烟土壤钙肥力不够充足,需要适时适量地增施钙肥;若土壤有效钙含量高于 700 mg/kg,则表明该植烟土壤有效钙较为充裕,能够满足烤烟生育期对钙的需求,无须施加钙肥。

在烤烟旺长期,土壤交换性钙含量较低的钙处理(如 370.23 mg/kg 和 436.22 mg/kg)的烟株,虽然未出现明显的缺钙症状,但其生长发育受到抑制,表现为植株矮小、长势较差。这些烟株的上部烟叶含钙量分别为 1.30% 和 1.33%。而土壤交换性钙含量较高的钙处理(如1540.21 mg/kg)的烟株,虽然未出现钙中毒现象,但其农艺性状较差,长势相对较弱,上部烟叶含钙量为2.03%。根据初步划分的植烟土壤交换性钙含量的丰缺指标,结合各处理的烟株在旺长期的钙素营养状况,可以初步提出以下标准:烤烟旺长期上部烟叶的钙含量小于1.30%为缺钙;1.30%至1.50%为潜在性缺钙;1.50%至1.70%为适量;大于1.70%为丰富。

2. 烤烟对土壤钙肥力和施用钙肥的反应机制

随着钙肥的施入和土壤交换性钙含量的增加,烤烟叶片的叶绿素(包括叶绿素a和叶绿素b)以及类胡萝卜素的含量均展现出先上升后下降的规律。这一变化反映了钙肥对烤烟生长的影响具有一个最佳范围。在适宜的钙肥水平下,叶绿素和类胡萝卜素的增加促进了光合作用,从而提高了单叶重和干物质的积累。这些变化均有助于烤烟的生长发育。然而,当土壤中施钙量超出适宜范围时,植株的生长开始受到抑制。烟株的株高、茎围、叶片数、最大叶长及最大叶宽等生长指标均呈现下降趋势。这表明过多的钙肥会对烤烟的生长产生不利影响。

因此,为了确保烤烟的生长发育最为有益,应确保土壤中的有效钙含量处于较适合的范围内。这一范围内,钙肥的施入可以促进烤烟叶片的光合作用,提高叶片质量和干物质积累,从而实现优质高产。

3. 植烟土壤钙肥施用

钙是烤烟的重要营养元素。它在烤烟的生长发育和营养代谢中起着重要作用。同时,它对烤烟的产量和品质有着深远的影响。施用中微肥是提高烤烟产量和品质的重要措施。但在实际生产中,缺乏土壤丰缺指标和营养诊断指标来指导烤烟中微肥的合理施用,影响了肥料的施用效果。烤烟是对钙肥反应良好的作物之一。合理施用钙肥对提高烤烟产量和品质具有重要作用。

(1)钙肥施用量。

我国土地资源丰富,土壤类型和性质各异,不同的土壤类型、不同烟叶品种对钙吸收也有所差异,为此,对于钙肥的施用量目前还未有一致性的结论。在实际肥料施用中,单独施用钙肥的基本没有,钙肥基本上是与其他农艺措施相结合施用。比如酸性土施用石灰,其实是酸性土主要改良措施之一;碱性土施用石膏,也是碱性土主要改良措施之一。因此,钙肥的施用量应遵照当地烟区植烟土壤的养分含量而定。

(2)烤烟钙肥施用时期。

烤烟在其生长的不同阶段均对钙元素有所需求,且这一需求随着生育期的推进而有所变化。研究表明,烟株在生育中期适度的干旱条件下,烟叶的钙含量会有所提升。随着土壤中钙肥的增加,生育前期(团棵和旺长期)的烟叶和茎秆中的钙含量均会有所增加,但相较于烟叶,茎秆中的钙含量仍然较少。然而,到了烟株生长后期(现蕾和成熟期),无论是烟叶还是茎秆,其钙含量均会有所下降。特别值得注意的是,烟株生长前期(团棵和旺长期)是烤烟缺钙的关键阶段,因此这一时期对钙肥的施用量应给予特别关注。在实际种植过程中,烟农通常采用钙肥基施的方法。从旺长期开始,为加快烟株养分的积累,可适量进行叶面喷施钙肥。然而,由于钙在植物体内不易流动,一旦固定便难以转移,因此叶面补施钙肥只能满足施肥时幼嫩器官对钙的需求,难以满足后续生长阶段的钙需求。考虑到植物对钙的需求是一个长期且持续的过程,伴随着整个生育期,因此补钙应以土壤补充为主。

植物营养木桶理论是指导烟草平衡施肥技术的重要基石。该理论强调,植物的生命周期能否完整完成,完全取决于其养分供给中最短缺的那部分,即所谓的"最短木板效应"。长期以来,农业生产中对于土壤养分的投入产出平衡未能给予足够重视,导致氮肥、磷肥和钾肥的过度施用,而农家有机肥的用量大幅减少,进一步忽视了其他中微量元素的重要性,从而引发了一系列营养失衡问题。特别是在烟草种植中,钙肥的施用长期被广大烟农所忽视,这无疑加剧了烟草生长的养分不均衡现象。

为了科学合理地施用钙肥,我们需要遵循以下几个核心原则:首先,确保满足烟草在大田生长阶段的全面养分需求;其次,在保障高产优质的同时,进一步提升烟叶的可燃性和评吸特性,以增强其市场竞争力;再次,适量增施钙肥,以延缓烟株的衰老进程,提高其生长适应性;最后,在增施钙肥的过程中,必须坚持以资源环境的可持续发展为前提,避免对生态环境造成不良影响。

(3)烤烟钙肥施用技术。

在施用钙肥时,我们需要综合考虑多种因素。首先,植烟土壤的理化特性是至关重要的。例如,强酸性土壤更适合施用白云石、菱钙矿、氢氧化钙、碳酸钙和钙钙磷肥等缓效钙肥,因为这些肥料不仅能中和土壤中的氢离子和铝离子,减轻它们对钙的拮抗作用,还有助于钙的溶解和有效养分的释放。因此,在施肥前进行土壤测试,明确土壤性质,是确保合理施肥的第一步。其次,我们还需注重各种养分之间的平衡。近年来,随着氮、磷、钾等大量元素肥料的广泛应用,土壤中钙的相对含量逐渐降低。因此,在增加大量元素肥料的同时,也必须补充钙肥。此外,长期大量施用化肥可能导致土壤耕作性能下降和土地硬化。为了改善这一状况,我们可以采用有机肥料和无机肥料结合施用的方法。一方面,富含钙素的动物排泄物等有机肥可以及时补充土壤中的钙元素;另一方面,有机肥还能提高土壤微生物活性,改善土壤质地和耕作性能,为土地资源的可持续利用奠定基础。

(4)钙肥作为土壤调理剂对烟草生长的影响。

土壤中的氮、磷、钾等养分的有效性会随着 pH 值的降低而降低,当土壤的 pH 值下降时,对烟草植株的生长发育产生不利影响。具体来说,当根际土壤的 pH 值降至 5.4 时,烟草的根系质量和叶面积会明显减少,其生长发育速度也会显著减缓。为了改善这一状况,农户们通常会选择施用生石灰和白云石粉来调节土壤的 pH 值,并增加土壤中的钙、镁、速效磷和速效钾的含量。这些措施确实能够提升烟草的叶面积和叶绿素含量,从而改善其农艺性状。然而,长期过度使用这些物质可能会破坏土壤的结构和理化性质。

传统的使用生石灰来改良土壤酸化的方法虽然有效,但长期下来可能导致土壤硬化,并造成土壤中的钙、钾、镁元素失衡,最终影响烟草的产量。近年来,硅钙钾镁肥作为一种新型土壤改良剂受到了广泛关注。这种肥料不仅含有植物所需的多种元素,还能有效地调节土壤的 pH 值。据栗方亮等人的研究表明,硅钙钾镁肥料在提高土壤 pH 值和养分含量方面表现显著。施用这种肥料后,土壤 pH 值可以提高 0.1～0.8,并且随着用量的增加,改善效果更加明显。

值得一提的是,增加硅钙钾镁肥的施用量不仅能有效地提高酸化土壤的 pH 值,从而缓解土壤酸化的加剧,还能显著提高土壤中的养分含量,为烟草生长创造更加优越的环境。研究还显示,施用硅钙钾镁肥可以显著提高烟叶的株高、茎围等农艺性状,增加烟叶的 SPAD 值、叶数和叶面积,促进烟叶的生长发育。与对照相比,硅钙钾镁梯度施肥处理的烟草在农艺性状和根系指数方面均表现出优势,其叶长、叶宽和叶面积均有显著增加,同时株高、茎围和节距也显著提高,根系形态更加健康,根系生理活性得到显著提升。

(5)生石灰对烟草生长的影响。

石灰,作为主要的钙肥,涵盖了生石灰、熟石灰(如石灰钙粉、氢氧化钙)和碳酸钙等多种形式。其碱性特性不仅为作物提供了必要的钙营养,还在调节土壤酸碱度、优化土壤结构、增强土壤中有益微生物活性以及加速有机质分解和养分释放等方面发挥着重要作用。生石灰具有独特的功能,如减轻铝对作物的毒害,调整土壤养分状态,提升养分的有效性,并促进作物对养分的吸收。当土壤 pH 值超过 6 时,生石灰还能加速土壤中的有机氮向无机氮的转化,从而增强作物对氮素的吸收,这直接促进了幼苗的生长状况、根系的发育以及生物量的增加。

以胡敏等人的盆栽试验为例,他们发现施用生石灰的土壤显著促进了大麦幼苗的生长发育,并且每千克土中加入 1.8 g 石灰的效果最为显著。这种生长促进不仅体现在农艺性状和生物量的提升上,还表现在根系的显著增长上。

在烟草种植中,生石灰的施用同样展现出了积极的效果。适量的生石灰可以明显促进烟草生长前期的各项生理指标,如叶绿素 a 和类胡萝卜素的增加。这主要是因为生石灰能够改善酸性土壤环境,为烟草提供更为适宜的生长条件,从而促进其进行光合作用。然而,当生石灰施用过量时,会导致烟草生物量的减少。这可能是因为高 pH 值会抑制烟草组织和器官的分化,同时过量的生石灰还可能导致土壤氮素的挥发、碳酸盐的沉淀,进而造成土壤营养元素的失衡,最终抑制烟草的生长发育。

(二)植烟土壤镁肥丰缺诊断及矫正技术

镁在植物营养中占据着至关重要的地位,被众多欧洲学者视为仅次于氮、磷、钾的第四大必需元素。对于烤烟这类作物而言,镁元素的需求尤为突出,其重要性仅次于氮、磷、钾这三大主要营养元素。镁不仅是叶绿体的关键组成部分,对植物的光合作用起着核心作用,而且在植物的多种生理生化反应中也扮演着不可或缺的角色。镁离子能够活化多种酶,从而推动植物的多种生理过程顺利进行。此外,镁还参与稳定核酸蛋白结构以及调节植物体内的能量分配反应,这些都是植物正常生长和发育所必需的。

研究结果表明,合理施用镁肥能够显著提高烟叶中的镁含量,这不仅有助于改善烤烟的植物学性状,还能积极促进烤烟的产量和品质提升。因此,在农业生产实践中,镁营养及镁肥施用的研究对于指导烟农合理施肥、提高烟叶品质具有重要的指导意义。通过深入了解镁元素在植物体内的功能作用以及合理调控镁肥的施用量和时机,我们可以更加科学地制定施肥方案,从而实现烤烟的高产、优质和可持续发展。

1.不同梯度镁肥力土壤对烤烟镁含量的影响

烤烟镁含量随土壤有效镁含量增加而增加,但存在一个饱和点,即在一定的土壤有效镁浓度下,烤烟各部位镁含量与土壤有效镁含量正相关,但超过这个临界点后,烤烟镁含量不再增加。2011年此临界值团棵期出现在142 mg/kg,打顶期叶部出现在142 mg/kg,茎部出现在82 mg/kg(见图4-1);2012年此临界值团棵期出现在102 mg/kg,打顶期叶部出现在102 mg/kg,茎部出现在82 mg/kg(见图4-2)。

施用镁肥能够提高烤烟不同时期及不同烟叶部位的镁含量(见图4-1、图4-2)。2011年盆栽土壤施用镁肥,团棵期地上部镁含量平均提高11.6%,打顶期叶部平均提高13.6%;2012年盆栽土壤施用镁肥,团棵期叶部和茎部分别平均提高13.1%和18.8%。

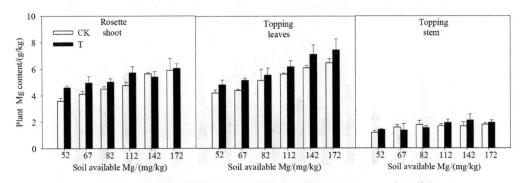

图4-1 不同梯度镁肥力土壤对烤烟镁含量的影响(2011年盆栽)

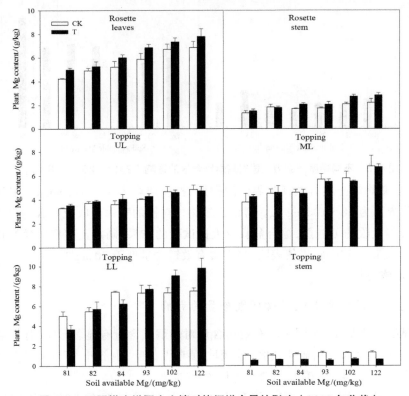

图4-2 不同梯度镁肥力土壤对烤烟镁含量的影响(2012年盆栽)

镁主要积累在叶部,不同部位镁含量有明显差别,具体表现为,叶部高于茎部,而下部叶＞中部叶＞上部叶。2011年叶部镁含量为4.0～7.9 g/kg,茎部镁含量为1.0～2.6 g/kg;2012年下部叶镁含量为3.2～5.3 g/kg,中部叶镁含量为3.0～7.8 g/kg,上部叶镁含量为3.3～10.5 g/kg。

田间验证试验结果显示:土壤有效镁含量和施用镁肥对烤烟不同生育期叶部镁含量的影响与盆栽试验获得的临界值基本一致(见图4-3)。2012年烤烟镁含量最高点对应的土壤有效镁含量,团棵期为68 mg/kg,打顶期为99 mg/kg。总体呈现团棵期＞打顶期的规律,2011年、2012年团棵期叶部镁含量分别为0.9～4.0 g/kg、2.2～4.8 g/kg;打顶期叶部镁含量分别为0.4～2.6 g/kg、2.1～7.2 g/kg。

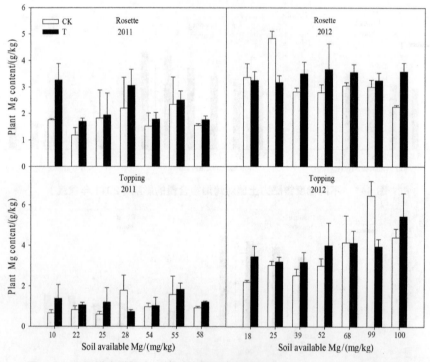

图4-3 不同梯度镁肥力土壤对烤烟镁含量的影响(2011—2012年田间)

综上,盆栽烤烟土壤有效镁临界值团棵期、打顶期均为82～102 mg/kg;田间烤烟土壤有效镁临界值为68～100 mg/kg。考虑到植物体对镁的奢侈吸收及盆栽封闭体系增加植物对镁奢侈吸收的可能性,综合盆栽及大田试验的结果,确定土壤有效镁的临界范围为70～100 mg/kg。这一临界值表明,当土壤有效镁含量低于70 mg/kg时,表明该土壤缺镁,需适量增施镁肥。

2.不同梯度镁肥力土壤对烤烟氮含量的影响

盆栽试验结果显示,不同土壤有效镁含量对烤烟氮含量有显著影响(打顶期上部叶除外)(见图4-4、图4-5);施用镁肥后烤烟打顶期上部叶、中部叶、下部叶及茎部氮含量依次平均降低6.7%、4.8%、0.7%和2.8%(见图4-5)。

盆栽试验结果表明:在一定土壤有效镁含量范围内,烤烟不同部位、不同生育期氮含量随土壤有效镁含量的提高而增加,而超出这一范围,烤烟氮含量则趋于稳定,不再增加。烤烟氮含量转折点对应的土壤有效镁的含量,2011年盆栽打顶期叶部为82 mg/kg,茎部为142 mg/kg;2012年盆栽团棵期叶部为93 mg/kg,茎部为102 mg/kg,打顶期上部叶为84 mg/kg,中部叶、下部叶和茎部均为93 mg/kg。

　　盆栽试验结果表明:不同生育期、不同部位烤烟氮含量有显著差异(见图4-4、图4-5),烤烟生长团棵期氮素积累速度较快,不同部位氮含量总体呈现叶部>茎部,上部叶>中部叶>下部叶的规律。2011年盆栽试验,打顶期叶部氮含量为36.4~48.2 g/kg,茎部氮含量为35.3~48.8 g/kg;2012年盆栽试验,团棵期叶部氮含量为41.4~54.6 g/kg,茎部氮含量为24.6~31.6 g/kg,打顶期上、中、下部叶氮含量依次为48.9~56.5 g/kg、35.1~45.8 g/kg、23.4~34.6 g/kg,茎部氮含量为18.1~23.9 g/kg。结果表明,团棵期是烤烟生长过程中氮素吸收速度最快的时期,茎部作为矿质元素运输通道,对氮素的积累量较少,主要是将氮养分从根系向烟株叶片部位运输,而叶部的氮含量则由于氮素的可移动性优先分配到新叶。

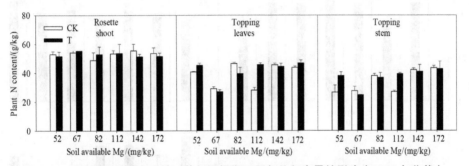

图4-4　不同梯度镁肥力土壤对烤烟团棵期不同部位氮含量的影响（2011年盆栽）

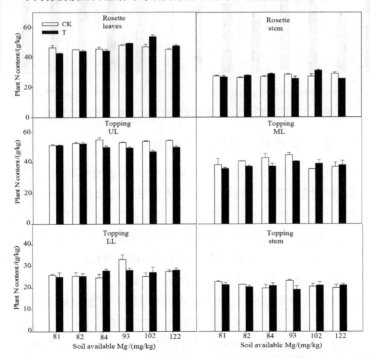

图4-5　不同梯度镁肥力土壤对烤烟团棵期不同部位氮含量的影响（2012年盆栽）

田间试验结果显示,土壤有效镁含量对烤烟植株氮素含量的影响较为明显,表现为土壤镁水平对烤烟氮含量有极显著影响(见图4-6)。2012年田间试验结果显示,烤烟烟叶氮含量达到极大值时,团棵期、打顶期对应的土壤镁水平均为68 mg/kg,对应团棵期、打顶期的植株氮素含量分别为41.4～47.7 g/kg、29.3～32.8 g/kg。

田间试验结果显示,烤烟不同生育期氮含量存在显著差异(见图4-6)。2011年田间试验结果显示,团棵期烤烟氮含量均值为43.2 g/kg,打顶期氮含量均值为27.7 g/kg;2012年田间试验结果显示,团棵期烤烟氮含量均值为41.9 g/kg,打顶期氮含量均值为35.9 g/kg,由此可见,团棵期是烤烟氮营养吸收的主要时期,随着生育期的延长,烤烟体内氮素部分回流至根系,为根部烟碱合成做准备,使得烤烟叶部氮含量有一定下降。

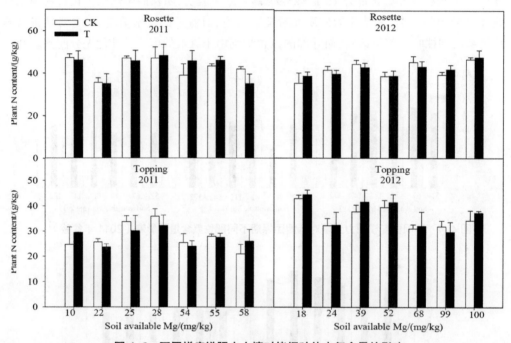

图4-6　不同梯度镁肥力土壤对烤烟叶片中氮含量的影响

3.不同梯度镁肥力土壤对烤烟磷含量的影响

盆栽试验结果显示,不同镁含量的土壤对烤烟磷元素的吸收量有显著影响,增施镁肥降低烤烟各部位磷含量,其中打顶期上部叶磷含量平均降低4.7%,下部叶磷含量降低25.7%,达到了显著水平(见图4-7、图4-8)。烤烟磷含量随土壤有效镁含量的增加而增加,但当土壤有效镁含量超过一定范围后,烤烟磷含量不再增加。例如,2012年盆栽试验中,烤烟磷含量最高时对应的土壤有效镁含量,团棵期叶部为93 mg/kg,茎部为102 mg/kg,打顶期上、中部叶为102 mg/kg、93 mg/kg,茎部为93 mg/kg。

盆栽试验结果显示,烤烟磷元素主要集中在叶部,不同部位磷含量有一定差异。具体表现为叶部＞茎部,上部叶＞中部叶＞下部叶。团棵期叶中磷含量为茎中的1.3～2.1倍,打顶期上部叶磷含量为中、下部叶和茎中的2.2～4.7倍、3.1～3.6倍、2.1～2.5倍。由此说明,茎向运输是烤烟体内磷元素运输的主要途径,磷元素作为可移动性元素,烟株吸收的磷元素首先分配到烤烟上部的新生嫩叶中,而后才用于满足中、下部叶中的养分需求。

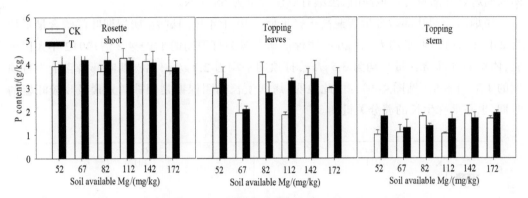

图 4-7　不同梯度镁肥力土壤对烤烟磷含量的影响（2011 年盆栽）

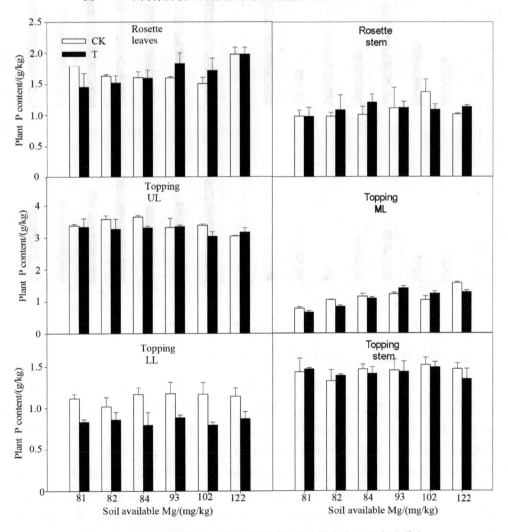

图 4-8　不同梯度镁肥力土壤对烤烟磷含量的影响（2012 年盆栽）

　　田间试验结果显示,土壤镁水平对烤烟团棵期叶片中磷含量均有极显著影响。随土壤有效镁水平的不断提高,烤烟叶部磷含量呈现先增加后降低的规律。2012年田间试验,团棵期烤烟叶部磷含量最高时,土壤有效镁含量为68 mg/kg。

　　烤烟团棵期叶部磷含量普遍高于打顶期。2011年田间试验,团棵期叶部磷含量平均为2.4 g/kg,打顶期平均为1.1 g/kg,团棵期磷含量为打顶期的1.1～4.2倍;2012年大田试验,团棵期叶部磷含量平均为3.5 g/kg,打顶期平均为2.7 g/kg,团棵期叶部磷含量为打顶期的1.3～1.8倍(见图4-9)。由此说明,烤烟生长的团棵期是烟株磷元素吸收较旺盛的时期,也是烟株生长的养分关键期。

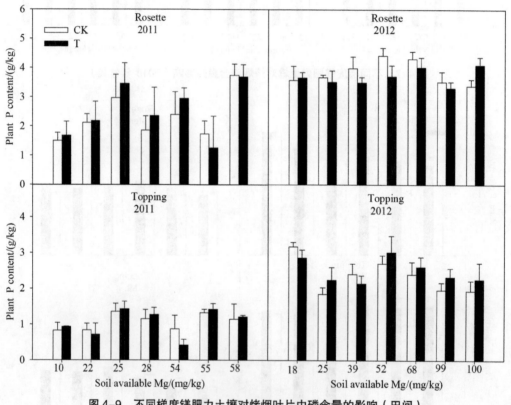

图4-9　不同梯度镁肥力土壤对烤烟叶片中磷含量的影响（田间）

4.不同梯度镁肥力土壤对烤烟钾含量的影响

　　土壤有效镁含量影响烤烟各部位钾的含量,表现为土壤有效镁含量过高抑制钾元素的吸收(见图4-10)。当土壤有效镁含量低于一定范围时,烤烟钾含量随土壤有效镁的增加而增加,而土壤有效镁含量达到或超过一定范围后,钾含量则不再随之增加。2012年盆栽试验结果显示,土壤有效镁含量达到102 mg/kg后,烤烟团棵期钾含量不再增加,土壤有效镁含量达到93 mg/kg时,烤烟打顶期中部叶和下部叶钾含量达到最大值。与不施镁肥相比(见图4-10),烤烟团棵期叶部钾含量平均下降3.5%,打顶期上部叶、下部叶和茎部钾含量分别平均下降2.1%、10.5%、8.2%,可见增施镁肥抑制烤烟钾的吸收,表明镁元素与钾元素存在一定的拮抗作用。

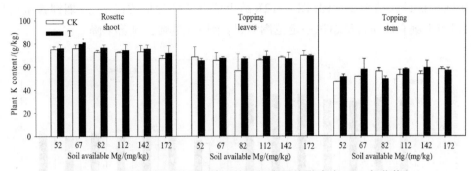

图 4-10 不同梯度镁肥力土壤对烤烟钾含量的影响（2011 年盆栽）

烤烟不同生育期、不同部位对钾元素的利用结果有明显差异,钾营养主要由茎部运输,但主要积累在叶部,打顶前叶部钾营养向上运输较少。具体表现为:叶部＞茎部,叶部钾含量随叶位上升而下降,下部叶＞中部叶＞上部叶。2011 年盆栽试验（见图 4-10）,烤烟团棵期地上部钾含量为 64.6～83.6 g/kg,均值为 74.3 g/kg,打顶期叶部、茎部钾含量分别为 59.0～74.7 g/kg、46.9～64.1 g/kg,均值分别为 66.6 g/kg、54.1 g/kg;2012 年盆栽试验（见图 4-11）,烤烟团棵期叶部、茎部钾含量为 61.4～74.5 g/kg、45.2～68.3 g/kg,均值为 66.7 g/kg、56.7 g/kg,打顶期上部叶、中部叶、下部叶及茎部钾含量依次为 37.1～44.8 g/kg、46.6～57.6 g/kg、52.6～77.8 g/kg、35.1～47.7 g/kg,均值依次为 42.0 g/kg、52.6 g/kg、65.9 g/kg、40.0 g/kg。

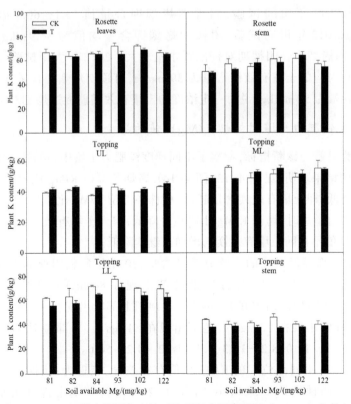

图 4-11 不同梯度镁肥力土壤对烤烟钾含量的影响（2012 年盆栽）

田间验证试验结果显示(见图4-12),随土壤有效镁含量的递增,烤烟钾含量均显著增加,但当土壤有效镁含量超过一定范围后,烤烟钾含量则会显著下降。

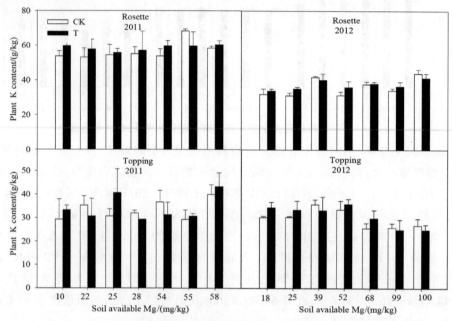

图4-12 不同梯度镁肥力土壤对烤烟叶片中钾含量的影响(田间)

综合分析,2011年田间试验,团棵期烤烟钾含量值53.1~60.4 g/kg,打顶期为29.3~43.2 g/kg;2012年田间试验,团棵期烤烟钾含量均值为36.9 g/kg,为打顶期的1.2~1.5倍,表明烤烟生长团棵期对钾的需求量较大。2012年大田试验,团棵期烤烟钾含量达到极大值对应的土壤有效镁含量为39 mg/kg,打顶期烤烟钾含量达到极大值对应的土壤有效镁含量为52 mg/kg,说明一定浓度的土壤有效镁能促进烤烟对钾的吸收。

5.不同梯度镁肥力土壤对烤烟K/Mg比值的影响

为获得较为灵敏的诊断指标,考察了不同梯度镁肥力土壤中,植株K/Mg值的变化规律。盆栽试验的结果表明(见图4-13、图4-14),烤烟各部位K/Mg比值随土壤有效镁含量的增加显著降低,即土壤有效镁含量越低,植株各部位K/Mg比值越高。当土壤有效镁含量在一定范围内增加时,烤烟K/Mg比值显著降低,但当土壤有效镁含量超过一定范围后,烤烟K/Mg比值不再随土壤有效镁的增加而继续降低。

烤烟K/Mg比临界值对应的土壤有效镁含量,2011年盆栽团棵期出现在82 mg/kg,相应的K/Mg比值为11.8~18.7,打顶期叶部出现在84 mg/kg,相应的K/Mg比值为10.1~15.0;2012年团棵期出现在82 mg/kg,打顶期上部叶出现在82 mg/kg,中部叶出现在93 mg/kg,下部叶出现在82 mg/kg,茎部出现在84 mg/kg,各部位对应的K/Mg比值依次为9.1~14.6、8.9~12.0、8.2~12.3、7.9~14.2、44.2~56.6。

烤烟各生育期、不同部位间的K/Mg比值存在差异,表现为:团棵期>打顶期,茎部>叶部。2012年团棵期地上部K/Mg比值为12~21,打顶期上部叶为9~16,茎部为30~40;2012年盆栽期地上部K/Mg比值为8~16,茎部为20~40,打顶期上部叶、中部叶、下部叶集中在 8～13，茎部为 30～80，由此表明，茎部对钾的输送量高于镁，烟株对钾的需求量远高于镁；打顶期茎中钾的运输量急剧增加，而镁的运输量有所下降，说明打顶期是烤烟积累钾素的关键时期。

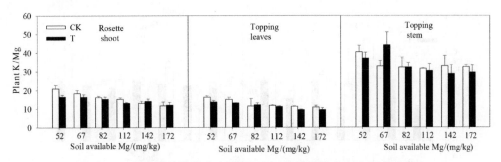

图 4-13　不同梯度镁肥力土壤对 K/Mg 比值的影响（2011 年盆栽）

田间验证试验结果显示（见图 4-15），2011 年田间试验条件下，土壤有效镁含量在 10～58 mg/kg 之间，均在土壤有效镁临界值以下，K/Mg 比值随土壤镁肥力提高的变化结果不明显。但在 2012 年田间试验条件下，随着土壤镁肥力（18～100 mg/kg）的提高，烤烟叶部 K/Mg 比值在逐渐降低，尤其以打顶期表现最为明显，其拐点对应的土壤镁肥力水平为 52 mg/kg，相应的 K/Mg 比值为 3.6～6.7。

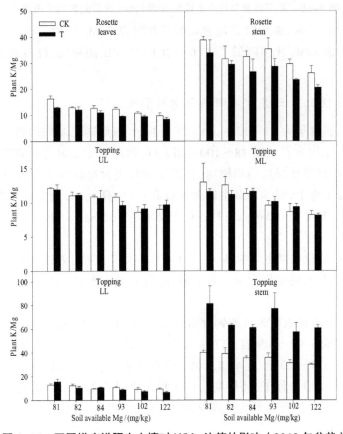

图 4-14　不同梯度镁肥力土壤对 K/Mg 比值的影响（2012 年盆栽）

2011年田间试验,烤烟团棵期、打顶期K/Mg比值均集中在30～40之间;2012年大田试验,烤烟团棵期、打顶期K/Mg比值均集中在9～13之间,说明田间条件下,烤烟生长团棵期、打顶期钾、镁营养的吸收利用较平衡。

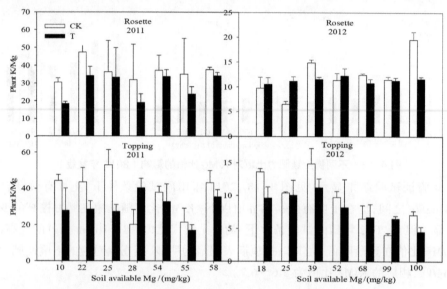

图4-15 不同梯度镁肥力土壤对烤烟K/Mg比值的影响(田间)

田间验证试验表明,施用镁肥显著降低烤烟叶部K/Mg比值。与不施镁相比,2011年大田团棵期叶部K/Mg比值降低了23.0%;2012年大田团棵期、打顶期K/Mg比值降低了8.9%、12.2%。

6.不同梯度镁肥力土壤对烤烟钙含量的影响

在土壤有效镁含量为81～122 mg/kg的土壤上,施用镁肥对烤烟钙的含量影响不大(见图4-16)。但土壤含有效镁18～100 mg/kg时,施用镁肥会显著提高烤烟对钙的吸收(见图4-17),施用镁肥使得烤烟团棵期、打顶期烟叶钙含量分别平均增加172%、111%。在不同镁肥力的土壤上,烤烟各部位钙含量最高点(次高点)对应土壤有效镁含量,2012年团棵期叶部、茎部均为102 mg/kg;打顶期上部叶为102 mg/kg,下部叶为93 mg/kg,茎部为102 mg/kg。

大田条件下,试验结果更为明显(见图4-17)。大田土壤有效镁含量从18 mg/kg增加到39 mg/kg的过程中,烤烟钙含量显著增加;而当土壤有效镁含量继续增加时,烤烟钙含量则不再增加。

烤烟各部位钙含量表现为叶部钙含量高于茎部,下部叶＞中部叶＞上部叶。团棵期叶部钙含量为茎部的3.1～3.8倍,打顶期上部叶钙含量最高,依次为中部叶、下部叶和茎部的3.0～3.6倍、1.6～1.9倍、5.7～8.2倍。由此表明,钙元素在烤烟烟叶中主要集中在下部老叶中,田间试验条件下,团棵期烤烟平均钙含量为14.2 mg/kg,打顶期平均钙含量为22.2 mg/kg,打顶期钙含量约为团棵期的1.6倍,说明烤烟对钙有一定吸收,但烤烟体内钙含量增幅较小。

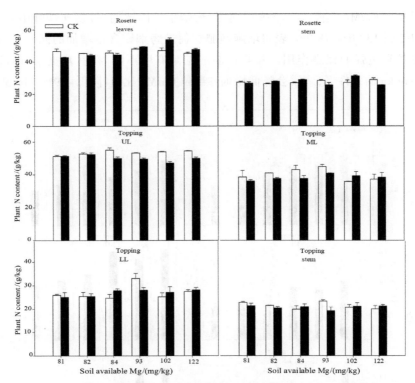

图 4-16 不同梯度镁肥力土壤对烤烟钙含量的影响（2012年盆栽）

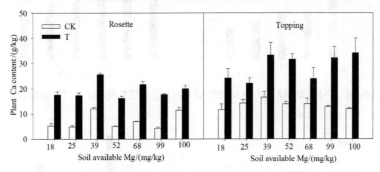

图 4-17 不同梯度镁肥力土壤对烤烟叶片中钙含量的影响（田间）

7.不同土壤镁肥力及施用镁肥对烤烟Ca/Mg比值的影响

Ca 和 Mg 存在着复杂的相互作用。本试验采用盆栽和大田研究了不同镁肥力土壤和施用镁肥对 Ca/Mg 比值的影响,试图寻找比单独的 Ca 和 Mg 含量更为灵敏的指标体系。盆栽试验和田间试验的结果表明,Ca/Mg 比值均受土壤中镁肥力的影响。

随着土壤有效镁含量不断增加,烤烟各时期 Ca/Mg 比值先增加,而后下降。本试验条件下,烤烟 Ca/Mg 比最大值对应的土壤有效镁含量,团棵期、打顶期均为 39 mg/kg。盆栽试验的结果进一步验证了这一结果,各生育期各部位 Ca/Mg 比值在土壤有效镁含量为 81 mg/kg 时就达到最大,以后逐渐下降。

施用镁肥对烤烟不同生育期各部位 Ca/Mg 比值也有显著影响(见图 4-18、图 4-19)。田间试验土壤(有效镁含量为 18～100 mg/kg)条件下,施用镁肥显著提高烤烟团棵期、打顶期烟叶中 Ca/Mg 比值。土壤施用镁肥,烤烟生长团棵期、打顶期烟叶中 Ca/Mg 比值分别平均提高 133.0%、78.9%,表明增施镁肥在促进烤烟镁含量增加的同时,对烟叶钙的吸收利用具有更强的促进作用。盆栽试验的结果有所不同,在盆栽土壤有效镁含量为 81~122 mg/kg 的条件下,施镁会降低烤烟各部位 Ca/Mg 比值(降低 4.9%~12.5%)。

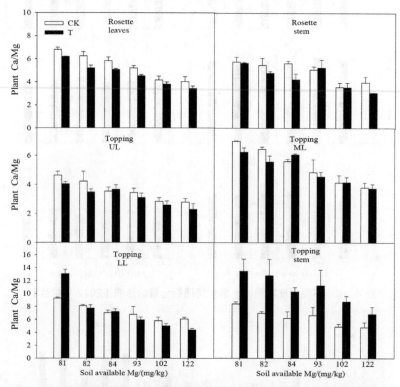

图 4-18　不同梯度镁肥力土壤对烤烟 Ca/Mg 比值的影响(2012 年盆栽)

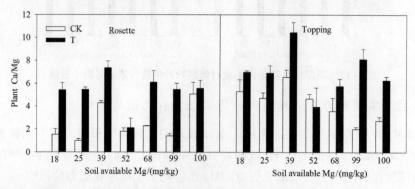

图 4-19　不同梯度镁肥力土壤对烤烟 Ca/Mg 比值的影响(田间)

田间试验的结果表明,打顶期烤烟 Ca/Mg 比值高于团棵期。团棵期烤烟叶部 Ca/Mg 比值为 1~6,均值为 4.4;打顶期烤烟叶部 Ca/Mg 比值为 2~10,均值为 6.1。而盆栽结果表明,烤烟打顶期各部位 Ca/Mg 比值也有显著差异。表现为下部叶＞中部叶＞上部叶,打顶期烤烟下部叶 Ca/Mg 比值为中、下部叶的 1.3~1.7 倍、2.0~2.6 倍,由此也印证了钙元素为惰性元素,多累积在老叶中的理论。

8.不同梯度镁肥力土壤对烤烟生长的影响

(1)不同梯度镁肥力土壤对农艺性状的影响。

盆栽试验结果表明,施用镁肥对提高烤烟各项农艺指标有显著效果(见图4-20、图4-21)。例如,2011年盆栽试验,施用镁肥使烤烟团棵期株高平均提高8.0%,打顶期株高平均提高5.9%,团棵期和打顶期叶片数、叶绿素含量及干重指标无显著性差异;2012年盆栽试验,施用镁肥使得烤烟团棵期株高、叶片数有一定增加。当土壤有效镁含量在一定范围内时,烤烟农艺性状随土壤有效镁含量增加而改善;但土壤有效镁含量增加到一定值时,各项农艺性状不再变化,存在一个稳定点。例如,烤烟各项农艺性状最优时对应的土壤有效镁含量:2011年盆栽团棵期出现在67 mg/kg,打顶期出现在82 m/kg;2012年盆栽团棵期出现在82～84 mg/kg。

施用镁肥使烤烟团棵期到打顶期各项农艺指标的增幅显著(见图4-20、图4-21)。2011年盆栽试验,与团棵期相比,打顶期株高增幅为30%～40%,叶片数增幅为60%～80%,叶绿素含量增幅为20%～30%,干重增幅为250%～300%;2012年盆栽试验,烤烟打顶期叶绿素含量、株高、叶片数、茎围、最大叶宽分别较团棵期提高60%～80%、80%～120%、25%～30%、10%～15%、18%～25%。

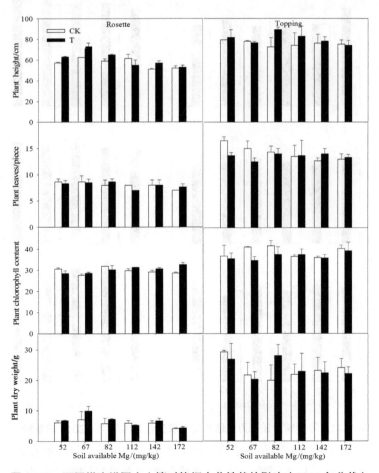

图4-20　不同梯度镁肥力土壤对烤烟农艺性状的影响（2011年盆栽）

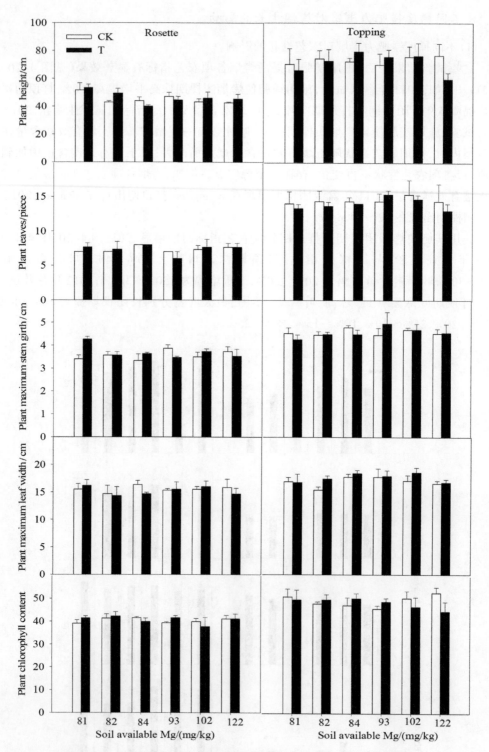

图 4-21　不同梯度镁肥力土壤对烤烟农艺性状的影响（2012 年盆栽）

　　土壤有效镁含量的增加能在一定范围内促进烤烟的生长。当土壤有效镁含量低于一定范围（80～90 mg/kg）时，本试验条件下，增施镁肥能促进烤烟的生长发育，有利于烟株的纵向生长,但当土壤有效镁含量高于这一范围时,则对促进烤烟的生长没有显著作用。

(2)不同梯度镁肥力土壤对抗氧化物酶活性的影响。

增施镁肥能显著降低烤烟不同生育期叶部氧化还原酶类的活性(见图4-22)。2012年盆栽试验,土壤增施镁肥使得烤烟团棵期POD酶活性降低16.6%、CAT酶活性降低48.8%;打顶期CAT酶活性降低55.5%,打顶期POD酶活性没有显著下降。

随土壤有效镁含量的提高,烤烟叶部氧化还原酶活性均呈先增加后降低的规律性变化。随着土壤有效镁含量的增加,烤烟叶部氧化还原酶活性逐渐增加,达到一个极大值,而后烤烟叶部氧化还原酶活性随土壤有效镁含量的增加而下降。例如,2012年盆栽试验,团棵期烤烟SOD、POD、CAT酶的最大活性对应的土壤有效镁含量依次为93 mg/kg、93 mg/kg、82 mg/kg;而打顶期烤烟SOD、POD、CAT酶的最大活性对应的土壤有效镁含量为84 mg/kg、93 mg/kg、84 mg/kg。

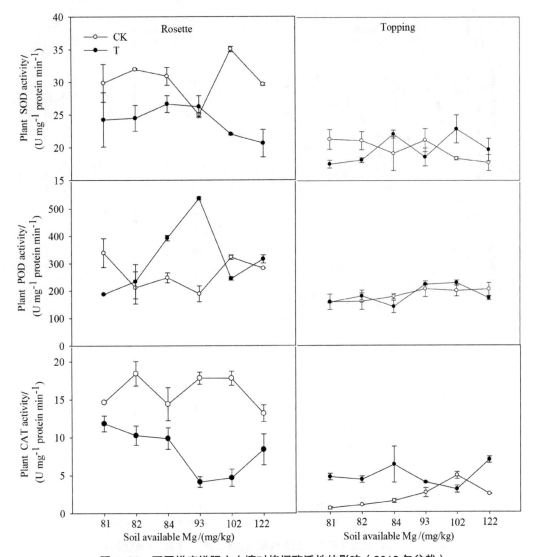

图4-22　不同梯度镁肥力土壤对烤烟酶活性的影响(2012年盆栽)

　　烤烟团棵期叶部各氧化还原酶活性均显著高于打顶期（见图4-22）。不同生育期氧化还原酶活性呈现团棵期＞打顶期的规律，2012年盆栽试验，团棵期SOD酶活性为18.5～35.0 U mg^{-1} protein min^{-1}，POD酶活性为160.0～544.0 U mg^{-1} protein min^{-1}，CAT酶活性为3.4～20.0 U mg^{-1} protein min^{-1}；打顶期SOD酶活性为16.5～23.0 U mg^{-1} protein min^{-1}，POD酶活性为131.0～247.0 U mg^{-1} protein min^{-1}，CAT酶活性为0.4～7.8 U mg^{-1} protein min^{-1}，可见，烤烟叶部氧化还原酶活性随着烟株生育期的延长而逐渐降低。

　　（3）不同梯度镁肥力土壤对烤烟非酶型抗氧化指标的影响。

　　施用镁肥会显著降低烤烟抗逆性指标，提高烟株的抗逆性（见图4-23）。2012年盆栽试验，施镁较不施镁处理下，烤烟团棵期叶部MDA含量显著下降25.0%，AsA和GSH含量都有一定程度下降，但未达显著水平；打顶期AsA含量下降25.1%，MDA和GSH含量下降不显著。

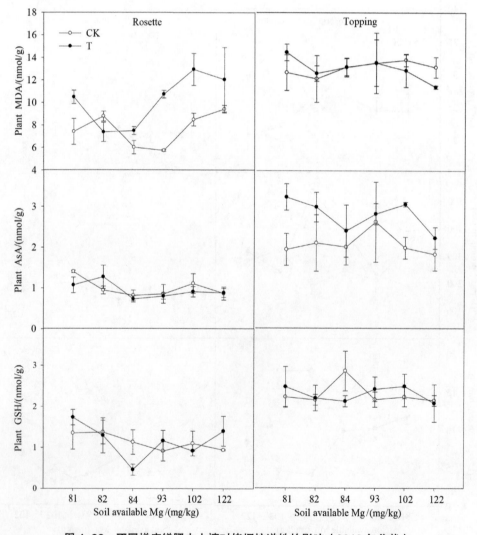

图4-23　不同梯度镁肥力土壤对烤烟抗逆性的影响（2012年盆栽）

随着土壤镁水平的提高,烤烟不同时期叶部抗逆性指标含量显著增加。在一定土壤镁水平范围内,烤烟叶部抗逆性指标含量随土壤镁水平的增加而增加,但存在一个较大值,即当土壤镁水平超过一定范围后,烤烟叶部抗逆性指标的含量不再增加。例如,2012年盆栽试验,团棵期烤烟 MDA 含量的极大值出现在土壤有效镁水平 102 mg/kg 时,打顶期烤烟 AsA 含量极大值出现在土壤有效镁水平 93 mg/kg 时,打顶期烤烟 GSH 含量极大值出现在土壤有效镁水平 84 mg/kg 时。

烤烟打顶期叶部抗逆性指标含量显著高于团棵期,2012年盆栽试验,打顶期各项抗逆性指标含量较团棵期均显著升高,团棵期 MDA 含量为 5.4～15.1 nmol/g, AsA 含量为 0.6～1.6 nmol/g, GSH 含量为 0.3～2.0 nmol/g。而打顶期上述三项抗逆性指标含量依次为 10.7～15.7 nmol/g、1.2～3.3 nmol/g、1.8～3.2 nmol/g,表明随着烟株生育期的延长,烟株更加接近衰老,生理逆境更强。

三、植烟土壤镁的丰缺指标和烤烟镁营养诊断指标

通过盆栽和田间试验研究,明确了不同梯度土壤镁肥力对烟叶氮、磷、钾及烟叶农艺性状和抗氧化指标的影响,为进一步确定土壤镁的丰缺指标和烟叶的诊断指标奠定了坚实的基础。

(一)植烟土壤镁的丰缺指标和烤烟镁营养诊断指标

1.烤烟土壤有效镁的丰缺指标

综合分析可知,镁元素含量所界定的土壤有效镁临界值范围为 82～102 mg/kg。相应地,根据 K/Mg 和 Ca/Mg 的比值,土壤有效镁的临界值也确定为 82～93 mg/kg。结合上表中的钾及相关生理指标,2012年的盆栽试验显示钾含量呈现出类似的吸收特性。考虑到植物对镁的奢侈吸收特性,结合前文的分析,我们可以确定烤烟土壤的有效镁临界值为 70～100 mg/kg。在土壤基础理化性质相近的情况下,如果土壤有效镁含量低于 70 mg/kg,意味着该土壤中的镁肥力尚不充足,因此应适量增加镁肥的施用量。相反,如果土壤有效镁含量超过 100 mg/kg,则表明土壤中的有效镁已能满足烤烟整个生长期的需求,无须额外增施镁肥。

研究结果进一步揭示,随着土壤有效镁含量的增加,烤烟在团棵期和打顶期各部位的镁含量先增加后减少。当土壤有效镁含量低于 82 mg/kg 时,烤烟各部位镁含量随土壤有效镁的增加而增加;一旦超过这一临界值,各部位镁含量会显著下降,这进一步证实了 82～102 mg/kg 为烤烟土壤有效镁的临界范围。许多学者关于供镁水平、施镁量与烟叶镁含量的研究也得出了类似结论:提高供镁水平有助于增加烟叶镁含量,二者之间存在极显著的正相关关系;然而,过高的供镁水平会抑制养分的积累,不利于烟叶镁含量的进一步提高。当单株硫酸镁的施用量超过 1.08 g/kg 时,烤烟的生长发育、干物重及各养分的积累均会受到抑制。林齐民等的研究也显示,当土壤交换性镁含量低于 92 mg/kg 时,施

用镁肥对水稻增产有正面效果,但随着土壤交换性镁含量的增加,镁肥的肥效逐渐减弱,当土壤交换性镁含量达到 92 mg/kg 以上时,反而可能出现减产的趋势,这与本研究的结果相吻合。另外,有研究表明,一般农作物的土壤有效镁临界区间为 30～40 mg/kg,超过这一水平后,增施镁肥的效果就不显著了。由于烟草对镁的需求较高,因此烤烟土壤的有效镁临界范围相对较高。综上所述,为了切实提高烟叶的产量和质量,必须在保证土壤有效镁的供应水平处于临界范围内的基础上,采取科学合理的施肥措施。

2.烤烟镁营养诊断指标

烤烟土壤有效镁的临界值对于烟株营养诊断至关重要。实践表明,打顶期下部叶镁含量的变异性最小,因此更具实用性。当土壤有效镁处于临界范围时,烤烟下部叶的镁含量应维持在 3.2～5.3 g/kg,K/Mg 比为 7.9～14.2,Ca/Mg 比为 5.2～11.2。同时,打顶期的抗氧化指标如 MDA、AsA、GSH 分别应保持在 12.3～13.6 nmol/g、1.8～2.5 nmol/g、2.1～2.5 nmol/g 的范围内。

在相似试验条件下种植烤烟时,可以通过采集打顶期下部叶,根据上述镁含量、K/Mg、Ca/Mg 等主要指标进行营养诊断。结合土壤测试和植株形态等条件,可以综合评估植烟土壤的镁素缺乏状况。这为提高镁肥利用率和提升烤烟质量提供了有力保障。

此外,土壤有效镁临界值对应的烟叶镁临界含量也是田间烤烟营养诊断的关键指标。尽管对于烟叶镁的临界值研究尚未有定论,但一般认为,团棵期下部叶镁营养的临界值为 0.31%,旺长期为 0.25%。也有研究指出,烟叶镁含量在 0.48～0.98% 之间较为适宜。本试验条件下,当土壤有效镁含量达到临界水平 90～100 mg/kg 时,对应的烤烟烟叶镁含量分别为:团棵期叶部 4.6～7.3 g/kg、茎部 1.4～2.4 g/kg;打顶期上、中、下部叶及茎部依次为 3.3～10.5 g/kg、3.0～7.8 g/kg、3.2～5.3 g/kg、0.8～1.0 g/kg。这些结果与韩锦峰的研究相吻合。

由于地域、气候、降雨量、土壤酸碱性等因素对土壤有效镁含量有显著影响,不同学者的研究结果存在一定差异。但总体来说,当烟叶镁含量低于 0.2% 时,烤烟会出现缺镁症状,需及时补充镁肥。

综上所述,本试验条件下得出的烤烟土壤有效镁临界区间为 70～100 mg/kg。当土壤有效镁含量低于临界值时,土壤中的镁成为烤烟生长的限制因子。提高土壤有效镁含量或增施镁肥有助于改善烤烟的农艺性状、促进镁及其他矿质元素的吸收和累积。然而,当土壤有效镁含量超过临界值时,再增加镁肥的施用量可能导致其他矿质元素的相对缺乏,从而限制烤烟的生长。此外,过高的土壤有效镁含量还可能降低阳离子的吸附量,对同类同族性质相似的养分离子(如钙离子)的吸收产生不利影响。因此,保持土壤有效镁含量在临界范围内是实现土壤养分最大化利用的关键。

(二)烤烟对土壤镁肥力和施用镁肥的反应机制

镁作为烤烟生长中不可或缺的矿质元素,对光合作用、碳氮代谢及干物质积累等生理过程具有重要影响。本试验条件下,随着土壤有效镁含量的增加,烤烟的株高、干重、叶片数及叶宽均呈现抛物线型变化。在土壤有效镁含量约为 80 mg/kg 时,烤烟的各项农艺性状指标达到最优。这一结果与类似研究相一致,表明在镁含量较低时,随着营养液中镁浓度的增加,烤烟的农艺性状会得到改善;然而,当镁浓度超过一定值时,这些指标会开始下降。

缺镁会导致烤烟的叶宽、叶面积、株高和茎围相比正常供镁水平有所降低,其中叶宽的降幅最为明显。而过高的土壤有效镁含量同样会抑制烤烟的生长,说明只有在适宜的镁含量范围内,烤烟的生长发育才能得到最佳的支持。

镁元素不仅影响烤烟的生长发育,还参与其多个生理代谢活动,尤其是活性氧代谢。本试验研究显示,随着土壤有效镁含量的增加,烤烟团棵期和打顶期的 SOD 和 POD 酶活性先升高后降低,而 MDA 含量则持续上升。这表明在缺镁条件下,烤烟体内的活性氧含量随镁含量的增加而增加,这可能与缺镁导致的二氧化碳同化受限和光合同化力 NADPH / NADP$^+$ 的累积有关。当土壤有效镁含量达到 93 mg/kg 时,烤烟的生理缺镁得到缓解,从而降低了氧化还原酶的活性。MDA 作为脂质过氧化反应的产物,其含量的显著增加表明高浓度的镁可能导致烤烟叶片产生更强的氧化胁迫,使得活性氧物质 H_2O_2 累积增多,细胞质膜脂质过氧化反应加剧。

(三)土壤镁肥力和施用镁肥对烤烟养分吸收的影响机制

氮是烤烟生长不可或缺的重要元素,而钙则是仅次于钾的关键元素。研究表明,土壤中的镁供应与烤烟对氮、磷、钾、钙的吸收和利用有着密切的关系。在本试验条件下,随着土壤有效镁含量的逐步增加,烤烟各部位的氮含量呈先增后减的趋势,磷含量则无明显变化。团棵期和打顶期下部叶及茎中的钾含量也先增后减,而打顶期茎中的钙含量显著降低。

过去的研究也显示,随着土壤镁水平的提高,烤烟的氮吸收量逐渐增加。然而,过低的镁水平会限制氮素的积累,因为缺镁会阻碍叶绿体中的光合作用,进而影响烟株体内的碳氮循环。

在本试验条件下,土壤镁的含量对烤烟磷含量产生一定影响。随着土壤有效镁的增加,烤烟磷含量呈先增后减的趋势。增施镁肥可以显著降低烤烟的磷含量。尽管磷是烤烟生长的主要矿质营养,但关于其与土壤镁水平的研究相对较少。先前的研究表明,烤烟镁水平对磷吸收有显著影响,低镁促进磷吸收,而高镁则抑制。这与本试验的结果相符,说明元素间的交互作用对烤烟磷吸收有重要影响。

此外,土壤镁含量也显著影响烤烟的钾含量。据报道,适量的镁可以促进烟株对钾的吸收,但过量的镁会抑制钾的吸收。本试验也发现,在低镁条件下,随着土壤镁含量的增加,烤烟钾含量逐渐增加,但当土壤镁含量超过一定阈值时,烤烟钾含量则开始下降。这表明在低镁条件下,镁与钾之间存在协同作用,而在高镁条件下则表现为拮抗作用。

钙与镁是性质相似的中量元素,土壤镁含量也直接影响烤烟不同时期和部位中钙的含量。研究认为,镁与钙之间存在离子相互作用。本试验发现,随着土壤有效镁含量的增加,打顶期茎部的钙含量显著降低,而其他部位则无显著差异。这与之前的研究结果相符,即烟草叶片的钙含量与营养液中的镁浓度呈负相关关系。然而,关于钙与镁之间的具体关系仍需进一步研究。

四、植烟土壤镁丰缺指标及烟叶诊断指标的确定

通过详尽的试验分析,我们明确了植烟土壤中镁的丰缺指标以及烟叶的诊断标准。具体结果如下:

(1)在特定的土壤镁肥力范围内,随着土壤有效镁含量的增加,烤烟中的镁含量也呈现出上升的趋势。本试验初步确定了土壤有效镁的临界范围为 70~100 mg/kg。当土壤有效镁含量低于此临界值时,施用镁肥能显著提高烤烟中的镁含量。

(2)随着土壤有效镁含量的增加,烤烟各部位的 K/Mg 和 Ca/Mg 比值显著降低。这一变化的临界值对应的土壤有效镁含量为 82~93 mg/kg。施用镁肥后,烤烟在不同生长时期各部位的 K/Mg 和 Ca/Mg 比值均有明显下降。

(3)随着土壤有效镁含量的提高,烤烟中的氮、磷、钾含量均呈现出先上升后下降的二次曲线关系。这些变化的临界值对应的土壤有效镁含量为 80~100 mg/kg。

(4)土壤中的镁肥力对烤烟的生长有显著影响。随着土壤有效镁含量的增加,烤烟叶片中的氧化还原酶活性以及抗逆性指标含量均呈现出先增加后降低的规律性变化。施用镁肥后,烤烟的株高增加,同时 POD 酶和 CAT 酶的活性均有所降低。同样,抗逆性指标 MDA 和 AsA 的含量也呈现下降趋势。

(5)对于烟株的营养诊断,打顶期下部叶的指标最为理想。诊断的主要依据包括烤烟中的镁含量、K/Mg 和 Ca/Mg 比值,以及抗氧化指标。

五、烤烟中硫的丰缺指标

硫是植物必需的营养元素之一,其在植株内的含量通常为干重的 0.2%~0.5%。硫与碳、氢、氧、氮等元素同属于植物有机物质的主要组成成分,它们在植物新陈代谢中发挥着不可或缺的生理作用。

对于烤烟的缺硫诊断,有两种主要方法:形态诊断和化学诊断。

形态诊断通过观察植株的外部形态来判断是否缺硫。在缺硫早期,烤烟的新叶和上部叶片会出现失绿黄化的现象,且叶面颜色均匀偏黄。随着缺硫状况的发展,除了上部叶片黄化,下部叶片也会出现早衰和生长停滞的现象。低硫胁迫还会导致烤烟生育期推迟,甚至不能现蕾。此外,缺硫植株的株高、茎粗等农艺性状会明显低于正常供硫的植株。虽然施用单质硫能促进烟株生长和提高烟叶产量,但由于硫的移动性有限,缺硫症状通常从上位叶开始表现。当氮素供应充足时,新叶缺绿变黄是主要的缺硫症状;而当氮素不足时,老叶的缺硫与缺氮症状相似,难以区分。因此,形态诊断在实际应用中可能受到外部因素的干扰,不能准确反映植物的硫营养状况,仅作为初步诊断的参考。

化学诊断则通过检测植株内部的化学成分来判断硫营养状况。这种方法需要选择适当的采样时期和部位。由于幼苗期植物对硫的需求不如其他元素(如氮、磷、钾)多,因此幼苗期的诊断通常不能准确反映植物是否缺硫。当植物进入营养生长与生殖生长旺盛的时期时,对硫的需求明显增加,这时植物对环境中硫的敏感性增强,是进行硫诊断的较好时期。此外,由于植物体内的硫酸盐对硫营养状况的变化比全硫更为敏感,因此硫酸盐

可以作为诊断植物缺硫的较好指标。同时,考虑到植物体内的氮硫比受氮硫交互作用的影响较大,因此氮硫比也是诊断作物硫营养状况的可靠指标。

六、影响烤烟硫素积累的主要因素

(一)植烟土壤的理化性质

1.植烟土壤的供硫水平

地壳中硫的平均含量为 300 mg/kg,而烟叶的硫含量与土壤中有效硫的含量之间存在显著的正相关关系。烤烟对硫的需求较高,具有奢侈吸收的特点。其主要来源有两个方面:一是通过烤烟的根系从土壤溶液中吸收 SO_4^{2-};二是通过烤烟的地上部分从大气中吸收含硫化合物。然而,以根系吸收利用为主。

据朱英华等人的研究,湖南植烟生态区的土壤有效硫含量为 34.74 mg/kg,而烟叶的硫含量为 0.849%。这表明湖南植烟生态区的土壤有效硫和烟叶硫含量普遍偏高,并且不同植烟生态区之间存在较大的差异。

其他研究也显示,江西省植烟土壤的有效硫含量为 29.72 mg/kg,而云南曲靖烟区和红河烟区的土壤有效硫平均含量分别为 36.56 mg/kg 和 30.31 mg/kg。刘勤等人的研究进一步指出,当土壤有效硫含量大于 30 mg/kg 时,被认为是丰富或很丰富的;在 16~30 mg/kg 范围内被认为是中等的;而小于 16 mg/kg 则被认为是缺乏的。

因此,对于那些土壤有效硫含量偏高的烟区,应合理控制含硫肥料的施用量,以防止土壤硫素过量带来的负面影响。这有助于确保烤烟的健康生长,同时提高烟叶的产量和品质。

2.土壤质地

由于成土母质、风化程度以及气候条件的差异,土壤中的硫含量及其有效性表现出显著的差异。例如,由花岗岩、砂岩和河流冲积物等母质发育的轻质土壤,其全硫和有效硫的含量普遍较低。而在山区的冷浸田、返浆田以及次生潜育化严重的青泥田中,由于长期的低温和淹水环境,影响了硫的释放,从而导致这些土壤中的有效硫含量偏低。相反,那些由沉积岩形成的土壤,其硫含量则相对较高。

成土母质的差异不仅影响了土壤的硫含量,还导致了土壤质地的不同。对于烤烟而言,其养分含量的多少与土壤的养分供给能力紧密相关,而这种供给能力又与土壤的质地密切相连。据研究,土壤质地与土壤养分指标关系密切程度为:有效锰>有效硫>有效铜>交换性镁>全氮>交换性钙>有效锌>有效铁>有机质>碱解氮>有效硼>全磷>速效钾>速效磷>缓效钾>水溶性氯>pH 值>全钾,其中有效锰、有效硫和有效铜与土壤质地的关系最为密切。

值得一提的是,有效硫与土壤中的松结态腐殖质和紧结态腐殖质之间存在显著或极显著的正相关关系,而与稳结态腐殖质则呈显著的负相关。这主要是因为土壤中的有效

硫大部分以 SO_4^{2-} 的形态与土壤矿物胶体结合存在,因此它与结合态腐殖质之间也存在着密切的联系。这一发现对于我们进一步理解土壤硫的循环和烤烟的营养需求具有重要意义。

3. 土壤 pH 值

土壤酸碱度对烤烟栽培的影响是多方面的,它直接关系到烤烟的生长状况,并与土壤中的微生物活动、有机质的合成与分解、氮磷元素的转化和释放以及微量元素的有效性等紧密相关。在烤烟生长过程中,最适宜的土壤 pH 值范围为 5.5～6.5,这一环境有利于烤烟的健康生长和产量品质的提升。

不同的研究团队在各地的烤烟种植区进行了深入的探讨。夏东旭等人的研究指出,在永德烟区,土壤 pH 值与土壤有效硫的含量之间存在显著的正相关关系。然而,贺丹锋等人却得出了相反的结论,他们认为在罗平烟区,土壤 pH 值与有效硫的含量之间存在极显著的负相关关系。这种差异很可能是由于不同烟区之间的土壤质地和气候条件不同所造成的。

欧阳磊等人的研究进一步证实了土壤 pH 值对有效硫含量的影响。他们发现,在罗平烟区,当植烟土壤的 pH 值在 5.5～6.5 之间时,土壤中的有效硫含量能够满足优质烤烟生长的需要。这一发现与宋文峰等人的研究结果相一致,进一步强调了植烟土壤 pH 值对有效硫含量及烤烟对硫的吸收利用的重要性。

4. 海拔高度

随着海拔高度的不断变化,土壤 pH 值、光照、温度、水分和热量资源都会产生显著的差异。同时,土壤类型和成土母质也会发生相应的改变,这些变化对植烟土壤养分的含量、有效性以及烤烟对矿质营养的吸收利用产生深远影响。值得一提的是,海拔高度与土壤有效硫含量之间存在极显著的正相关关系,意味着随着海拔的升高,土壤有效硫的含量呈现出递增的趋势。这可能是由于高海拔烟区的气温较低,导致土壤微生物活性降低,有机质分解不完全,进而产生有机酸,使得土壤 pH 值偏低,从而提高了土壤硫的有效性含量。

（二）烤烟的品种

在选择烤烟品种和确定硫肥施用策略时,必须充分考虑硫素利用的基因型差异,因为不同品种的硫素吸收和运转特性可能截然不同。这些特性是由一个或多个硫运输蛋白共同影响的,而蛋白质的合成则受基因控制。因此,不同基因型会导致硫素吸收和运输过程中的显著差异。

据朱英华等人的研究,他们发现不同基因型烤烟的烟叶硫含量存在很大差异,并通过聚类分析将这些参试基因型划分为三类:低效型、中间型和高效型。具体来说,有 3 个品种的烟叶硫含量在 0.20%～0.70% 之间,被归类为低效型;12 个品种的烟叶硫含量在 0.70%～1.00% 之间,被归类为中间型;而 13 个品种的烟叶硫含量则超过 1.00%,被归类为高效型。

值得注意的是,在高效型品种中,还有一些被进一步划分为超高效型,这些品种的烟叶硫含量高于 1.30%。这些超高效型品种包括寸三皮、腾冲歪尾巴和红花大金元等三个烤烟基因型。

然而,也有一些硫低效基因型品种,如贵烟 4 号、中烟 90 和吉永 1 号,它们对硫素并不敏感。因此,在选择品种和确定硫肥施用策略时,必须充分考虑这些基因型差异,以确保烤烟的健康生长和高产优质。

(三)耕作制度

烤烟是一种忌连作的作物,因此烟—稻轮作模式被视为水田种烟中相对科学和合理的轮作方式。然而,在我国烤烟农业不断向规模化和集约化发展的过程中,由于经济利益驱动、耕地资源有限以及生产栽培条件的制约,连作现象逐渐成为一种无法避免的趋势。

研究显示,长期连作黄壤烟地会导致土壤中的有效养分出现不同程度的累积,其中磷的累积最为显著,其次是硫、钾、镁和钙。由于这些主要养分的含量均超过了临界值,从而引发了土壤养分的累积失调问题。

此外,还有研究指出,在 0～23 年的烟稻复种连作期间,土壤和烟叶中的硫含量呈现出逐步增加的趋势。土壤中的有效硼、钼、硫、钙、镁含量与烟叶中相应元素的含量之间存在显著的正相关关系,而其他元素之间的相关性则不明显。

然而,另一项研究表明,在植烟年限为 1～15 年的范围内,随着植烟年限的延长,植烟土壤的全硫和有效硫含量显著增加;但当植烟年限超过 15 年后,这些含量趋于稳定。这种差异可能与不同烟区之间的气候条件和施肥水平差异有关。

综上所述,无论是连作还是轮作多年后,都可能导致土壤养分的失调,进而显著降低烟叶的产量和品质。因此,为了维护土壤健康和提高烤烟的产量和品质,需要采取科学合理的轮作模式,并结合适当的土壤管理措施。

(四)其他因素

大气中的硫素气体在浓度较高时,经雨水携带回归土地,可能形成具有破坏性的酸雨。陈启红等研究指出,酸雨对农作物造成直接伤害,影响其产量和品质。这是因为酸雨导致土壤酸化,削弱了土壤的肥力和生产能力,进而改变了农作物的生长环境,间接阻碍了农作物的正常生长发育。

在大气中,含硫化合物主要以气态 SO_2 的形式存在。近年来,大量的含硫废气被排放到大气中,这些废气参与硫素的大气循环,并通过沉降或植物气孔的直接吸收来补充土壤和植物的硫需求。值得注意的是,作物在土壤供硫不足时,其所需硫量的一半来自大气。此外,在冲积平原地区,地下水为作物提供了大量的水分,而地下水中的硫也是一个重要的硫源,能够满足不同作物的硫需求。

因此,在施用硫肥时,我们必须充分考虑到溶解并储存在土壤浅层地下水中的硫酸盐。然而,当前由于环境污染和含硫化肥的过度使用,作物带走的硫数量有限,导致农业生态循环系统中的硫含量增加,这可能对农作物的产量和质量产生负面影响。

七、微量元素丰缺诊断及矫正技术

钼是一种在元素周期表中原子序数为 42 的金属元素,对于人体及动植物的生长至关重要。据调查数据显示,我国有大约 0.446 亿公顷的耕地土壤存在钼缺乏的问题,这占据了全国耕地总面积的约 80%。我国的钼缺乏地区主要分为南方和北方两大区域。

北方地区的钼缺乏主要是由于成土母质中钼的含量极低。以黄土高原为例,其主要由黄土和黄土状母质构成,全钼含量的平均值仅为 0.62 mg/kg,而土壤有效钼含量的平均值更是低至 0.06 mg/kg。

而在我国南方,尽管土壤全钼的含量并不低,但由于该地区降水量大,导致土壤淋溶作用强烈。此外,南方土壤的 pH 值一般不超过 6,这使得土壤中的钼主要以五价以下的形式存在,而这种形态的钼是植物无法利用的。因此,南方地区也普遍存在作物缺钼的问题。

(一)土壤钼丰缺指标

钼是作物生长不可或缺的微量元素,对于土壤中的有效钼含量,存在一个临界值,当低于此值时,作物的生长发育将受阻,产量也会下降。参照《中国植烟土壤及烟草养分综合管理》的分类标准,植烟土壤的有效钼含量被划分为五个等级:Ⅰ级(严重缺钼)、Ⅱ级(较为缺钼)、Ⅲ级(含量适宜)、Ⅳ级(含量丰富)和Ⅴ级(含量极丰富),如表 4-1 所示。

表 4-1　土壤有效钼含量等级分类表

等级	Ⅰ	Ⅱ	Ⅲ	Ⅳ	Ⅴ	临界值
含量 / (mg/kg)	≤ 0.10	0.10～0.15	0.15～0.20	0.20～0.30	> 0.30	0.15

研究显示,我国土壤中的有效钼含量普遍偏低,特别是在长江以南的华中、华东和华南地区,土壤的有效钼缺乏情况尤为严重。长江中下游地区的土壤有效钼含量均低于土壤缺钼的临界值。尤其是湖北、安徽、江苏三省,其土壤有效钼含量低于 0.10 mg/kg,被归类为严重缺钼的土壤。

钼的吸收和积累量与土壤中钼的含量存在明显的正相关关系。对于植烟土壤,适宜的含钼量为 2～4 mg/kg,而有效钼缺乏的临界值则是 0.15 mg/kg。

李章海等人在烤烟的盆栽和大田试验中,对土壤有效钼的临界值进行了深入研究。在盆栽试验中,他们将 0.3 mg/kg(Mo) 设定为烤烟产量性状的钼临界值,而 0.1 mg/kg(Mo) 则被设定为烤烟油分性状的钼临界值。在大田试验中,0.15 mg/kg(Mo) 被认为是烤烟产量性状的钼临界值,而 0.3 mg/kg(Mo) 则是上等烟的钼临界值。当烟田土壤有效钼含量低于 0.20 mg/kg 时,作物会表现出不同程度的缺钼症状;而当含量高于 0.30 mg/kg 时,则意味着钼素营养充足。

王林等人对湖南烟区的 1347 个土壤样本进行了有效钼含量的测定,结果发现,有56.35% 的土壤样本含量低于临界值,显示出缺乏状态。刘国顺等人对贵州省毕节市的298 个植烟土壤样品进行了有效钼含量的分析,结果表明超过 2/5 的土壤缺钼。在黔南州,植烟土壤的有效钼含量平均值为 0.146 mg/kg,其中缺钼的土壤占到了 83.81%。王东胜等人对江西 15 个植烟县市的 76 个土壤样品进行了分析,结果显示耕层土样的有效钼含量为 0.088 mg/kg,属于严重缺钼的状态。而在曲靖烟区的中海拔植烟土壤中,采集的 1605 个样品测定结果显示,土壤有效钼的平均含量为 0.199 mg/kg,其中有效钼含量低于 0.15 mg/kg 的土壤占到了 50.03%,需要增施钼肥;而高于 0.3 mg/kg 的土壤占 16.60%,这类土壤在施钼时应加以控制,避免对烟株造成毒害。

(二)植物钼营养诊断指标

植物含钼量很低,但变异幅度很大,依植物种类、不同部位、不同生长条件而异,一般情况下为 0.1～2 mg/kg。豆科植物、十字花科等含钼量高,禾本科含量低(见表 4-2)。

表 4-2 作物含钼范围和营养评价指标

作物(生育期、部位)	含钼状况(mg/kg,干基)		
	缺乏	适宜	过剩
水稻	< 0.04	-	-
小麦	0.03	-	-
冬大麦(拔节—抽穗,地上部)	-	0.3～3.0	-
冬黑麦(抽穗期,尖端)	< 0.11	0.19～2.19	> 2.19
燕麦(拔节—抽穗,地上部)	0.03	0.3～3.0	-
玉米(开花初,穗下第一叶)	< 0.1	> 0.20	-
苜蓿(花前至初花)	0.2	0.5～5.0	5.1～10.0
蚕豆(8 周苗,地上部)	-	0.4	-
棉花	< 0.5	-	-
甜菜(6 月末～7 月初中部完全叶)	< 0.1	0.2～2.0	2.1～20
菠菜(8 周苗叶)	-	1.6	-
番茄(温室,上部成熟叶)	< 0.13	0.3～0.7	0.7
柑橘	0.03～0.08	-	-
苹果	0.05	-	-
梨	< 0.05	-	-
油菜	-	> 0.3	-
马铃薯(始花期,老叶)	-	> 0.3	-

张继棒提出,烟叶含钼量低于 0.18 mg/kg 可能缺钼,而低于 0.13 mg/kg 可能出现缺钼症状。另外,也有学者认为作物成熟叶的缺钼范围为 0.1～0.5 mg/kg,钼含量在 0.5～1.0 mg/kg 时植物正常生长。胡珍兰等研究表明:在施氮量为 0.42 g/kg 时,配施 0.30 mg/kg 钼肥,成熟期烟叶中钼含量范围在 0.3～0.6 mg/kg,整体仍处于较低水平。

（三）钼肥施用

钼肥,包括钼酸铵、钼酸钠、含钼过磷酸钙和钼渣等,是一类含有钼元素的化学肥料。在我国农业中,钼肥是最早开始施用的微量元素肥料。其在大规模施用方面,最初起源于东北农业生产,不仅显著提升了产量,还带来了可观的经济效益。钼是多种酶的组成部分,这些酶参与植物体内的氮代谢和碳代谢,并调节各种激素和抗氧化酶的活性。此外,钼还影响叶绿素含量、光合效率以及其他矿质养分的吸收,对作物的生长具有不可或缺的重要性。因此,钼肥在大豆、冬小麦、烟草、花生、小白菜等多种植物上得到了广泛应用。

1.常用钼肥种类

我国农业生产中常用的钼肥主要包括:钼酸铵(含钼量高达 54.3%)、钼酸钠(含钼35.5%)、三氧化钼(含钼 66%)、钼渣以及含钼玻璃肥料等。这些钼肥种类为农业生产提供了丰富的选择,有助于满足不同作物对钼元素的需求,促进作物健康生长,提高产量和品质。

2.钼肥有效性

钼肥的有效性与土壤中有效钼的含量密切相关。通常,当土壤中有效钼含量较高时,钼肥的利用效率会降低,导致使用效果不佳。基于此,中国科学院南京土壤研究所的刘铮等专家根据我国土壤条件,将钼肥的应用区域划分为三个主要区域:

(1)钼肥显效区:这一区域的土壤有效钼含量低于 0.1 mg/kg。在北方,主要包括黄潮土、褐土、棕壤、白浆土等土壤类型,大豆、花生等作物在这些土壤中需要施用钼肥。在南方,赤红壤、紫色土等土壤也属于这一区域,同样适用于大豆、花生、豆科绿肥等作物的钼肥施用。

(2)钼肥有效区:这一区域的土壤有效钼含量介于 0.1～0.15 mg/kg 之间。在北方,黄绵土、褐土、棕壤、黑土等土壤类型属于这一区域。而在南方,红壤、砖红壤、黄棕壤等土壤也适用。在这些土壤中,豆科作物等施用钼肥会表现出一定的效果。

(3)钼肥可能有效区:这一区域主要指的是西部地区土壤有效钼含量低于 0.15 mg/kg 的地区。尽管目前尚未有充分试验证明这些地区钼肥的有效性,但仍有潜力成为钼肥的有效施用区域,这需要进一步的试验和研究来确认。

3.钼肥施用方法

钼肥的应用方式灵活多样,既可作为基肥或追肥施入土壤,也适用于种子处理和叶面喷施。

作为基肥,钼肥通常在播种前与常量元素肥料一同施入土壤,每公顷用量为 10～50 g钼酸铵。条施或穴施均可,其肥效持久,并常常具有后效。

作为追肥,钼肥宜在作物生长前期与常量元素混合追施,每公顷同样使用 10～50 g钼酸铵。然而,由于钼肥用量极小且难以均匀撒施,基施和追肥的方法并不常见。

种子处理是确保钼肥均匀且效果显著的施用方式。这包括浸种和拌种两种方法。浸种时,使用 0.05%～0.1% 的钼酸铵溶液,种子与溶液的比例为 1∶1,浸泡约 12 h 后晾干播种。拌种则适用于吸液量大的种子,每千克种子使用 $2\sim3\,g$ 肥料。先将种子湿润,然后与所需肥液混合均匀,晾干后播种。当种子含钼量低于 $0.2\,mg/kg$ 时,拌种效果最佳;若含钼量在 $0.5\sim0.7\,mg/kg$,则效果可能减弱。

叶面喷施是钼肥施用的常用方法,它可以防止养分被土壤固定,见效快且效率高。通常在作物出现缺钼症状时,用 $0.05\%\sim0.1\%$ 的钼酸铵溶液进行喷施,每公顷用量约 $405\,g$,喷液量 $750\sim1125\,L$。喷施的最佳时机是苗期和开花前,通常喷施 2 或 3 次。

（四）烤烟中钼肥的施用

钼是硝酸还原酶的关键组成部分,对于烟草的氮代谢起着至关重要的作用。当烟草植株缺乏钼时,硝酸还原酶的活性会降低,导致氮素供应不足,进而影响蛋白质的代谢过程,这对烟叶的品质产生显著影响。钼的营养作用不仅能提高烟叶中的叶绿素含量、增强光合作用,还能促进植物体内有机含磷化合物的合成。在缺钼的情况下,烟株的生长会变得缓慢,叶片变得狭长,叶面上会出现坏死斑点,且容易出现早花早衰的现象。

有效钼含量的多少直接影响着烤烟的产量和质量。因此,在烤烟种植中,提高土壤的有效钼含量以及提高钼肥的利用效率显得尤为重要。通过合理的施肥措施和土壤管理,可以确保烟草植株获得充足的钼营养,从而保证其正常生长和优质烟叶的产出。

1.钼肥施用影响因素

土壤中有效钼的含量对钼肥的施用效果具有显著影响。当土壤中钼含量较高时,钼肥的利用率会降低,而过量施用钼肥可能会导致烤烟出现钼中毒症状,进而降低其产量和品质,造成经济损失。相反,在缺钼的土壤上施用钼肥通常能带来明显的增产和增值效果。

此外,不同类型的土壤也会影响钼肥的利用率。例如,廖晓勇等的研究表明,在酸性土壤中喷施钼肥能显著提高烟草的农艺和经济性状,增加烟叶的蛋白质和烟碱含量,同时降低还原糖的含量。然而,在石灰性土壤中,喷施钼肥的效果并不明显。

烟草在其生长过程中,对钼的吸收存在明显的阶段差异。特别是在旺长期至打顶期这一关键阶段,烟叶中的钼累积速率增长最快,并在打顶期达到最高值。因此,在这一时期适当追施钼肥可以提高钼肥的利用率,并有助于增加烟叶的钼含量和累积量,从而优化烟叶的品质和产量。

2.钼肥施用方式及用量

钼作为可移动元素,在烤烟生产中的施用方式主要采用叶面喷施,这种方式具有快速且高效的特点,能够及时满足作物的生长需求。然而,根据地区和烤烟品种的不同,土壤基施也是一种选择。

齐永杰等人在湖南省郴州市的研究表明,硼、锌、钼等微肥通过土壤基施的效果优于叶面喷施。这种方式可以显著提高云烟 87 上部叶中的香气物质含量,如类胡萝卜素降解物、苯并氨酸类降解物、棕色化产物、茄酮和石油醚提取物等。

赵羡波等人的研究则发现,每株烤烟施用 80 mL 钼肥稀释液,移栽时浇施和现蕾期等量喷施结合的方式效果最佳。在两个时期等量喷施的效果也较好。

宋泽民等人在黔南多个地区的研究表明,对于缺钼的烟区,每株施用 80 mL 烟草专用钼肥稀释液(MoO₃ 2 mg/ 株)能够获得较高品质的烟叶和较好的综合表现。

普匡等人在云南新化的研究表明,采用常规施肥结合 0.04% 钼酸铵的施肥用量,可以使烤烟 K326 的产量和产值达到最高。

申洪涛等人则通过田间试验,确定了南平烟区钼酸铵的施用量以 90 mg/ 株为宜。

周童等人在湖南省湘西州的研究表明,施用 90 g 钼酸铵 / 亩,其中 50 g 于移栽 15 天后与提苗肥混合追施,20 g 在移栽 50 天后喷施,剩余 20 g 在第一次采收后喷施,这种搭配施用方法和用量的效果最好。这种方法可以显著提高烤烟的干物质量,使各部位烟叶的化学成分含量更加适宜、协调性更好,并提高上中等烟的比例、产量、产值和均价等。

综上所述,钼肥在烤烟种植中的应用方式和施用量因地区、品种和土壤条件而异。合理的施肥方法和用量不仅能够提高烤烟的产量,还能显著改善其品质,为烟农带来更好的经济效益。

3.钼肥施用时期

烟草从移栽到采收的过程确实需要精细的养分管理以确保其健康生长和高产。"少时富,老来贫"非常贴切地描述了烟草生长过程中的养分需求变化。在生长初期,烟苗需要充足的养分以促进快速生根和个体壮大,而随着生长进入后期,烟叶的成熟则需要控制养分的供应,以防止烟叶早衰或不恋青。

基于这样的生长特点,肥料施用的基本原则"基追结合,基肥为主,追肥为辅,基肥要足,追肥要早"是非常合理的。基肥的充足供应可以确保烟苗在生长初期就有足够的养分储备,而追肥的早期施用则可以满足烟草在生长旺盛期对养分的大量需求。

对于钼肥的施用,分期进行喷施确实是一个有效的策略。由于烤烟在旺长期对养分的吸收量最大,因此,在团棵期前追施钼肥是非常关键的。这不仅可以满足烤烟在旺长期对钼的大量需求,还能预防因缺钼而导致的生长障碍。

此外,除了钼肥,其他微量元素的供应也不容忽视。例如,硼、锌等微量元素对烟草的生长和品质也有重要影响。因此,在施肥策略中,还需要综合考虑各种养分的平衡供应,以确保烟草的健康生长和高产优质。

总的来说,合理的养分管理和施肥策略是确保烟草高产优质的关键。通过分期施用钼肥和其他必要的营养元素,我们可以有效地满足烟草在不同生长阶段的需求,从而实现最佳的生长效果和经济效益。

4.钼肥配施

在烤烟生产中,钼肥的施用通常不是孤立的,而是与其他常量元素或微量元素肥料配合使用,以达到最佳的施肥效果。研究表明,钼肥与氮、硼、镁、锌、硒等肥料的配合施用,其效果优于单独施用某种肥料。例如,钼锌混合喷施能够提升烤烟上部叶的叶面积、化学成分的协调性以及中性致香物质的总量,这对于改善烤烟上部叶片的物理性状和内在品质具有显著作用。

在烤烟生长过程中,钾肥的主要来源是硫酸钾。然而,由于钼酸根和硫酸根在植物吸收矿质营养过程中存在拮抗作用,因此硫肥的施用可能会对植物根系对钼的吸收产生抑制作用。这意味着在施用钼肥时,需要考虑到与其他肥料的相互作用,以避免潜在的养分吸收干扰。

此外,钼与磷两种元素在植物养分吸收、产量和品质等方面具有显著的协同作用。施钼和施磷均可以增加烟叶叶片的叶绿素含量,提高光合速率,并显著降低硝态氮含量,同时提高叶片可溶性蛋白质含量。这些效果在钼磷配合施用时更为显著。因此,在烟草中使用钼磷配施肥对于降低植烟中的硝酸盐含量、提高蛋白质含量具有显著效果。

值得注意的是,钼与硒的互作也可以提高作物的产量和品质。例如,钼硒互作可以增加小白菜的产量、钼硒含量累积量、可溶性糖和可溶性蛋白含量,并降低小白菜硝酸盐含量。在烟叶中,硒含量的增加不仅可以提高吸烟者的血硒含量,还可以降低卷烟中焦油的毒性,从而减轻卷烟对人体健康的危害。研究表明,钼、硒营养对烟叶的外观质量、内在成分以及安全性具有积极作用。在团棵期和打顶期同时喷施适量的钼和硒,可以提高烤后烟叶中的钾、香气物质和总糖含量,降低氯含量和含氮化合物,从而增加烤烟的产量和产值,有利于优质烤烟的生产。

八、植烟土壤硼肥丰缺诊断及矫正技术

硼,作为烟草生长不可或缺的微量元素,以硼酸(H_3BO_3)的形式被烟草植株所吸收。它在烟叶的细胞膜和细胞壁的形成与稳定,以及生理代谢过程中发挥着重要的调节作用。此外,硼还与氮、钙、钾等元素相互作用,共同影响着烟叶的产量和品质。

硼在烟株的生理生化过程中扮演着关键角色,它参与蛋白质代谢和生物碱的合成,同时还与果胶质的形成密切相关。当烟株缺乏硼元素时,会导致烟茎的疏导组织发育不良,节间缩短,顶芽出现萎缩,整株植物显得弱小,而烟叶则变得身份薄且易碎。相反,如果硼的施用过量,会造成植株扭曲变形,这将对烟叶的产量产生严重影响。

为了更深入地了解硼元素对烟叶的影响,科研人员进行了盆栽和田间试验研究。这些研究旨在明确不同梯度的土壤硼肥力如何影响烟叶中的氮、磷、钾含量,以及这些元素如何影响烟叶的农艺性状和抗氧化指标。这些研究为我们进一步确定土壤硼的丰缺指标和烟叶的诊断指标提供了坚实的理论基础。

（一）植烟土壤硼的丰缺指标和烤烟硼营养诊断指标

1.烤烟土壤硼丰缺指标和营养诊断

根据表4-3提供的数据,我们可以观察到土壤硼的丰缺临界范围主要集中在0.44~0.75 mg/kg之间。尽管诊断元素、比值、盆栽和大田试验以及不同部位之间存在一

些差异,但大多数临界指标都落在这个区间内。比如,烟草中的全硼含量和土壤中的钙硼比,作为衡量烤烟土壤有效硼临界值的关键指标,其临界值都指向了这一区间。

此外,与抗氧化系统酶和 MDA 值相关的土壤临界值也在 0.75 mg/kg 左右。这表明,在烤烟生长过程中,硼元素的适量供应与其抗氧化系统的功能密切相关。

通过分析烤烟中的氮、磷、钾等大量元素与土壤有效硼之间的关系,我们可以发现这些元素的临界值也主要集中在 0.44～0.75 mg/kg 这一范围内。结合前人的研究结果,我们提出烤烟的硼营养土壤临界值为 0.44～0.75 mg/kg。

在实际农业生产中,当土壤有效硼含量低于这一临界范围时,施用适量的硼肥可以促进烤烟对氮、磷、钾以及硼元素的积累,从而提高烟叶的产量和品质。相反,当土壤有效硼含量高于这一范围时,则无须额外施用硼肥,因为过多的硼肥可能会导致毒害作用并减少产量。

表 4-3　烤烟土壤有效硼临界值与营养诊断指标

考察指标	试验类型	年份	生育期	部位	土壤有效硼丰缺临界值	植物硼营养丰缺诊断值	备注
B 含量 /（mg/kg）	盆栽	2011	团棵期	地上部	1.16	10.2～12.5	
			打顶期	叶部	0.56	20.6～27.8	
				茎秆	–	–	
		2012	团棵期	叶部	–	–	
			打顶期	上部叶	1.0	40.2～49.6	
				中部叶	0.98	62.7～70.1	
				下部叶	0.98	65.1～71.2	
				茎秆	0.8	9.2～10.6	
	大田	2011	团棵期	叶部	0.42	24.1～30.3	
			打顶期	叶部	0.33	15.2～20.1	
		2012	团棵期	叶部	0.51	18.1～23.51	
			打顶期	叶部	0.44	20.8～25.6	
N 含量 /（mg/kg）	盆栽	2011	团棵期	地上部	–	–	
			打顶期	叶部	0.36～0.56	42.7～55.6	
				茎秆	0.56～1.16	40.2～48.5	
		2012	团棵期	叶部	0.73	32.4～37.8	

续表

考察指标	试验类型	年份	生育期	部位	土壤有效硼丰缺临界值	植物硼营养丰缺诊断值	备注
N 含量 / （mg/kg）	盆栽	2012	打顶期	上部叶	0.73～0.98	36.6～42.8	
				中部叶	0.75	29.1～35.2	
				下部叶	0.73～0.75	27.4～31.3	
				茎秆	0.98	14.7～17.8	
	大田	2011	团棵期	叶部	－	－	
			打顶期	叶部	－	－	
		2012	团棵期	叶部	0.38～0.7	40.5～47.5	
			打顶期	叶部	－	－	
P 含量 / （mg/kg）	盆栽	2011	团棵期	地上部	－	－	
			打顶期	叶部	－	－	
				茎秆	－	－	
		2012	团棵期	叶部	－	－	
			打顶期	上部叶	0.98	5.12～5.74	
				中部叶	0.73～0.8	2.35～3.01	
				下部叶	0.65～0.8	1.46～1.98	
				茎秆	0.73	1.32～1.89	
	大田	2011	团棵期	叶部	1.29	2.83～3.95	
			打顶期	叶部	0.61	1.23～1.47	
		2012	团棵期	叶部	0.44～0.7	3.15～4.92	
			打顶期	叶部	0.36	2.62～3.18	
K 含量 / （mg/kg）	盆栽	2011	团棵期	地上部	0.56	72.8～78.7	
			打顶期	叶部	0.26～0.36	54.3～64.9	
				茎秆	0.36～0.56	42.5～52.2	
		2012	团棵期	叶部	0.73～0.75	60.2～66.9	
			打顶期	上部叶	0.73	41.8～47.1	
				中部叶	－	－	
				下部叶	0.73	48.1～55.2	
				茎秆	－	－	
	大田	2011	团棵期	叶部	0.61	56.2～66.3	
			打顶期	叶部	1.29	40.1～46.9	
		2012	团棵期	叶部	0.38～0.44	36.4～43.6	
			打顶期	叶部	0.51	35.5～36.7	

考察指标	试验类型	年份	生育期	部位	土壤有效硼丰缺临界值	植物硼营养丰缺诊断值	备注
Mg/B 比值	盆栽	2011	团棵期	地上部	0.26～0.96	381～453	
			打顶期	叶部	-	150～255	
				茎秆	0.56～0.96	82.1～138.2	
		2012	团棵期	叶部	0.65～0.75	108～198	
			打顶期	上部叶	-	-	
				中部叶	-	-	
				下部叶	0.65～0.80	71.6～106	
				茎秆	0.65～0.75	108～169	
	大田	2012	团棵期	叶部	0.30～0.38	145～238	
			打顶期	叶部	0.30～0.38	155～249	
Ca/B 比值	盆栽	2012	团棵期	叶部	0.65～0.75	1112～1608	
			打顶期	上部叶	-	-	
				中部叶	0.8	362～415	
				下部叶	0.75	799～1056	
				茎秆	0.8	1123～1382	
	大田	2012	团棵期	叶部	-	-	
			打顶期	叶部	0.70	1400～1609	
抗氧化系统酶	盆栽	SOD	团棵期	叶部	0.75	37.4～97.8	
			打顶期	叶部	-	-	
		POD	团棵期	叶部	0.75	325～806	
			打顶期	叶部	-	-	
		CAT	团棵期	叶部	-	-	
			打顶期	叶部	-	-	
抗逆境指标	盆栽	MDA	团棵期	叶部	0.73～0.98	8.09～13.4	
			打顶期	叶部			

　　土壤养分的丰缺指标确实是科学施肥的关键,它对于作物的高产和优质至关重要。硼作为植物必需的微量元素之一,在植物生理生化过程中起着不可或缺的作用,从细胞结构到花粉管的生长发育,都离不开硼的参与。

　　本试验的研究结果进一步证实了土壤有效硼含量与烟株不同器官硼含量的正相关关系。当土壤有效硼含量在 0.46～0.75 mg/kg 的范围内时,烟叶中的硼含量会随着土壤有效硼的增加而增加。这表明,在这一范围内,土壤提供的硼能够满足烟株的生长需求。

　　然而,值得注意的是,大田试验和盆栽试验对于土壤有效硼的丰缺值存在差异。这可能是由于两种试验条件下土壤环境、植株生长状况等因素的不同所导致的。尽管如此,这些研究结果都与前人的结论相类似,即土壤有效硼的临界值在 0.4 mg/kg 左右。当土壤有效硼含量低于这一临界值时,烤烟会出现缺硼现象;而当土壤有效硼含量过高时,则可能导致烤烟叶片出现毒害现象。

此外,施用硼肥虽然有助于提高烟叶的硼含量,但供硼水平过高也会抑制其他养分的积累,不利于烟叶硼含量的进一步提高。因此,在施肥过程中,需要根据土壤有效硼的含量和烤烟的生长需求,科学合理地调节硼肥的施用量。

综合以上分析,我们可以得出结论:只有在保证土壤有效硼的供应水平在土壤硼的临界范围内,并结合合理科学的施肥措施,才能有效地提高烟叶的产量和品质。这为我们在实际生产中制定科学的施肥方案提供了重要的理论依据。

2.烤烟硼营养诊断指标

土壤有效硼临界值与烟叶硼临界含量之间的关联性是烤烟营养诊断中的核心指标。尽管对烟叶硼临界值的研究尚未形成定论,但已有一些研究为我们提供了参考范围。陈江华等从烟叶整体角度出发,指出我国优质烟叶的硼含量应在14.00～31.06 mg/kg 之间,而正常范围的硼含量为 12.60～55.62 mg/kg。当烟叶中的硼含量低于或高于这个范围时,会表现出硼缺乏或毒害的症状。

在本试验条件下,当土壤有效硼含量达到临界水平 0.44～0.75 mg/kg 时,对应的烤烟烟叶硼含量在团棵期为平均值 15.7 mg/kg,打顶期上、中、下部叶的平均值分别为34.6 mg/kg、45.8 mg/kg、51.6 mg/kg。这些数值与前述研究结果相一致,进一步证实了土壤有效硼含量与烟叶硼含量之间的正相关关系。

然而,需要注意的是,由于试验条件、地域海拔、气候、降雨量、土壤酸碱性等因素的差异,不同学者的研究结果可能会存在差异。因此,在实际应用中,我们需要综合考虑各种因素,结合当地的实际情况,制定科学的施肥方案。

综合现有研究结果,当烟叶硼含量低于 15.7 mg/kg 时,可以认为烤烟存在硼缺乏的情况,此时需要补施一定量的硼肥。通过合理调节土壤有效硼的供应水平,配合科学施肥措施,可以有效提高烟叶的产量和品质,为烤烟生产的可持续发展提供有力支持。

（二）土壤硼肥力和施用硼肥对烤烟养分吸收的影响机制

土壤硼的供应与烤烟中氮、磷、钾、钙等元素的吸收和积累密切相关。众多研究已经揭示了这一点,并且本试验的结果也进一步证实了这些关系。缺硼会导致烤烟植株蛋白质态氮减少,硝态氮的吸收能力下降,这表明硼在氮代谢中起着重要作用。随着土壤有效硼含量的增加,烤烟各部位氮含量呈现出先增后减的趋势,临界值出现在0.56～0.75 mg/kg。这表明适量的硼可以促进烤烟对氮的吸收和积累。

此外,硼对磷的吸收和转运也有重要影响。缺硼不仅抑制植物对磷的吸收,还阻碍磷在植物体内的转移。本试验结果显示,随着土壤有效硼含量的升高,烤烟磷含量也呈现先增加后减少的趋势,丰缺值出现在 0.73～0.8 mg/kg。这意味着在适当的硼浓度下,烤烟对磷的积累达到最大值。

钾是植物必需的大量元素之一,与硼的关系也备受关注。据报道,硼和钾两种元素能够相互促进其吸收。本试验结果显示,在低硼土壤条件下,烤烟钾含量随着土壤硼含量的增加而增加,但当土壤有效硼含量超过临界值 0.75 mg/kg 时,过量的硼会抑制烤烟对钾元素的吸收。这表明硼和钾之间存在协同作用,但过量的硼会破坏这种协同作用。

钙和镁是植物必需的中量元素,与硼的关系也较为复杂。土壤有效硼含量的高低直接影响到烤烟不同时期和器官中钙和镁的含量。镁硼比和钙硼比是衡量烤烟烟叶硼含量丰缺的重要指标。本试验结果显示,土壤有效硼含量的增加显著降低烤烟中镁硼比和钙镁比,丰缺值在 0.75~0.8 mg/kg 之间。这表明在适当的硼浓度下,硼能够促进镁的吸收而抑制钙的吸收;但当土壤有效硼高于丰缺值时,这种趋势变得不明显甚至呈反趋势。这可能与硼与钙之间的拮抗作用有关。

(三)烤烟对土壤硼肥力和施用硼肥的反应机制

硼作为烟草生长过程中不可或缺的微量元素,其在烟草的生理代谢中扮演着重要角色。硼不仅参与蛋白质的合成和运输,还影响生物碱(如烟碱)的合成,以及与钾、钙等元素的相互作用。这些作用直接关系到烟叶的产量和品质,显示出硼在烤烟生产中的重要性。

特别值得一提的是,硼对烤烟的活性氧代谢有着显著影响。活性氧是植物体内代谢过程中产生的具有强氧化性的物质,如果积累过多会对细胞造成损伤。而 SOD 作为植物氧代谢的关键酶之一,能够清除作物体内的超氧阴离子自由基,将其还原成双氧水(过氧化氢),从而保护细胞膜免受活性氧的攻击。本试验的研究结果表明,随着土壤有效硼含量的增加,烤烟团棵期 SOD 酶活性呈现先升高后降低的趋势。这表明在硼含量较低时,烤烟体内的活性氧含量逐渐增加,而随着硼含量的增加,烤烟的缺硼状况得到缓解,活性氧含量得以降低,进而 SOD 酶活性也随之下降。

此外,MDA 作为植物体内自由基作用于脂质发生过氧化反应的产物,其含量可以用来衡量膜脂的过氧化程度。本试验还发现,当土壤有效硼含量较低时,由于烟株缺硼导致的细胞质膜脂质过氧化反应更剧烈,导致 MDA 含量的显著上升。而施用硼肥则能够有效降低烤烟烟叶中 MDA 的含量,说明施硼能够改善烟株的抗逆性和抗衰老能力。

(四)植烟土壤硼丰缺指标及烟叶诊断指标的确定

通过系统的试验研究,我们明确了植烟土壤中硼的丰缺指标以及烟叶对硼的诊断指标,为优化烤烟生产提供了科学依据。以下是我们的主要发现:

(1)烤烟对硼的积累规律:在烤烟生长过程中,团棵期对硼的积累量高于打顶期。在打顶期,不同部位烟叶的硼含量呈现出下部叶>中部叶>上部叶>茎的规律。土壤有效硼含量对烤烟硼元素的吸收量有显著影响,随着土壤硼含量的增加,各时期各器官的硼含量均表现出先增加后减少的趋势。盆栽和大田试验均证实,土壤硼的丰缺值为 0.44~0.75 mg/kg。

(2)硼对烤烟氧化还原系统的影响:土壤有效硼含量的增加能够显著提升烤烟中的 SOD 含量,并降低 POD 含量。这表明硼在调节烤烟氧化还原系统中发挥着重要作用。此外,施用硼肥能够显著降低团棵期烟叶中的 MDA 含量,表明硼肥能够提高烤烟的抗逆性和抗衰老能力。

(3)硼对烤烟氮素吸收的影响:在烤烟生长过程中,团棵期氮素的积累速度较打顶期快。不同部位的氮含量也呈现出上部叶>中部叶>下部叶>茎的规律。当土壤有效硼含量低于 0.44 mg/kg 时,烟叶氮含量随土壤硼含量的增加而增加;然而,当土壤有效硼含量超出这一范围时,会抑制烟株对氮的吸收和利用。

(4)硼对烤烟磷素营养的影响:烤烟磷素营养主要集中在团棵期,打顶期为辅。新叶对磷的需求较高,而老叶为辅。团棵期烟叶和茎中的磷含量均随土壤有效硼的增加而先升高后降低。施用硼肥能够促进烤烟特定部位磷含量的增加。

(5)硼对烤烟钾素吸收的作用:施用硼肥能够促进烤烟叶部和茎对钾元素的积累。在烤烟体内,钾含量呈现出团棵期>打顶期,下部叶>中部叶>上部叶>茎的变化规律。随着土壤有效硼含量的增加,烤烟钾含量先增加后降低,在土壤有效硼含量为 0.75 mg/kg 时达到最大值。

(6)硼对镁、钙吸收的影响:在一定范围内增加土壤有效硼含量会促进镁在烤烟中的积累,同时抑制团棵期烤烟对钙的吸收和利用,并降低打顶期钙在茎部的含量。此外,施用硼肥能够显著降低烤烟团棵期和打顶期烟叶中的 Mg/B 和 Ca/B 比值。

九、植烟土壤锌肥丰缺诊断及矫正技术

锌是烟叶生长发育中不可或缺的微量营养元素,对烟叶的干物质积累、产量以及品质的形成具有显著影响。当土壤中的有效锌含量处于适宜水平时,能够积极调节并促进烟叶的光合作用,增强光合产物的合成、代谢和运转效率。这样的环境条件下,烟株通常展现出健壮的生长态势,烟叶的香气质、香气量得到明显改善,同时减少杂气和余味的产生,从而提升烟叶的整体品质。

然而,当土壤中的有效锌含量不足时,烟株的生长会受到明显的抑制。具体表现为烟株生长缓慢,植株变得矮小,节间缩短,叶片变小,甚至出现顶部叶片簇生和下部叶片大量坏死斑的现象。这些症状都是锌缺乏的典型表现,严重影响了烟叶的产量和品质。

相反,当土壤中的有效锌含量过量时,也会对烟株的生长产生负面影响。过量的锌会阻碍根系的正常发育,导致烟叶上出现褐色斑点和坏死现象。这种情况下,虽然烟株可能仍然具有一定的生长量,但烟叶的品质会受到严重损害,降低其市场价值。

因此,为了保持烟叶的健康生长和高品质,必须确保土壤中有效锌的含量处于适宜范围内。这需要通过合理的施肥措施和土壤管理来实现,以确保烟株能够获得充足的锌营养,同时避免锌的缺乏或过量。在实际生产中,可以通过土壤测试来确定土壤中有效锌的含量,并根据测试结果进行相应的施肥调整,以满足烟株的生长需求。

(一)植烟土壤锌的丰缺指标和烤烟锌营养诊断指标

1.烤烟土壤有效锌的丰缺指标

通过本试验研究,确定的土壤有效锌临界值区间范围为 1.70~1.90 mg/kg。同样,由 N/Zn、P/Zn 比值所对应的土壤有效锌临界区域分别为 1.71~1.90 mg/kg 和 1.57~1.90 mg/kg。此外,我们还可以通过探究不同锌水平和施加锌肥对烤烟氮、磷、钾吸收的影响来确定土壤锌的丰缺指标,其临界区域均集中在 1.70~1.90 mg/kg。综合分析,可以确定烤烟土壤锌的丰缺指标的临界值为 1.70~1.90 mg/kg,在土壤的基础理化性质相近的条件下,若土壤有效锌含量低于 1.70 mg/kg,说明该植烟土壤锌肥力不够充足,

需适时适量地增施一定量的锌肥;若土壤有效锌含量高于 1.90 mg/kg 时,则表明该植烟土壤有效锌较为充裕,能够满足烤烟生育期对锌的需求,无须施加锌肥。

通过本试验研究结果发现,随着土壤有效锌含量的增加,烤烟团棵期、打顶期不同部位的锌含量均呈先增加后降低的变化,土壤有效锌的临界值为 1.70~1.90 mg/kg。当植烟土壤中的有效锌含量低于 1.70 mg/kg 时,烤烟不同时期各部位锌含量随土壤有效锌含量的增加而增加,而当土壤有效锌含量超过这一阈值后,各部位锌含量则表现出一定程度的下降,因此,可以判定该区间即为烤烟土壤有效锌的临界区间。

许多专家学者深入研究了土壤的供锌水平、施锌量与烟叶各部位锌含量的关系。赵传良的研究揭示,适量施加锌肥能显著提高烤烟中上等级烟叶的比重和产值。然而,锌肥过量会导致比重下降,这表明锌肥的使用需要精确控制。杨波等人的研究则发现,土壤有效锌含量在 1.96 mg/kg 时最有利于烤烟生长,低浓度促进生长,高浓度则抑制生长。这与本研究的结果不谋而合,即土壤有效锌含量的阈值在 1.70~1.90 mg/kg 范围内时,烟草生长最为理想。这强调了保持土壤锌含量在适宜范围内对于提高烟叶产量和产值的重要性。

进一步地,研究还显示,当土壤有效锌含量低于 0.5 mg/kg 时,大多数作物会出现缺锌症状,0.5~1 mg/kg 被认为是临界区域。然而,不同作物对锌的需求存在差异。例如,在小麦上,当土壤中有效锌的施用量超过 1.05 mg/kg 时,虽然对茎、叶和颖壳的生物量改善作用不明显,但可能会导致千粒重和籽粒生物量的下降。这意味着对于小麦而言,锌肥的施用需要更加精细的管理。董心久等人的研究还发现,在一定范围内,随着锌离子浓度的增加,小麦的千粒重呈上升趋势,但超过 6 mmol/L 后则开始下降。

在玉米上,当土壤有效锌含量在 1 ppm 以上时,玉米能正常生长;而在 0.6~1 ppm 范围内时,玉米可能会部分失绿。在北方玉米种植区,褚天铎的研究指出,当土壤有效锌含量低于 0.6 mg/kg 时,玉米会出现缺锌症状。水稻方面,当锌离子的活度达到 10.3 时,水稻籽粒的含锌量达到最高。而在菲律宾,水稻锌的临界值被确定为 1 mg/kg,低于 0.1 mg/kg 时水稻容易出现缺锌症状。对于精米而言,李志刚的研究表明,随着土壤供锌水平的提高,精米中的锌含量呈上升趋势,但在供锌水平达到 32 μmol/L 时,增幅并不显著。

2.烤烟锌营养诊断指标

烤烟土壤有效锌的临界值所对应的营养诊断,在打顶期中部叶上的表现最为稳定和具有实践指导意义。在界定土壤有效锌的临界范围时,中部叶的诊断指标为:锌含量 79.57~90.64 mg/kg,磷含量 2.43~2.56 mg/kg,钾含量 40.52~44.64 mg/kg,以及 N/Zn 比 389.70~421.56 和 P/Zn 比 25.72~28.99。中部叶在烤烟中通常具有最佳的口感、风味和香气,因此,以其为基准进行营养诊断更具代表性。在类似本试验的种植条件下,通过采集烤烟打顶期的中部叶,分析其锌、钾、磷含量以及 N/Zn 比和 P/Zn 比等指标,结合土壤测试和植株形态观察,可以全面评估土壤中锌元素的缺乏状况。这种方法不仅为判断烤烟是否缺锌提供了依据,还有助于提高锌肥的利用率,为提升烤烟质量提供坚实保障。

土壤有效锌的临界值是评估烤烟营养状态的关键指标之一。然而,关于烟叶锌含量的临界值,目前研究尚未得出一致结论。研究表明,随着烟叶部位上升,其锌含量平均值呈现上部叶 > 中部叶 > 下部叶的趋势。在本试验条件下,当土壤有效锌含量达到 1.70～1.90 mg/kg 的临界水平时,对应的烤烟烟叶锌含量分别为团棵期叶部 51.89～74.02 mg/kg、茎部 48.03～57.07 mg/kg,打顶期上、中、下部叶及茎部依次为 69.70～82.67 mg/kg、68.56～96.03 mg/kg、83.07～101.62 mg/kg、43.47～60.75 mg/kg。然而,由于试验条件如土壤质地、气候条件、病虫草害、降雨量、土壤酸碱性等的差异,不同学者的研究结果存在一定差异。但总体而言,当土壤有效锌含量低于 1 mg/kg 时,表明土壤锌含量较低,需适当补充锌肥以满足烤烟的生长需求。

综合盆栽与田间试验的研究结果,我们确定了烤烟土壤有效锌的临界区间为 1.70～1.90 mg/kg。当土壤中的有效锌含量低于这一阈值时,表明土壤中锌元素相对缺乏,此时补充锌肥是至关重要的。根据植物营养学的最小养分律原理,土壤有效锌含量成为限制烤烟生长的关键因素。因此,在锌含量低于临界值时,施加适量的锌肥有助于提升烤烟的农艺性状、增加植株的锌含量,并促进对其他矿质元素的吸收和累积。然而,一旦土壤有效锌含量达到或超过临界阈值,继续增加锌肥可能会导致锌肥的浪费,严重时甚至对烤烟产生毒害作用。过高的有效锌含量会使烟草生长缓慢,茎秆变硬,叶片发黄,并可能引发其他矿质元素成为生长的限制因子,进而影响烤烟的正常生长和养分吸收。此外,由于土壤溶液中养分离子的相互作用,增加土壤有效锌含量还可能降低阳离子的吸附量,影响烤烟对与锌离子半径相近的其他离子的吸收。因此,为了最大化土壤养分的利用效果,我们应当确保土壤有效锌含量维持在临界范围左右。

(二)烤烟对土壤锌肥力和施用锌肥的反应机制

锌作为烤烟光合作用中的关键矿质元素,对烤烟的碳氮代谢和干物质积累具有直接而重要的影响。锌不仅参与烤烟生长过程中的各种生理反应,还对烤烟的农艺性状,特别是株高,产生显著影响。在本试验条件下,随着土壤有效锌含量的增加,烤烟的株高、干重、叶片数以及叶宽均展现出抛物型的变化趋势。当土壤有效锌含量达到约 1.70 mg/kg 时,烤烟的各项生长发育指标均表现出较优的状态。然而,随着土壤中锌施用量的进一步增加,植株的生长开始受到抑制,生物量也相应降低。这表明,只有当土壤中的有效锌含量维持在一个适宜的范围内时,才能最有利于烤烟的生长发育。因此,合理调控土壤有效锌含量对于优化烤烟的生长和提高其产量及品质至关重要。

(三)土壤锌肥力和施用锌肥对烤烟养分吸收的影响机制

氮是烤烟生长过程中不可或缺的大量元素之一,而钾则是影响烤烟品质的关键因素。已有大量研究探讨了土壤锌供应与烤烟氮、磷、钾之间的关系。在本试验条件下,随着土壤有效锌含量的逐渐增加,烤烟各部位的氮含量和磷含量整体呈现出先升高后下降的趋势。同样,打顶期上部叶和茎中的钾含量也展现出先升高后下降的变化规律。

在本试验条件下,土壤有效锌含量及锌肥的施用对烤烟磷含量具有显著影响。随着土壤有效锌含量的增加,烤烟磷含量呈现出先增加后下降的变化趋势。这主要是由于磷和锌之间存在复杂的交互作用。磷是烤烟生长过程中不可或缺的重要矿质营养元素。众多研究表明,磷和锌之间存在明显的交互作用,即锌的吸收会对磷的吸收产生影响。通常,在低浓度时,锌对磷的吸收起促进作用,而在高浓度下则会产生抑制作用。当土壤中的有效锌含量低于某一阈值时,烤烟对磷的吸收会随着土壤锌水平的升高而增加。然而,当土壤锌水平超过某一阈值后,烟株对磷的吸收量则会随着锌水平的升高而下降。尽管有研究发现增施磷肥对烤烟的锌含量没有影响,即使 P/Zn 比值升高,也未出现缺锌症状。但在本试验条件下,烤烟在不同生长时期和不同部位对锌的吸收含量随着土壤有效锌水平的变化而变化,这进而影响了烤烟对磷元素的吸收,使得烤烟对磷的吸收呈现出上述的变化规律。

土壤有效锌含量对烤烟各部位钾含量的影响亦不容忽视。随着土壤有效锌含量的增加,烤烟的钾含量呈现出逐渐增加的趋势。在本试验条件下,当土壤有效锌含量低于某一范围时,烤烟的钾含量会随着土壤有效锌的增加而相应提升。然而,当土壤有效锌含量达到或超过某一阈值后,钾含量的增加则趋于平缓,甚至不再显著上升。这一现象表明,在土壤锌含量处于适宜范围内时,能够有效促进烟株对钾的吸收和利用。此外,有研究在甜菜上发现,锌和钾都对甜菜干物质的积累产生影响,但相较于单独使用,二者混合施用的效果更佳。这一发现进一步证实,增施锌肥有助于提升烤烟对钾的吸收,显示出锌元素与钾元素之间存在协同作用。

(四)植烟土壤锌丰缺指标及烟叶诊断指标的确定

通过试验研究,我们明确了植烟土壤锌丰缺指标及烟叶诊断指标,具体如下:

(1)在特定的土壤锌肥力范围内,部分烤烟部位的锌含量随着土壤有效锌含量的升高而增加。本试验条件下,湖北烟区土壤有效锌的临界范围被初步确定为 1.70～1.90 mg/kg。当土壤有效锌含量低于此临界值时,施用锌肥能显著提高烤烟的锌含量。

(2)随着土壤有效锌含量的增加,烤烟各部位的 N/Zn 和 P/Zn 比值显著降低。临界值对应的土壤有效锌含量为 1.60～1.90 mg/kg。施用锌肥能显著降低烤烟不同生长时期和不同部位的 N/Zn 和 P/Zn 比值。在团棵期,烤烟各部位的 N/Zn 比值在 536～581 之间较为适宜;对于打顶期的上部叶、中部叶、下部叶以及茎部,N/Zn 比值的合适范围分别为 516～593、390～422、193～208 和 189～191。团棵期各部位的 P/Zn 比值在 19～35 之间较为适宜;对于打顶期的上部叶、中部叶以及下部叶,P/Zn 比值的合适范围分别为 50～54、26～29、11～12。

(3)随着土壤有效锌含量的增加,烤烟各部位的氮含量、磷含量和钾含量均呈现出先上升后下降的二次曲线关系。对应的烤烟土壤有效锌临界阈值为 1.70～1.90 mg/kg。

(4)不同锌肥力的土壤对烤烟生长有显著影响。随着土壤有效锌含量的提高,对烤烟农艺性状的影响不尽相同,规律不明显。然而,土壤有效锌含量的增加却能显著提高烤烟的株高。

(5)在进行烤烟烟株的营养诊断时,打顶期的中部叶被认为是最佳的采样部位。烟株营养诊断指标以烤烟的锌含量、磷含量、钾含量、N/Zn 和 P/Zn 等作为主要参考依据。

第五章 植烟土壤连作障碍消减技术

第一节 连作障碍现状分析

一、连作障碍

随着社会的高速进步,我国的人口持续增长,生活水平也在稳步提升。因此,农产品需求日益加大,规模化和专业化的作物生产组织不断涌现,为农作制度的改革带来了前所未有的挑战。这种背景下,同一田块连续多年种植同一种作物或同一种复种方式变得不可避免。然而,这种做法导致了作物减产和土壤中病虫害泛滥的现象,被称为连作障碍。连作障碍随着栽培年限的延长而日趋严重,对农业可持续发展造成了严重的制约。

连作障碍是指在同一块地里连续种植同种作物或同科作物两茬以上,导致植株长势变弱、产量和品质下降的现象。在我国,人均耕地面积较少,同时受经济利益、气候和其他栽培条件的影响,轮作制度难以合理安排,导致经济作物连作现象普遍。例如,黑龙江省大豆连作 3 年以上的面积占大豆种植总面积的 60%,连作 1 年期、2 年期和 3 年期的大豆产量分别下降 10%~15%、15%~20% 和 20%~30%。同样,花生也是重要的经济作物,连作会导致减产 8%~32%,品质下降。在山东省,花生连作现象十分严重,每年有 14 万公顷的花生连作田,占全省总种植面积的三分之一。

此外,连作障碍还影响了其他作物的生产。例如,甜瓜连作后,幼苗生长受到抑制,植株光合作用受阻,果实口感变差。水稻长期连作会导致土壤中氧气稀缺,影响微生物生长,进而引发水稻产量下滑。大麦连作后会出现种子发芽率低、产量减少、病虫害增多和土壤理化性质恶化等问题。在云南省文山州广泛种植的三七,随着种植年限的增加,土壤中检测出的病原菌种类越多,减产现象越严重。同样,丹参连作也会导致枯苗率上升、植株萎蔫和大幅减产等问题。

二、连作障碍对烤烟的影响

烟草也面临着严重的连作障碍现象。研究表明,连作对烤烟的产量和品质产生了深远的影响。与轮作相比,连作导致烤烟的田间长势、产量、产值和外观质量均明显下降。具体来说,连作的产量仅为轮作的 59.12%,产值更是降低到轮作的 29.93%。此外,连作还导致中上等烟的比例下降到轮作的 52.07%,均价也仅为轮作的 50.6%。在化学成分方面,连作烟叶中的致香物质含量通常低于轮作烟叶。更为严重的是,连作还导致烤烟的黑胫病和赤星病的发病率显著上升。

(一)连作对烤烟生长的影响

连作障碍不仅影响烤烟的各项农艺性状,还对其生长发育、产量和质量产生不同程度的负面影响。随着连作年限的增加,这些不良影响呈现加重的趋势。长期连作导致烤烟生长速度减缓,烟株变得瘦弱,成熟度降低。此外,连作还使烤烟进入团棵期、旺长期和现蕾期的生育时间推迟,同时烟株的株高、茎粗、节间距和腰叶面积等农艺性状也变差。晋艳等人的研究发现,在肥力充足的情况下,连作仍然导致烤烟的各项农艺指标降低。赵凯等人对典型连作烟区的调查也显示,烤烟连作 3 年以上会显著影响烟叶的外观和内在质量,这主要体现在中上等烟的比例、烟叶的烟碱、还原糖、钾含量以及施木克值、糖碱比和钾氯比等重要化学指标上。长期连作还会导致烟叶叶绿体内活性氧清除系统的功能下降,从而抑制膜脂化过氧化物和蛋白质的合成,最终影响叶片的光合速率。张继光等人的研究进一步表明,不同的种植模式对烟叶的经济性状有显著影响,连作会导致烟叶的等级结构、均价和产值大幅下降。关广晟等人对烤烟连作与烤烟 – 水稻轮作下的烟叶化学成分含量进行的研究也表明,连作下烟叶中的总糖、还原糖、钾等含量均低于轮作。因此,农业生产中的连作现象严重影响了烤烟的产量和品质,给优质烤烟的生产带来了严峻的挑战。

(二)连作对烟田土壤理化性质的影响

土壤团聚体是土壤结构的基础,对土壤肥力的保持起着重要作用。轮作能增加土壤团聚体的数量,而连作则导致土壤结构单一,团聚体数量下降,同时土壤黏粒数量却大幅度增加。王鑫对黄土高原沟壑区烟田土壤的研究发现,新种植的烟草烟田表层土壤的腐殖酸含量以松结态为主,但连作 5 年后表层土壤的腐殖酸转变为稳结态。查宏波等人的研究也表明,连作烟田在移栽前、旺长期和采烤前的土壤容重和孔隙度均低于其他处理。在对烟稻轮作和烤烟连作的比较试验中,烟 – 稻轮作处理的土壤团聚体粒径显著高于连作处理。此外,连续多年种植烤烟还会导致土壤养分分布不均衡。王棋等人的研究发现,与正茬相比,烤烟连作 2 年土壤养分含量变化不明显,但当连作 3 年时土壤有机质含量开始下降,尤其是连作 5 年后有机质含量的下降尤为显著。与轮作相比,烤烟连作 5 年和 10 年土壤中有机碳含量分别降低了 8.1% 和 28.2%。贾健在对连作烟田土壤养分的研究中也发现,与轮作相比连作烟田的土壤速效磷含量最高但有机质、碱解氮和速效钾的含量则不断降低导致烟田养分严重失衡。此外梁文旭等人的研究还指出烤烟连作下根系分泌物中的有机酸如乙酸、丁酸、水杨酸和阿魏酸在土壤中不断积累导致土壤 pH 值下降。同时连作下土壤环境系统相对封闭农民为了追求最大产出过量使用化肥导致土壤中化肥一直处于过剩的状态盐分在土壤中的累积造成次生盐渍化现象进而导致烤烟生长过程中微量元素缺乏。

（三）连作对烟田土壤微生物的影响

大量研究表明连作会导致土壤微生物群落结构平衡被破坏土壤质量不断下降从而造成地上部分植物减产或绝收。郭利等人对不同种植模式下烟田土壤微生物进行分离培养后发现烤烟连作 2 至 10 年土壤细菌数量逐年增加但当连作超过 10 年后细菌数量会呈现大幅度下降的趋势。与此同时固氮菌和放线菌数量则随着连作年限的增长而不断增加。此外连作下土壤微生物多样性指数和均匀度也呈现出降低的趋势。烤烟长期连作还会导致土壤微生物群落发生改变土壤由细菌型向真菌型转化土壤肥力恶化、质量下降土壤健康遭到严重破坏。随着连作年限的增长病原微生物数量增加剧烈它们在土壤中占主导地位的同时自毒物质也大量积累导致烤烟土传病害急剧增加产量和品质急剧降低。此外暖绳菌科、棒状杆菌科等菌群活动对连作土壤的营养代谢有强烈影响，会导致烟田致病菌增多。连作对土壤微生物结构和多样性的显著影响已被广泛认可。然而，我们必须意识到，影响土壤微生物的因素远不止连作这一项。根际环境、植物种类，以及微生物间的互作等因素同样对土壤微生物群落产生深远影响。这些因素对土壤微生物群落的影响机理、影响过程，以及影响程度等都有待进一步的研究。

土壤胞外酶，作为土壤生态系统中不可或缺的一环，对土壤内部发生的各种生化反应起到关键的催化作用。它的活性直接关系到土壤养分的储备与供应能力，是评估土壤养分转化效率和代谢水平的关键指标。简而言之，土壤胞外酶的活性是土壤生物活力和健康水平的直接体现。

在农作物连续种植的过程中，土壤中的多种酶，如脲酶、过氧化氢酶、蔗糖酶、蛋白酶和磷酸酶等的活性，都会发生显著的变化。这些变化不仅影响土壤正常的生理生化过程，还直接关系到农作物的生长和产量。

古战朝在重庆川渝中烟科技示范园的研究发现，短期连作(3 年)会使土壤酶活性达到高峰，随后随着连作年限的增加，酶活性逐渐降低。而于宁等人的研究也显示，连作会导致烟田土壤中多种酶的活性明显降低。

蔡艳秋在贵州省的烤烟连作研究中，进一步揭示了不同土壤胞外酶活性在连作过程中的复杂变化。例如，脲酶的活性在连作 5 年和 10 年后，分别是连作 3 年的 1.74 倍和 1.55 倍。蔗糖酶的活性则随着连作时间的延长先下降后上升，其中连作 3 年的活性最高。而过氧化氢酶的活性在连作 10 年时达到顶峰，是连作 3 年的 1.92 倍。

可见，连作障碍是农业生产中普遍存在的现象。连作导致作物生长不良、病虫害发生、产量和品质下降，已成为我国农业生产实践的一个严重问题。

三、烟草连作障碍现状

烟草作为我国的重要经济作物，对国家的经济发展起着举足轻重的作用。然而，连作已成为制约烟草产业可持续发展的关键因素。由于长期的连作,烟区土壤出现退化现象,导致土壤生产力严重下降,病害频发,烟叶产量降低,质量变劣。这些问题不仅影响了烟农的经济收入,也对国家烟草产业的健康发展构成了威胁。

为了解决烟草连作障碍,国家烟草专卖局提出了发展现代烟草农业的战略方针,强调规模化、集约经营、专业化分工和信息化管理。然而,受土地资源和水利条件的限制,实现合理轮作倒茬在实际操作中困难重重。

当前,烟草连作障碍已成为制约产业发展的重要瓶颈。我们必须正视这一问题,加大科研投入,探索有效的解决策略。例如,通过研发新型土壤改良剂、优化施肥方案、引入抗病品种等措施,来改善土壤环境,提高土壤肥力,降低病害发生率。同时,也需要加强政策支持,引导烟农转变种植观念,推广轮作制度,确保烟草产业的健康、可持续发展。

(一)湖北烤烟连作现状

调查数据揭示,湖北地区植烟土壤连作现象极为严重。具体而言,连作 3 年以上的植烟面积占比高达 76.39%,连作 5 年以上占比 31.67%,连作 10 年以上占比也不容忽视的 24.57%。随着连作年限的增加,植烟土壤的多项关键指标均呈现不利变化。

首先,化感物质的含量呈现明显的增加趋势。连作 3 年后,土壤中邻苯二甲酸、对羟基苯甲酸、苯甲酸、3- 甲氧基 -4- 羟基苯甲酸以及对苯二甲酸的含量分别增加了 93.61%、103.03%、93.13%、107.17% 和 79.24%。这些化感物质的积累可能对土壤生态和作物健康产生负面影响。

其次,植烟土壤的容重也呈现增加趋势,增加了 0.05 g/cm³,这可能导致土壤结构紧实,影响土壤通气性和水分保持能力。

更为严重的是,随着连作年限的延长,土壤 pH 值呈现下降趋势,降低了 0.27 个单位。土壤酸化不仅影响土壤养分的有效性,还可能加剧土传病害的发生。

此外,连作还导致土壤微生物数量和种群丰度下降,土壤碳源利用活性降低,土壤酶活性下降。这些变化进一步削弱了土壤的生物学活性和养分转化能力,对烟叶产量和质量构成严重威胁。

具体来说,连作 3 年后,烟叶产量下降了惊人的 31.02%。这一数字不仅反映了连作对烟叶产量的直接影响,也揭示了连作对烟草产业可持续发展的潜在威胁。

(二)湖北烤烟连作对土壤的影响

1.土壤酸化趋势明显

根据 2012 年的调查结果,湖北烟区土壤的 pH 值变幅较大,平均为 6.2,属于弱酸性土壤。在调查的烟区中,有 30.3% 的土壤 pH 值处于最适宜的范围(5.5～6.5),而 47.9% 的土壤 pH 值处于适宜范围(5.0～5.5,6.5～7.5)。然而,恩施州、宜昌市、十堰市和襄阳市等地存在大面积的酸性土壤,其中 pH 值低于 5.5 的面积分别占总调查面积的 37.7%、29.8%、21.6% 和 5.1%。与 2002 年的数据相比,恩施州、宜昌市和襄阳市的酸性土壤面积分别增加了 26.1、5.8 和 3.3 个百分点。这表明湖北烟区的土壤酸化问题日益严重,特别是在恩施州等地,近 10 年的酸化趋势最为明显。地处鄂西北平原的襄州区植烟土壤的酸化状况也不容忽视,pH < 5.5 的酸性土壤面积增加了 22.8 个百分点,土壤平均 pH 值降低了 0.7 个单位。

2.土壤环境恶化

酸化后的土壤板结严重,通透性能下降,非活性孔隙率上升,使得土壤的物理状况恶化。在长期连作和土壤环境变化的影响下,土壤微生物的种群结构和数量发生了显著变化,表现为微生物整体数量减少、微生物种群丰度下降、土壤酶活性降低。这些变化导致植物根际环境中有害物质的降解速率降低,有害物质积累增加,从而引发烟株自毒现象,影响植株的正常生长。

3.土壤养分失衡

2012 年调查结果显示,湖北省烟区土壤有机质含量变幅为 1.5~68.4g/kg,平均值为 24.5 g/kg,属于中等偏上水平,但与 2002 年相比,十堰市、宜昌市、襄阳市和恩施州等地的植烟土壤平均有机质含量分别降低了 4.5 g/kg、2.4 g/kg、7.9 g/kg 和 5.5 g/kg。同时,土壤速效磷和速效钾含量分别提高了 16.6mg/kg 和 87.5mg/kg,增幅分别为 115% 和 57.7%。这表明土壤中磷、钾等营养元素大量积累,而有机质含量下降,导致养分利用率降低。长期连作使得部分营养元素如 P、K 等大量累积,同时有机质含量下降和微量元素亏缺,进一步加剧了土壤养分比例的失调和供肥能力的失衡。

(三)土壤连作障碍原因分析

作物连作障碍是一个复杂的现象,其发生并非单一因素导致,而是"作物－土壤"两个系统相互作用的综合结果。从多年的研究中,我们可以总结出以下几个主要原因:

1.土壤养分失衡

土壤是作物生长的重要基础,如果其性质发生恶化,不仅会引发连作障碍,还会对作物的生长发育产生严重影响。长期在同一块土地上连续种植同一类作物,由于作物对土壤营养元素的非均衡吸收,可能导致某些关键元素的缺失。若这些元素得不到及时补充,将造成土壤养分失衡,进一步导致作物生长缓慢、长势不佳,以及产量和品质的显著下降。特别是当微量元素缺乏时,可能引发作物生育障碍,降低其抗逆能力,从而增加病害发生的可能性。此外,研究还显示,某些营养元素之间存在拮抗作用,如氮、磷肥过量可能会降低钙、硼、锌等养分的有效性。尽管增加肥料施用量是一种常见策略,但其效果往往并不明显。有观点指出,土壤养分下降并非连作障碍的主要成因,因此,我们需要更全面地理解并解决连作障碍问题。

2.土壤微生物区系的变化

土壤,作为陆地生态系统中微生物种类最为丰富的场所,拥有数量庞大、代谢旺盛且繁殖迅速的微生物群体。这些微生物在土壤有机质的矿化、腐殖酸的形成与分解、植物营养的转化以及土壤污染修复等多个方面扮演着至关重要的角色。在正常情况下,土壤中的有益微生物种类和数量占据绝对优势,有效抑制病原微生物的生长。然而,当某种作物长期连作时,作物与微生物之间的相互作用会导致土壤微生物区系发生显著变化。这种变化表现为有益微生物的生长受到抑制,而有害微生物则大量繁殖,从而破坏了微生物群落的平衡。这种平衡的破坏不仅导致病害频发,还严重影响了植物的正常代谢和生长发育,加剧了连作障碍的问题。

研究显示,大豆连作超过 3 年后,土壤微生物的数量和组成会发生变化,细菌数量减少,而真菌数量增加,重茬较正茬增加 18.0%~35.5%。类似地,吴凤芝等的研究也表明,在连作土壤中,番茄根际的真菌种类和数量会减少,而有害真菌的数量则会增加。与轮作相比,连作辣椒农田的土壤中细菌数量下降,真菌数量上升,导致辣椒根际的微生物群落由"细菌型"转变为"真菌型"。徐瑞福等的研究也发现,随着连作年限的增加,花生田土壤中的真菌数量逐渐增加,而细菌数量逐渐减少,显示出明显的真菌化趋势。张新慧等的研究则指出,随着啤酒花连作年限的增长,土壤微生物的多样性指数下降,土传病害的发生率上升,导致啤酒花的产量和品质下降。这些变化不仅影响了土壤养分的转化和利用,还抑制了作物对养分的吸收,进一步影响了作物的品质。

近年来,随着工业的快速发展和化肥的过量使用,农田土壤中的病原菌拮抗菌数量减少,进一步加剧了土传病害的发生。因此,病原菌的增加和有益微生物的减少被认为是连作障碍的主要表现。自 20 世纪 80 年代以来,随着研究的深入,越来越多的学者认识到土壤微生物的变化是连作障碍的主要原因。连作导致根际微生物群落发生显著变化,特别是植物病原菌的富集,从而诱发植物根部病害,使产量逐年降低。薛泉宏等认为,土壤连作障碍的实质是由连作作物和土壤微生物共同引起的土壤微生物退化。这种退化不仅与土壤病原菌数量的增加有关,还与根区微观土壤生态平衡的失调以及土壤中自毒化学物质的积累密切相关。

为了有效应对连作障碍,我们需要采取综合措施,包括合理施肥、引入抗病品种、推广轮作制度等,以改善土壤环境,提高土壤肥力,促进作物的健康生长。同时,加强对土壤微生物的研究和应用也是解决连作障碍问题的重要途径。通过深入了解土壤微生物的生态学特性和功能,我们可以更好地利用有益微生物,抑制有害微生物的生长,从而维护土壤生态平衡,提高作物的产量和品质。

3.化感物质的化感自毒作用

化感作用,这一概念最初由 Molish 提出,描述了植物通过释放特定的次生物质到环境中,对邻近的其他植物(包括微生物及其自身)产生有益或有害的生长发育影响。随着时间的推移,化感作用的研究范围已扩展到包括植物在内的所有有机体及其与环境之间通过化学物质进行的相互作用。

这种相互作用中,植物会释放多种有机或无机物质,如碳水化合物、氨基酸、有机酸和黄酮类化合物,主要通过淋溶、残体分解和根系分泌等方式进入环境。其中,有机酸和酚类等化感物质在土壤中的积累对植物和其他生物体具有显著影响。这些物质可以通过多种途径,如影响光合作用、酶活性、细胞膜透性和离子吸收等,来抑制植物种子的萌发和生长发育。

自毒作用是指植物释放的化感物质在土壤中积累,对植物自身产生负面影响,导致生长代谢紊乱、发育迟缓甚至停滞的现象。在连作条件下,化感物质在植物根际的不断积累是连作障碍的关键因素之一。这些物质,特别是酚酸类物质,被认为具有很强的生物活性,并对作物的生长和代谢产生明显的抑制作用。

多年来,对自毒作用的研究主要集中在多种作物上,如水稻、黄瓜、玉米、烟草、小麦和茄子等。研究表明,根系分泌物和秸秆中的酚酸物质是引起自毒作用的主要化学物质。例如,在水稻的研究中,发现根系分泌物和秸秆中含有大量的酚酸物质,这些物质对植物的生长具有显著的抑制作用。同样,在其他作物的研究中也鉴定出了多种自毒物质,进一步证实了酚酸类物质在化感作用中的重要地位。

随着对化感作用和自毒作用的深入研究,人们开始更加关注如何通过合理的农业管理措施来减轻这些负面影响。例如,通过合理施肥、选择适当的作物轮作制度和使用抗病品种等方法,可以有效地改善土壤环境,减少化感物质的积累,从而减轻连作障碍,提高作物的产量和品质。

4.土壤理化性状恶化

在作物的长期连作过程中,由于持续、过度地施用同类或同性的肥料,土壤结构往往会遭受严重破坏。这种过度施肥会导致土壤盐渍化、酸化以及板结现象,直接抑制作物根系的生长发育,进而影响整株作物的生长。随着连作年限的增加,耕层土壤的物理性状也会发生明显变化。比如,非活性孔隙比例会显著降低,耕作层变得浅薄,土壤容重增大,导致通气透水性能下降。这些变化使得土壤的三相比(固相、液相、气相的比例)失衡,进一步抑制了作物根系的生长和发育。

根系活力的降低和吸收面积的减少直接影响了作物对养分的吸收量,导致作物营养不良,生长状况恶化,抗逆性降低。同时,连作还使得植物对某些元素的特定吸收增加,若不能合理补充这些元素,土壤中可利用的营养物质就会逐渐减少,营养平衡被打破。这种营养失衡进一步加剧了植物的生长问题,使得植物更容易受到病虫害的侵袭。

研究还发现,连作会引起土壤矿质元素间的拮抗和毒害作用。这种作用会制约植物根系对土壤养分的吸收,导致植物营养供给不足,进一步降低其抗逆性和抗病虫害能力。以黄瓜为例,连作后土壤养分呈现出氮、磷过剩而钾偏少的趋势,这使得黄瓜植株出现缺钾症状,表现为节间变短、植株矮化。此外,连作超过5年的大棚内土壤电导率显著升高,而连续栽种人参3年后,根际土壤pH值会下降,这些都使得土壤中某些营养元素变得难以溶解和吸收。

尽管人们普遍采取肥料调控措施来缓解连作障碍,但效果往往并不显著。例如,小麦连作会导致产量大幅下降,即使施足化肥也难以挽回。这表明,土壤肥力下降并非连作障碍的唯一或主要因素,而土壤理化性质的恶化才是导致连作障碍的关键因素。因此,要有效解决连作障碍问题,需要从改善土壤理化性质入手,采取综合措施来恢复土壤健康。

第二节　连作障碍化感物质鉴定和高效降解微生物筛选

一、连作障碍产生的化感物质

（一）化感自毒物质

烟草作为我国重要的经济作物，其连作现象对烟叶产量、品质以及烟草的生长发育均产生了显著的不良影响。这种连作障碍的发生与多种因素有关，包括土传病害、土壤理化性质的恶化，以及根系分泌物和残茬分解物等引发的化感作用。

连作导致根系分泌物破坏土壤的团粒结构，进一步影响土壤的理化性质。这些根系分泌物中包含的某些化感物质，对作物自身产生了自毒作用，阻碍了其正常的生长发育。同时，这些分泌物还对土壤中根系的微生物种类和数量产生了影响，导致微生物区系失调。

根系作为植物的重要器官，不仅起到稳固支撑的作用，还负责吸收养分、合成积累和分泌多种根际分泌物。这些分泌物是植物发育过程中释放出的多种化合物和其他有机物质的总称。在烟草中，已经发现了多种存在于根系分泌物中的化感自毒物质，它们被认为是导致连作障碍的主要因素之一。

郭亚利等研究者通过溶液培养法，对烟苗进行了液体培养，并添加了根系分泌物中的主要化学物质。他们发现，这些添加物影响了烟苗根系的活力，降低了根系对硝酸根、磷酸根、钾离子的吸收。其中，中性组分对根系吸收硝酸根离子的影响最大，而酸溶性组分由于其对钾离子的溶解性，会阻碍根部对钾离子的吸收。

为了应对这些连作障碍，需要深入研究根系分泌物中的化感自毒物质，并探索如何通过农业管理措施来减少其不良影响，从而提高烟草的产量和品质。这可能涉及合理的施肥、土壤改良、作物轮作等多种策略。

（二）化感自毒物质的提取

在恩施州利川市，我们采集了连作年限分别为 1 年、4 年和 10 年的烤烟连作田土壤样品。为了提取根系分泌物，我们称取了 25 g 的根际土壤，并加入 100 mL 的 80% 甲醇溶液。在摇床上振动提取 3 h 后，我们进行了离心操作，并取上清液进行旋转蒸发，最终得到了 20 mL 的水相。接下来，我们将这 20 mL 的水相分为三部分进行处理。首先，我们直接使用乙酸乙酯萃取 3 次，得到了中性组分的乙酸乙酯相。然后，我们将剩余的水相用 1M HCl 调节 pH 值至 3，再用乙酸乙酯萃取 3 次，得到了酸性组分的乙酸乙酯相。最后，我们将剩余的水相用 1M NaOH 调节 pH 值至 10，并用乙酸乙酯萃取 3 次，得到了碱性组分的乙酸乙酯相。完成萃取后，我们将酸性、碱性和中性乙酸乙酯萃取液分别减压浓缩至 1 mL（45℃），并通过 0.45 μm 的滤膜进行过滤。

根据常文理于 1990 年提出的方法，我们在上述浓缩样品中分别加入了 0.25 mL 的硅烷化试剂(BSTFA∶TMC=5∶1)。加盖密封后,我们在80℃的水浴中进行了2 h的衍生化处理,以便后续的测定。硅烷化处理后,我们利用 Agilent7890A-5975C 仪器对各组分的根系分泌物进行了测定。具体的仪器条件如下:采用电子轰击源,轰击电压为70 eV,扫描范围为 M/Z 30-600AMU,扫描速度为0.2秒/全程,离子源温度为230 ℃。我们使用了 HP-5MS 毛细管柱(30 m × 0.25 mm × 0.25 μm),进样口温度为250 ℃,柱温从50 ℃开始(保持2 min),然后以6℃/min 的速度程序升温至250 ℃(保持15 min)。载气为氦气,流量为1 mL/min,进样量为1 μL。最后,我们利用 NiST98 质谱数据库对质谱图进行了分析,确定了各组分物质的名称。这一流程为我们深入了解烤烟连作过程中根系分泌物的变化提供了重要的数据支持。

(三)化感自毒物质的种类

根据图5-1所揭示的信息,烟草连作土壤中共检测到13种化感物质,这些物质包括邻苯二酚、邻苯二甲酸、对羟基苯甲酸、丁醇、苯甲酸、3-甲氧基-4-羟基苯甲酸、对羟基苯甲醛、3-甲氧基-4-羟基苯甲醛、邻苯二甲酸二异丁酯、邻、对二叔丁基苯酚、邻苯二甲酸二丁酯、邻苯二甲酸二异辛酯和对苯二甲酸。这些化感物质中,酸类物质有5种,酚类物质2种,酯类物质3种,醛类物质2种和醇类物质1种。其中,含量超过5.0 μg/g的物质主要有对羟基苯甲酸、3-甲氧基-4-羟基苯甲酸、邻苯二甲酸二丁酯、邻苯二甲酸二异辛酯、对羟基苯甲醛和3-甲氧基-4-羟基苯甲醛。

这些检测出的物质在其他关于植物根系分泌物的研究中也有报道。例如,高欣欣的研究表明,烤烟根系分泌物中主要包括苯甲酸、肉桂酸、丁二酸、延胡索酸、烟碱、棕榈酸等物质。王树起等则发现大豆根系分泌的邻甲氧基苯甲酸、肉桂酸和3-硝基邻苯二甲酸能够抑制大豆种子的萌发。吴辉等的研究显示,木豆能够分泌番石榴酸、苹果酸、苯甲酸、肉桂酸等有机酸。而胡元森的研究证明,黄瓜根系分泌物中包含有对羟基苯甲酸、香草酸等酚酸类物质。

值得注意的是,尽管邻苯二甲酸、对羟基苯甲醛、邻苯二甲酸二异辛酯等几种物质在其他作物的研究中已有报道,但在烟草研究方面尚未见到公开报道。此次在烟草连作土壤中的发现,不仅丰富了我们对烟草生理代谢过程的理解,同时也为深入研究烤烟连作障碍的机理提供了新的视角和线索。

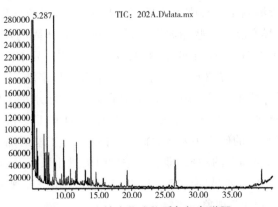

图5-1 土壤中化感物质气相色谱图

1.连作年限对化感物质中酸类物质的影响

化感物质酸类,作为连作土壤中重要的化感成分,主要分布在根际区域和整个土壤环境中。这些物质带有一个或多个羧基功能团,属于低分子量碳氢化合物。它们的主要作用机制是通过电离 H^+ 来酸化土壤,这不仅抑制了土壤养分的吸收,还可能促进某些病原菌的产生。

随着连作年限的延长,连作土壤明显呈现变酸的趋势。这种土壤酸化会导致矿质元素间的拮抗作用,并在酸性条件下使速效磷被固定,从而降低其有效性。吕卫光等的研究进一步证实了对叔丁基苯甲酸、对羟基苯甲酸等能够显著抑制土壤中的 N 循环,并降低土壤中碱解 N、速效 P、速效 K 以及有机质含量,对植物生长产生消极影响。

由表 5-1 可知,本试验共检测到了 5 种酸类物质,分别为邻苯二甲酸、对羟基苯甲酸、苯甲酸、3- 甲氧基 -4- 羟基苯甲酸和对苯二甲酸。这些酸类物质的含量随连作年限的延长呈现增加趋势。与种植 1 年的土壤相比,连作 10 年的土壤中,邻苯二甲酸含量增加了46.11 倍,对羟基苯甲酸含量增加了 2.00 倍,苯甲酸含量增加了 46.54 倍,3- 甲氧基 -4-羟基苯甲酸含量增加了 4.67 倍,而对苯二甲酸含量则增加了 36.52 倍。这些结果与其他研究者的发现相一致,如于会泳等的研究指出,连作植烟土壤中羟基苯甲酸、阿魏酸、香草酸等强化感自毒物质较不植烟土壤有显著的增长。

表 5-1　不同种植年限土壤化感物质中酸类物质含量

处理	邻苯二甲酸	对羟基苯甲酸	苯甲酸	3- 甲氧基 -4- 羟基苯甲酸	对苯二甲酸
种植 1 年	0.19 cC	6.58 cC	0.26 cC	17.56 cC	1.03 cC
连作 4 年	2.16 bB	16.44 bB	2.88 bB	64.39 bB	5.76 bB
连作 10 年	8.95 aA	19.73 aA	12.36 aA	99.52 aA	38.65 aA

注：每列数值后面的小写字母表示在 $P < 0.05$ 时有显著差异；大写字母表示在 $P < 0.01$ 时有显著差异。

2.连作年限对化感物质中酯类物质的影响

酯类是羧酸的一类重要衍生物,在植物与土壤的相互作用中扮演着关键角色。由表 5-2 可知,本试验共检测到了三种酯类物质,分别是邻苯二甲酸二异丁酯、邻苯二甲酸二丁酯和邻苯二甲酸二异辛酯。这些酯类物质的含量随连作年限的延长而呈现增加趋势。与种植 1 年的土壤相比,连作 10 年的土壤中,邻苯二甲酸二异丁酯含量增加了 9.00 倍,邻苯二甲酸二丁酯含量增加了 3.63 倍,而邻苯二甲酸二异辛酯含量则增加了 1.46 倍。这种增长趋势在不同种植年限间表现显著,差异在 $P < 0.01$ 水平上极为明显。

值得注意的是,邻苯二甲酸异丁酯和邻苯二甲酸二丁酯是多次被报道过的植物化感物质。周宝利等在对茄子的研究中发现,邻苯二甲酸二异丁酯对茄子黄萎病菌菌丝及各项农艺指标具有"低促高抑"的现象,即在低浓度时促进生长,而在高浓度时则产生抑制作用。类似地,黄业昌等对西瓜的研究也指出,邻苯二甲酸二丁酯对西瓜的各项农艺指标表现出相同的"低促高抑"现象。

表 5-2 不同种植年限土壤化感物质中酯类物质含量

处理	邻苯二甲酸二异丁酯	邻苯二甲酸二丁酯	邻苯二甲酸二异辛酯
种植 1 年	2.50 cC	31.04 cC	13.25 cC
连作 4 年	17.49 bB	89.24 bB	28.55 bB
连作 10 年	24.99 aA	143.57 aA	32.53 aA

注：每列数值后面的小写字母表示在 $P < 0.05$ 时有显著差异；大写字母表示在 $P < 0.01$ 时有显著差异。

3.连作年限对化感物质中酚类物质的影响

酚类物质，作为植物次生代谢的重要组成部分，主要源于植物的释放以及植物残体和凋落物的分解。酚类物质在土壤中的累积是一个复杂的过程，它不仅与土壤生物化学因素有关，还受到植株微量元素缺乏、植物异株克生作用以及土壤微生物活性等多重影响。这种累积会引发植物的化感效应，可能导致土壤中毒和肥力衰退等问题。根据近代土壤学对土壤腐殖质形成的理论，酚类物质需要转化为醌，再与含氮化合物结合，才能最终形成土壤腐殖质。在 pH 值为 4.5～6.5 的条件下，多酚氧化酶能够促进多元酚氧化成醌。然而，多酚氧化酶的最适 pH 值为 6.3～7.2，而连作土壤通常低于这一范围，因此酚类物质难以转化为醌。

如图 5-2 所示，随着种植年限的延长，土壤中的邻苯二酚含量从 4.92 μg/g 增加到 39.37 μg/g，而邻、对二叔丁基苯酚含量则从 0.57 μg/g 增加到 8.60 μg/g。这些酚类物质在土壤中的含量呈现出明显的增长趋势。与种植 1 年的土壤相比，连作 10 年的土壤中邻苯二酚含量增加了 8 倍多，邻、对二叔丁基苯酚含量更是增加了 15.09 倍。这表明在土壤中酚类物质的降解速度远低于其累积速度。烤烟连作过程中，种植 1 年的土壤酚类物质含量明显低于连作 10 年的土壤，这主要是由于随着连作年限的增加，植株根系分泌物的增加以及酚类物质转化降解能力的减弱。何光训的研究也表明，头耕土由于土壤肥力较高，土壤微生物活性强，酚类物质能够迅速分解为二氧化碳和水；而随着耕作年限的增加，土壤肥力逐渐降低，土壤微生物活性也相应减弱，导致酚类物质在土壤中积累。

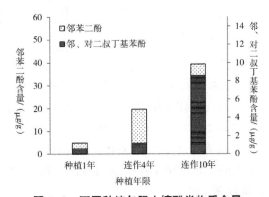

图 5-2 不同种植年限土壤酚类物质含量

此外，酚类物质对植物生长的抑制作用已被近代植物生物化学研究所证实。这种抑制作用主要归因于吲哚乙酸氧化酶活性的增强。这种酶能够促使吲哚乙酸氧化并分解，从而不利于作物的生长。

4.连作年限对化感物质中醛类物质的影响

化感物质中的醛类物质是一类具有一个或多个醛基功能团的低分子量碳氢化合物。由图5-3可知，本试验成功检测到了两种醛类物质：对羟基苯甲醛和3-甲氧基-4-羟基苯甲醛。在含量上，3-甲氧基-4-羟基苯甲醛的含量要高于对羟基苯甲醛。

随着连作年限的增加，这两种醛类化感物质的含量都呈现出上升的趋势。具体而言，对羟基苯甲醛的含量在6.22 μg/g至87.03 μg/g之间，与种植1年的土壤相比，连作10年的土壤中该物质含量增加了13.99倍。而3-甲氧基-4-羟基苯甲醛的含量则在6.79 μg/g至237.50 μg/g之间，其含量在连作10年的土壤中比种植1年的土壤增加了34.98倍。

韩君与罗小勇等人在对南天竹植物的除草活性及活性物质的研究中，从南天竹叶片中提取并分离出了活性物质对羟基苯甲醛。后续的试验进一步证实，对羟基苯甲醛在一定浓度下会抑制植物的生长，当浓度过高时甚至可能导致植物死亡。此外，该研究还发现双子叶植物相较于单子叶植物对对羟基苯甲醛更为敏感。

5.连作年限对化感物质中醇类物质的影响

醇类物质是化感物质中的一类，本试验特别关注了其中的一种醇类物质——丁醇。由图5-4可知，丁醇的含量随着连作年限的延长而呈现出上升的趋势。具体来说，在种植1年的土壤中，丁醇的含量为181.61 μg/g，而到了连作10年时，其含量增加到了496.1 μg/g。

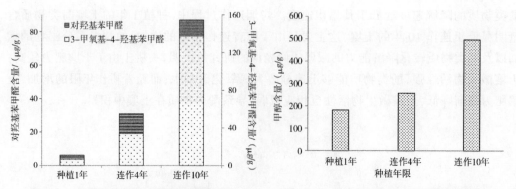

图5-3　不同种植年限土壤醛类物质变化　　图5-4　不同种植年限土壤醇类物质变化

为了更好地理解丁醇含量与连作年限之间的关系，我们进行了方程模拟。模拟得出的方程为$Y=80.91X^2-166.42X+267.11$，其中$R^2=0.99$，显示出很高的拟合度。在这个方程中，$Y$代表丁醇的含量，而$X$代表连作年限。这个方程表明，丁醇含量的积累与连作年限之间的关系是先降低后上升的。在种植1年时（$X=1.02$），丁醇的含量达到最小值，随后随着连作年限的延长，其含量逐渐上升。

早在1985年，就有研究发现丁醇能够刺激植物的生长，这一发现在随后的单子叶植物和双子叶植物的研究中得到了进一步的证实。然而,对番茄的研究却得出了不同的结论。在番茄的根部施用5%的丁醇溶液后,茎部的生长被显著抑制,而当丁醇的浓度超过10%时,番茄幼苗会立即死亡。类似的结果在辣椒和矮牵牛的研究中也得到了验证。

6.连作障碍化感自毒作用验证研究

为了深入探究化感物质对烟株生长发育的具体影响,本试验采用了外源添加化感物质的方法。试验对象为基质培养的烤烟(云烟87)幼苗,这些幼苗生长到6叶1芯的阶段时被选中参与试验。

首先,将烤烟幼苗的根系基质用清水彻底洗净,然后移栽到250 mL的锥形瓶中。为确保幼苗在培养过程中获得充足的营养,采用了阿农/霍格兰营养液配作为培养液。每个处理组设置了5瓶,每瓶中加入0.2 mL已配制好的化感物质溶液。为了确保营养的持续供应,每隔2天补充一次营养液。

连续培养20天后,开始对植株的各项指标进行检测。这些指标包括植株的根系活力、烟叶的酶学指标以及植株的根干重。通过对这些指标的分析,可以全面了解化感物质对烟株生长发育的影响。

试验中使用的外源化感物质种类及其浓度详见表5-3。

表5-3　试验设计表

序号	处理
1	邻苯二甲酸（0.80 mg/mL）
2	对羟基苯甲酸（0.40 mg/mL）
3	3-甲氧基-4-羟基苯甲酸（0.50 mg/mL）
4	对苯二甲酸（0.40 mg/mL）
5	苯甲酸（0.80 mg/mL）
6	邻苯二甲酸二丁酯
7	邻苯二甲酸二异丁酯（0.50 mg/mL）
8	邻苯二甲酸二异辛酯
9	邻苯二酚（0.25 mg/mL）
10	邻、对二叔丁基苯酚（0.10 mg/mL）
11	对羟基苯甲醛（0.30 mg/mL）
12	3-甲氧基-4-羟基苯甲醛（1.2 mg/mL）
13	丁醇（2.3 mg/mL）
14	复合液
对照	清水

7.不同化感物质对烟叶各指标的影响

在烟株培养20天后,我们对烟株的烟叶酶活性、MDA(丙二醛)含量、根系活力和根鲜重进行了详尽的检测与分析(见表5-4)。这些指标是评估烟株生长状况和逆境耐受能力的重要依据。

首先,我们观察到在酶活性方面,处理组中邻苯二甲酸、对苯二甲酸、对羟基苯甲酸、

苯甲酸、3- 甲氧基 -4- 羟基苯甲酸和邻苯二酚等处理显示出了较高的酶活性。这些酶,包括 SOD(超氧化物歧化酶)、POD(过氧化物酶)和 CAT(过氧化氢酶),是植物在逆境生长过程中为了消除活性氧和自由基的积累对植物体危害而产生的一系列抗氧化酶。这表明这些处理对烟株在逆境中的生长具有一定的保护作用。

接下来,我们分析了 MDA 的含量。MDA 是膜脂过氧化的最终分解产物,其含量可以反映植物遭受逆境伤害的程度。从结果来看,不同处理间 MDA 的大小顺序表现为:复合液 >邻苯二甲酸 >邻苯二甲酸二丁酯 >邻苯二酚 >邻苯二甲酸二异辛酯 >苯甲酸 >对羟基苯甲酸 >对苯二甲酸 > 3- 甲氧基 -4- 羟基苯甲酸 >邻、对二叔丁基苯酚 >对羟基苯甲醛 > 3- 甲氧基 -4- 羟基苯甲醛 >邻苯二甲酸二异辛酯 >丁醇 >清水。与清水处理相比,MDA 含量占比在 70% 以上的处理有邻苯二甲酸、邻苯二甲酸二丁酯、邻苯二酚、邻苯二甲酸二异丁酯、苯甲酸、对羟基苯甲酸、对苯二甲酸和 3- 甲氧基 -4- 羟基苯甲酸。这些结果表明,这些处理对烟株造成的逆境伤害较为严重。

在根系活力方面,不同处理之间的差异明显。活力在 15.00TTC(μg)/(g·h) 以下的处理包括:邻苯二甲酸、对苯二甲酸、对羟基苯甲酸、苯甲酸、3- 甲氧基 -4- 羟基苯甲酸、邻苯二甲酸二异丁酯、邻苯二酚、邻苯二甲酸二异辛酯、邻苯二甲酸二丁酯和复合液。这些处理中的烟株根系活力较低,可能影响了其吸收养分和水分的能力。

最后,我们分析了根鲜重的大小顺序。清水处理的根鲜重最大,而复合液处理的根鲜重最小。与清水相比,根系鲜重占其 75% 以下的处理有:邻苯二甲酸、苯甲酸、3- 甲氧基 -4- 羟基苯甲酸、邻苯二甲酸二丁酯、邻苯二甲酸二异丁酯、邻苯二甲酸二异辛酯、3-甲氧基 -4- 羟基苯甲醛和复合液。这些处理中的烟株根鲜重较低,可能影响了其整体生长和发育。

表 5-4   不同处理烟叶各指标（20d）

处理	SOD/ （μ/g）	POD/ （μ/g）	CAT/ （μ/g）	MDA/ （μmol/ml）	根系活力 /TTC （μg）/（g·h）	根鲜重 /g
邻苯二甲酸	49.03	458.7	9.46	12.50	10.97	2.28
对羟基苯甲酸	51.67	405.5	7.77	10.13	9.76	2.51
3- 甲氧基 -4- 羟基苯甲酸	65.27	600.1	9.86	9.87	10.19	2.29
对苯二甲酸	63.43	510.3	8.85	9.96	9.77	2.36
苯甲酸	51.27	426.1	8.86	10.87	12.36	2.27
邻苯二酚	46.68	456.3	7.76	11.37	9.86	2.35
邻、对二叔丁基苯酚	65.87	580.1	9.35	9.23	16.39	2.39
对羟基苯甲醛	37.47	310.3	7.65	7.93	15.27	2.67
3- 甲氧基 -4- 羟基苯甲醛	57.43	519.3	8.36	7.13	22.59	2.31
丁醇	58.63	496.4	8.86	6.17	26.39	2.86
复合液	49.36	556.3	6.76	13.37	8.36	1.97
清水	26.35	190.7	4.75	5.62	17.19	3.15

8.不同处理对根系活力和根重抑制率

参照张茂新等的方法,我们对不同处理下的根系活力和根重抑制率进行了深入研究。抑制率的计算方式为:抑制百分率 =(1－处理/对照)× 100%。根据表 5-5 的数据,我们可以清晰地看到外源添加的化感物质对烟叶的根系活力和根重产生了显著的抑制作用。

在根系活力方面,抑制率超过 35% 的物质主要包括复合液、对羟基苯甲酸、对苯二甲酸、邻苯二酚、3- 甲氧基 -4- 羟基苯甲酸和邻苯二甲酸。这些物质在处理组中显著降低了烟株的根系活力,可能影响了烟株对水分和养分的吸收能力。

对于根干重的抑制率,超过 25% 的化感物质有:复合液、苯甲酸、邻苯二甲酸、3- 甲氧基 -4- 羟基苯甲酸、3- 甲氧基 -4- 羟基苯甲醛、邻苯二酚和对苯二甲酸。这些物质在处理组中明显抑制了烟株的根干重,可能对烟株的整体生长和发育产生了负面影响。

值得注意的是,复合液由于包含多种组分,对根系活力和根干重的抑制率均为最大。这表明复合液中的多种化感物质可能产生了协同作用,从而增强了其对烟株生长的抑制作用。

此外,我们还发现酸类物质和酚类物质在营养液培养中呈现溶解状态,并且根据根系活力和根干重的抑制率分析,它们的化感自毒作用最强。因此,苯甲酸、邻苯二甲酸、对羟基苯甲酸、3- 甲氧基 -4- 羟基苯甲酸、3- 甲氧基 -4- 羟基苯甲醛、邻苯二酚和对苯二甲酸等化感物质具有较大的化感自毒作用,可能对烟株的生长和发育产生了显著的负面影响。

表 5-5　不同处理对烟叶理化指标抑制率（％）

处理	根系活力	根重
邻苯二甲酸	36.18	27.62
对羟基苯甲酸	43.22	20.32
3- 甲氧基 -4- 羟基苯甲酸	40.72	27.30
对苯二甲酸	43.16	25.08
苯甲酸	28.10	27.94
邻苯二酚	42.64	25.40
邻、对二叔丁基苯酚	4.65	24.13
对羟基苯甲醛	11.17	15.24
3- 甲氧基 -4- 羟基苯甲醛	−31.41	26.67
丁醇	−53.52	9.21
复合液	51.37	37.46
清水	0.00	0.00

通过对外源添加化感物质的研究,我们深入了解了化感物质对烟株抗逆性指标、根系活力和根干重的影响。这些研究结果为我们揭示了化感物质对烟株生长的抑制作用,并确定了具有较大化感作用的化感物质。这些发现对于优化农业生产中的连作障碍管理具有重要的指导意义。

二、化感物质高效降解微生物

针对烟草连作障碍中土壤理化性质改变、土壤微生物区系变化、化感自毒物质积累等问题,研究人员已经有针对性地提出了对连作烟田消毒、调整种植模式、选用合理的施肥模式等措施,但这些措施都有一定的局限性。一些研究认为:根际有毒分泌物是诱发病原菌过度繁殖、土壤生态失衡的根本原因。因此,只要能够充分降解这些根际分泌物,就能在一定程度上缓解土壤的连作障碍。微生物具有强大的转化能力,筛选出高效降解根分泌物的菌株并为其创造在烟草根际高效繁殖、定植的条件,有可能从根本上解决烟草连作障碍问题。

(一)降解微生物的筛选

本试验选择污染严重的地方收集土样或污泥,同时收集不同连作烟田根圈土壤。选取了湖北大学沙湖废水处理站污泥(A),湖北大学化学学院废液池周围土壤(B),10年连作烟草土壤(C),华农资环番茄地轮作土壤(D)。

制备下列3种培养基。A. 基础培养基(无机盐培养液):$MgSO_4H_2O$:0.2g;$FeCl_3$:0.01g;KH_2PO_4:1.0g;$(NH_4)_2SO_4$:1.0g;$CaCl_2$:0.1g;重蒸馏水1 L(pH=7)。B. 富集培养基:NaCl:5g;蛋白胨:10g;牛肉膏:4g;蒸馏水:1000 mL(pH=7.0)。C. 分离培养基:NaCl:5g;蛋白胨:10g;牛肉膏:4g;蒸馏水1000 mL(pH=7.0);琼脂18g。

在前期试验筛选出的化感自毒物质的基础之上,取定量的AAs标准样品于10 mL试管中(AAs标准样品按表5-6中所示比例配制),用氮吹仪赶走无水乙醇(或者不处理,微生物对乙醇有一定耐受性),加入定量的基础无机培养液,于SB200超声波清洗器中,超声振荡一定时间进行助溶,即可配成一定浓度的AAs培养液。

表5-6 化感自毒物质种类及各种物质比例

化感物质	连作1年	连作4年	连作10年	连作10年(病害严重)
邻苯二甲酸	—	0.02	0.53	0.87
对羟基苯甲酸	0.05	0.06	0.24	0.32
苯甲酸	0.01	0.14	0.16	0.20
3-甲氧基-4-羟基苯甲酸	0.11	0.17	0.22	0.18
对苯二甲酸	—	0.08	0.12	0.25
邻苯二甲酸二异丁酯	0.07	0.10	0.21	0.27
邻苯二甲酸二丁酯	0.23	0.37	0.52	0.67
邻苯二甲酸二异辛酯	0.32	0.27	0.43	0.58
邻苯二酚	0.02	0.04	0.05	0.04
邻、对二叔丁基苯酚	—	0.04	0.20	0.24
对羟基苯甲醛	0.05	0.14	0.12	0.15
3-甲氧基-4-羟基苯甲醛	0.01	0.07	0.08	0.06
丁醇	0.13	0.12	0.11	0.14

1.候选化感自毒物降解菌的驯化培养

摇瓶培养富集法:分别取不同连作土壤或污泥样品10g,置于250mL三角瓶中,加入50μg/mL的AAs培养液100mL,在30℃恒温水浴摇床上培养7d(120r/min,30min×3/d:每天摇3次,一次30min,转速=120r/min)后,将培养液移取10mL于含100μg/mL AAs的100mL无机盐溶液的三角瓶中继续培养7d;然后依次在含200μg/mL、300μg/mL、400μg/mL、500μg/mL、600μg/mL、700μg/mL 的AAs的100mL培养液中各培养7d,富集培养结束。最后对不同耐受浓度的菌株进行革兰氏染色观察(见表5-7、图5-5)。

表5-7 初筛菌株化感自毒物耐受浓度（mg/L）

	A				B				C				D			
	1	2	3	4	1	2	3	4	1	2	3	4	1	2	3	4
200	+	+	+	+	+	+	+	+	+	+	+	+	+	+	+	+
300	+	+	+	+	+	+	+	+	+		+	+	+		+	+
400	+	+	+	+			+		+	+	+		+		+	+
500	+	+		+					+		+		+			+
600	+				+	+	+									+
700	+		+	+	+	+	+	+			+					

注:A—湖北大学沙湖废水处理站污泥;B—湖北大学化学学院废液池周围土壤;C—10年连作烟草土壤;D—华农资环番茄地轮作土壤。

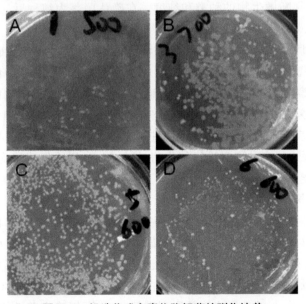

图5-5 候选化感自毒物降解菌的驯化培养

注:A—湖北大学沙湖废水处理站污泥;B—湖北大学化学学院废液池周围土壤;C—10年连作烟草土壤;D—华农资环番茄地轮作土壤。

2.降解菌的定向驯化筛选培养

在 250 mL 锥形烧瓶中加入富集后的土壤微生物培养液,200 mL 的无机盐培养基（$(NH_4)_2SO_4$:1000 mg/L、KH_2PO_4:800 mg/L、K_2HPO_4:200 mg/L、$MgSO_4·7H_2O$:500 mg/L、$FeSO_4$:10 mg/L、$CaCl_2$:50 mg/L、$NiSO_4$:32 mg/L、$NaBO_7·H_2O$:21 mg/L、$CuCl_2·2H_2O$:10 mg/L、$(NH_4)_6Mo_7O_{24}·H_2O$:14.4 mg/L、$ZnCl_2$:23 mg/L、$CoCl_2·H_2O$:21 mg/L、$MnCl_2·4H_2O$:30 mg/L）和复配的 AAs 作为唯一的碳源和能量来源。培养基的初始 pH 值调到 7.0 ± 0.1,将烧瓶放置于摇床（30℃ ± 0.5℃ ）中培养,转速为 150 r/min。降解菌种 7 d 转接一次,每次将 40 mL 培养液转移到一个盛有 160 mL 新制无机盐培养基的新烧瓶中,其中化感自毒浓度呈递增顺序,每个培养液转移 5 次以上（每个驯化培养周期为 42 d）。每个试验设置 3 个平行样,定期用无菌注射器从烧瓶中取 10 mL 样品,做成甘油管冷冻（–20℃ ）储藏用于分析检测,同时取 1 μL 培养液涂在非抗性平板上,检验其中存活的菌群数量。

3.菌株分离纯化、鉴定及培养特性研究

在菌株的分离纯化过程中,我们采取了以下步骤来确保获得纯净的微生物种群。首先,将经过摇瓶培养富集后的混合菌悬液进行划线分离,这一步是为了将不同种类的微生物分离开来。然后,在 30℃的条件下培养两天,以便观察微生物的生长情况。接下来,我们根据不同外观形态挑取单菌落进行反复划线分离。划线分离的目的是进一步细化微生物的种群,确保每个菌落只包含一种微生物。在此过程中,我们根据菌落的外观形态特征和在油镜下观察的细胞形态特征,将相同类型的菌落合并。最后,我们进行涂片镜检,以确认所获得的菌落为纯种。涂片镜检是一种常用的微生物鉴定方法,通过观察细胞的形态和结构,可以判断微生物的种类和纯度。在确认菌落为纯种后,我们将其接种到斜面上,以便后续的试验和保存。

在菌株鉴定过程中,我们采用了多种方法和技术手段,以确保准确鉴定微生物的种类和特性。首先,我们从形态特征观察入手,通过对菌株进行革兰氏染色、单染色、抗酸染色等染色方法,观察其在显微镜下的形态和颜色变化,初步判断其所属的微生物类别。同时,我们还观察了菌株在液体培养基、平板培养基和斜面培养基中的生长情况,包括菌落形态、颜色、大小、表面光滑度等特征,以便进一步确认其特性。其次,我们对菌株的生理生化特征进行了深入研究。通过进行氧化酶、接触酶、过氧化氢酶等酶活性试验,了解菌株的代谢途径和能量产生方式。我们还进行了需氧性试验、水解纤维素试验、水解淀粉试验等,以揭示菌株的营养需求和代谢特性。此外,葡萄糖氧化发酵、明胶液化、甲基红试验(MR)、3– 羟基丁酮试验(vP)等也为我们提供了菌株的碳源利用和代谢产物方面的信息。同时,我们还对菌株的厌氧硝酸盐产气试验、硝酸还原试验、尿素水解、柠檬酸盐、酒石酸盐的利用等进行了测定,以全面了解其生理生化特性。最后,为了更准确地鉴定菌株的种类和遗传背景,我们采用了 16SrDNA 序列遗传鉴定方法。通过对菌株的 16SrDNA 序列进行测定和分析,与已知微生物的序列进行比对,可以确定菌株的分类地位、亲缘关系和遗传特性。

菌株的培养特性研究是了解微生物生长规律及其与环境因素关系的重要步骤。以下是针对高效降解菌的时间生长曲线、pH值生长曲线和温度生长曲线的研究方法：

（1）高效降解菌的时间生长曲线。

菌悬液的制备：

①将待研究的菌株分别接种于富集培养基中。

②在恒温30℃、转速为120 r/min的摇床上培养24 h。

③培养结束后，取培养液在5000 r/min的离心机上离心15 min。

④弃去上清液，收集菌体，用无菌水洗涤3次。

⑤将菌体重新悬浮于无菌水中，制成菌悬液。

时间生长曲线测定：

①将菌悬液接种于含有10 mg/L AAs的基础培养基中，接种量OD（光密度）为0.05。

②在30℃、120 r/min的摇床上培养，每天摇动3次，每次30 min。

③在培养的第1、2、3、4、5、6天分别取样。

④测定每个时间点的吸光度值，通常以600 nm波长下的OD值表示。

（2）高效降解菌的pH值生长曲线。

①将菌悬液接种于含有10 mg/L AAs的基础培养基中，接种量OD为0.05。

②调整培养液的pH值至5、6、7、8、9、10。

③在30℃、120 r/min的摇床上培养48 h。

④培养结束后取样，测定吸光度值。

（3）高效降解菌的温度生长曲线。

①将菌悬液接种于含有20 μg/mL AAs的基础培养基中，接种量OD为0.1。

②在20℃、25℃、30℃、35℃、40℃的温度下，以120 r/min的转速培养3 d。

③培养结束后，测定吸光度值。

4.降解菌对不同浓度的AAs降解效果研究

以苯酚作为AAs代表物质，进行高效降解菌的接种试验。具体而言，将降解菌分别接种于30 mL的液体LB培养液中，每瓶加入3 mL浓度为10 g/L的苯酚溶液，以达到1000 mg/L的终浓度。接着，在37℃、240 r/min的摇床中进行培养，每隔12 h取样，每个试验条件设置三个平行组。

为了准确测定苯酚的降解率，采用装备有毛细管柱DBFFAP的Agient7890A型气相色谱仪进行苯酚浓度的测定。在气相检测过程中，使用氮气作为载气，流速设定为2.8 mL/min。采用程序升温方式，初始温度为100℃，维持1 min；然后以20℃/min的速率升温至180℃，并维持1 min。汽化室温度设定为250℃，采用分流进样（10∶1）的方式进样。FID检测器温度设定为300℃，氢气流速为30 mL/min，空气流速为400 mL/min。

通过多轮的微生物富集培养和定向驯化，我们成功获得了400余份驯化过程的混合菌液样品（部分筛选、驯化结果见图5-6）。进一步通过分离纯化步骤，我们筛选出了18个具有降解能力的单菌。对这些菌株进行了生理生化和分子鉴定，并特别针对降解能力较强的 3 个菌株(3 号、10 号和 11 号)进行了详细的鉴定工作(见图 5-7)。

图 5-6　驯化培养试验部分结果

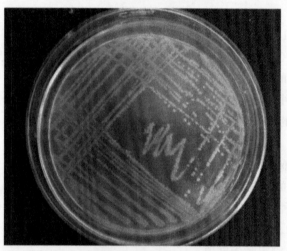

图 5-7　降解菌的分离纯化试验（部分）

5.细菌菌株的生理生化鉴定

使菌株 3 号、10 号和 11 号均在 LB 固体培养基上生长,两者的细胞形态及部分生理生化试验结果如表 5-8 所示。根据生理生化结果及细菌系统发育分析,初步鉴定 3 号菌株为肠杆菌属(enterobacter),10 号菌株为微嗜酸寡养单胞菌(stenotrophomonas acidaminiphila),11 号菌株为苏云金芽孢杆菌(bacillus thuringiensis)。

菌株形态描述如下:

菌株 3 呈现直杆状形态,属于革兰氏阴性菌,具有周生鞭毛,表现出兼性厌氧特性,且能够在普通培养基上轻易生长。在发酵过程中,该菌株能够利用葡萄糖并产生酸和气体。然而,在 44.5℃的条件下,它无法从葡萄糖中产生气体。此外,菌株 3 可以利用柠檬酸盐和丙二酸盐作为其唯一的碳源和能源来源。值得注意的是,它不会从硫代硫酸盐中产生 H_2S。在明胶液化试验中,该菌株能够缓慢液化明胶。其最适生长温度为 30℃。

菌株 10 的菌落具有鲜明的特征,呈现黄色、圆形、隆起、不透明,边缘整齐且有黏性。

在显微镜下观察,该菌株为杆菌形态,革兰氏染色呈阴性。此外,它具有极生鞭毛,这一特点使它在 LB 琼脂培养基上形成的菌落直径为 0.5～1 mm,中央部分凸起,菌落颜色为黄色且不透明。

表 5-8 菌株 3 号、10 号和 11 号形态学特征和生理生化特点

特征检验	特征			特征检验	特征		
	3	10	11		3	10	11
菌体				海藻糖	+	+	+
形状	短杆状	短杆	短杆状	麦芽糖	−	−	+
革兰氏染色	G⁺	G⁻	G⁺	甘露糖	−	−	+
芽孢形状	卵圆形	无	卵圆形	乳糖	−	−	−
芽孢位置	端生	无	中央	半乳糖	+	+	+
胞囊膨大	不膨大	无	不膨大	D- 葡萄糖	+	+	+
伴胞晶体	无	无	有	D- 木糖	−	−	+
V-P 测定	+	+	+	生长 NaCl			
NO³⁻ → NO²⁻	+	+	+	2%	+	+	+
苯丙氨酸脱氨酶	−	−	−	5%	+	+	+
利用柠檬酸盐	+	+	+	8%	+	+	+
形成吲哚	+	−	−	10%	−	−	−
水解				12%	−	−	−
明胶	+	+	+	生长温度			
淀粉	−	−	−	4℃	−	−	−
葡萄糖产气	−	−	−	10℃	−	−	−
产酸	−	−	−	30℃	+	+	+
D- 甘露醇	+	+	+	50℃	+	+	+
蔗糖	+	+	+	生长 pH 值			
鼠李糖	−	−	−	5.7	+	+	+
山梨糖	+	+	+	6.8	+	+	+

注:"+"阳性反应;"−"阴性反应。

菌株 11 的细胞形态为直杆状,常见成对或链状排列,具有圆端或方端的特征。在幼

龄培养阶段,细胞染色后大多呈现革兰氏阳性。该菌株通过周生鞭毛进行运动。其芽孢形态多样,包括椭圆、卵圆、柱状和圆形,这些芽孢能够抵抗多种不良环境。每个细胞通常只产生一个芽孢,并且芽孢的形成不会被氧气所抑制。此外,菌株 11 是一种兼性厌氧菌,属于化能异养菌,具有发酵或呼吸代谢类型。

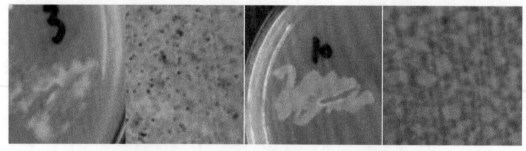

（a）菌株 3 号　　　　　　　　　　（b）菌株 10 号

（c）菌株 11 号

图 5-8　菌株的细胞形态及部分生理生化试验结果

6.细菌菌株的分子鉴定

经过纯化和测序后,我们将菌株 3、10 和 11 的 16S rDNA 扩增产物提交至 NCBI Genbank,并成功获得了它们的序列号,分别为 GQ478269、NR_025104 和 HM770098。为了验证这些菌株的遗传背景和分类地位,我们将它们的基因序列与 Genebank 中的核酸序列进行了同源性比对(Blast)。

比对结果显示,菌株 3、10 和 11 与 enterobacter、stenotrophomonas acidaminiphila 和 bacillus thuringiensis 的相似性分别高达 99%。这一结果进一步支持了我们之前的初步鉴定,即菌株 3 属于肠杆菌属(enterobacter),菌株 10 属于微嗜酸寡养单胞菌(stenotrophomonas acidaminiphila),而菌株 11 则属于苏云金芽孢杆菌(bacillus thuringiensis)。

（二）化感自毒物质降解菌在土壤中降解效果的测定

通过盆栽试验的方式,我们在种植烟草的土壤中加入了一定浓度的化感自毒物质——邻苯二甲酸。随后,向土壤中灌施了经过筛选的降解菌菌液,以评估这些菌在土壤中对邻苯二甲酸的降解能力。为了深入了解这些降解菌如何缓解烟苗生长抑制的机理，我们对盆栽试验的土壤进行了高效液相色谱（HPLC）检测。

从试验结果（见图5-9）中可以明确看出，参与试验的降解菌均能有效降解盆栽土壤中的邻苯二甲酸，从而减轻其对烟苗生长的抑制作用。其中，3号和10号菌的降解效果尤为显著。在之前的耐受试验中，3号菌展现出了对高浓度邻苯二甲酸的较强耐受能力，因此，3号菌被认为具有最佳的综合利用潜力。

为了进一步验证3号菌的降解能力，我们进行了专门的降解验证试验（如图5-10所示）。在此试验中，我们在含有高浓度邻苯二甲酸（300 mg/L）的土壤中浇灌了3号菌菌液。经过7天的培养，我们发现邻苯二甲酸的降解率达到了76%，这一结果再次证实了3号菌在降解邻苯二甲酸方面的优异性能。

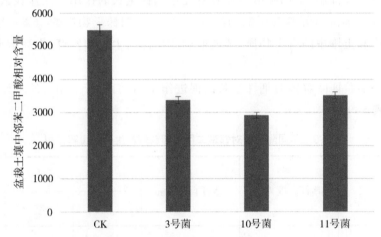

图5-9　添加不同降解菌后盆栽土壤中邻苯二甲酸相对含量（土壤中添加低浓度的邻苯二甲酸10mg/L，取样时间为灌施菌液后1d）

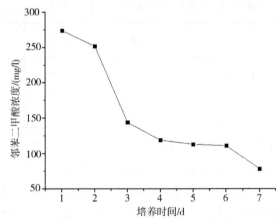

图5-10　3号菌对邻苯二甲酸的降解效果（土壤中添加高浓度邻苯二甲酸300mg/L，灌施菌液后每天取土样检测）

施用降解菌作为一种生物修复技术，已证明能够有效缓解化感自毒物质对烟株生长的抑制作用。在本研究中，通过向土壤中添加三株具有降解邻苯二甲酸能力的降解菌，我们发现这些菌剂显著减轻了化感自毒物质对烟株生长的负面影响。特别值得一提的是，

3 号菌在缓解生长抑制方面表现出最优的效果，如图 5-11 所示。

| CK | 邻苯二甲酸 | 邻苯二甲酸+3号菌 | CK | 邻苯二甲酸 | 邻苯二甲酸+10号菌 | CK | 邻苯二甲酸 | 邻苯二甲酸+11号菌 |

图 5-11 不同降解菌对邻苯二甲酸抑制烟苗生长的缓解作用

除了缓解生长抑制，施用降解菌还具有促进烟株生长的作用。在盆栽试验中，观察到降解菌不仅能够降低邻苯二甲酸的浓度，还促进了烟株干物质的积累。这表明降解菌不仅能够中和土壤中的有害物质，还能够刺激烟株的生长和发育，提高烟草的产量和质量。

为了进一步验证降解菌对烟株生长的促进作用，我们进行了相关的统计分析，并将结果整理成表 5-9。

表 5-9 不同降解菌对邻苯二甲酸抑制烟苗生长的缓解作用

处理	茎秆高度 /cm	茎秆直径 /cm	干重 /g		
			根	茎	叶
空白	158.00	9.01	4.64	3.24	12.59
邻苯二甲酸	109.67	8.50	4.16	2.27	11.67
邻苯二甲酸 + 菌 3	150.17	9.12	7.08	3.61	13.69
邻苯二甲酸 + 菌 10	147.08	9.21	6.56	3.12	11.19
邻苯二甲酸 + 菌 11	148.75	9.50	5.24	2.45	9.45

本研究经过一系列严谨的生物学试验流程，包括富集、驯化、分离纯化、纯培养条件初筛和盆栽条件的复筛，成功筛选出了几株高效的烟草化感自毒物质降解菌，分别是 3 号、10 号和 11 号菌。这些菌株对烟草化感自毒物质——邻苯二甲酸具有显著的降解能力。

为了明确这些菌株的分类地位，我们进行了深入的菌种鉴定工作，结合了生理生化鉴定和分子鉴定两种方法。鉴定结果显示，3 号菌属于肠杆菌属(enterobacter)，10 号菌属于微嗜酸寡养单胞菌属(stenotrophomonas acidaminiphila)，而 11 号菌则属于苏云金芽孢杆菌属(bacillus thuringiensis)。

盆栽试验进一步验证了这些降解菌在实际应用中的效果。试验表明，这些菌株均能有效降低土壤中化感自毒物质的累积,从而缓解其对烟株生长发育的抑制作用。其中,3号菌(enterobacter)的表现最为突出,其降解效果和对烟株生长的促进作用均显著优于其他菌株。

第三节　不同轮作模式对植烟土壤连作障碍的消减作用

一、轮作模式的意义

烟草连作往往会加剧土壤中的病虫害问题,对烟株的正常生长构成严重威胁。为了有效应对这一问题,合理轮作和间套作被证明是切实可行的农业管理策略。这些措施不仅能够调节作物对营养元素的需求,优化烤烟的生长环境,还能显著降低烟草病虫害的发生率,为烟草产业的可持续发展提供有力保障。

通过轮作种植,我们可以有效克服连作障碍,实现土壤资源的可持续利用。研究表明,轮作能够显著增加土壤微生物总量、细菌和放线菌数量,同时降低土壤真菌数量,从而减少病害的发生。蒜－烟轮作方式就是一个成功的案例,其不仅能够明显减轻病虫害,还能显著提高烤烟的总产量和经济效益。这主要得益于蒜根系分泌物对病菌的抑制和杀灭作用。

随着轮作年限的延长,烟草黑胫病的发病率也呈现出逐渐下降的趋势。例如,连作烟田的发病率高达28%～99%,而经过五年两茬的轮作后,发病率仅为5%。这一趋势进一步证实了轮作在改善植烟土壤状况和降低病原菌数量方面的积极作用。

二、不同轮作模式对烤烟的影响

在2015至2017连续三年间,我们在湖北的四个主要产烟市(州)进行了多种轮作模式的试验研究。这些试验旨在探索不同作物轮作对烤烟生长的影响。试验共设置了五个处理组:T1(烤烟－烤烟－烤烟),T2(玉米－烤烟－玉米),T3(大豆/四季豆－烤烟－大豆/四季豆),T4(红薯－烤烟－红薯),以及T5(土豆/萝卜－烤烟－土豆/萝卜)。每个处理组都设有三个重复,以确保结果的准确性和可靠性。通过这样的试验设计,我们能够更全面地了解不同轮作模式对烤烟生长的影响,为农业生产提供更为科学的指导。

(一)不同轮作模式对植烟土壤的影响

在湖北的产烟市(州)进行的连续三年的轮作模式试验中,我们发现烟叶连作会导致土壤容重逐年增加,见表5-10。具体而言,从2016年到2017年,土壤容重上升了0.01 g/cm³。然而,采用玉米、大豆－四季豆和红薯作为轮作作物时,土壤容重呈现下降趋势,其中玉米的下降幅度最为显著,达到了3.39%。在土壤孔隙度方面,玉米处理的土壤最为疏松,其次是红薯和大豆 – 四季豆,而烟叶连作的土壤孔隙度最低。方差检验分析进一步证实,玉米处理后的土壤容重和孔隙度与其他处理存在显著差异($P < 0.05$)。

表 5-10　不同轮作模式对土壤容重、孔隙度的影响

处理	2016 年		2017 年	
	土壤容重 /（g/cm^3）	土壤孔隙度 /（%）	土壤容重 /（g/cm^3）	土壤孔隙度 /（%）
T1	1.20	29.27	1.23 a	27.09 bB
T2	1.15	32.09	1.14 c	33.21 aA
T3	1.17	31.64	1.16 abc	32.48 aA
T4	1.16	32.18	1.16 abc	32.75 aA
T5	1.18	30.64	1.19 ab	29.86 bB

注：每列数值后面的小写字母表示在 $P < 0.05$ 时有显著差异。

此外,从表 5-11 中我们可以看到,不同轮作模式对土壤 pH 值也有显著影响。烟叶连作导致土壤 pH 值逐年下降,2016 年至 2017 年间下降了 0.15 个单位。而采用轮作模式后,土壤 pH 值在 2016 年至 2017 年间上升了 0.04~0.15 个单位,其中玉米轮作的 pH 值提升幅度最大,达到了 2.64%。

表 5-11　不同轮作模式对土壤 pH 值、酸害容量的影响

处理	2016 年		2017 年	
	pH 值	酸害容量 /（mmol/kg）	pH 值	酸害容量 /（mmol/kg）
T1	5.68	7.16 e	5.53 c	3.34
T2	5.68	10.76 a	5.83 a	4.62
T3	5.67	10.23 b	5.76 ab	4.53
T4	5.65	9.76 cC	5.69 bc	4.46
T5	5.67	9.35 d	5.71 bc	4.23

注：每列数值后面的小写字母表示在 $P < 0.05$ 时有显著差异。

改善土壤理化指标是轮作的重要目标之一。从表 5-12 中可以看出,不同轮作处理下,土壤有机质含量介于 2.50%~3.20% 之间。其中,烟叶连作处理的土壤有机质含量最低,而种植大豆(四季豆)的处理含量最高。此外,烟叶连作处理的土壤碱解氮和速效磷含量也最低,而种植大豆和玉米的处理含量最高。在速效钾含量方面,种植红薯的处理含量最低,而种植玉米的处理含量最高。这些结果表明,采用不同轮作模式可以有效改善土

壤理化指标,提高土壤肥力。

表 5-12　不同轮作模式对土壤化学指标的影响

处理	有机质含量 / (%)	土壤速效养分含量 / (mg/kg)		
		碱解氮	速效磷	速效钾
T1	2.50 e	117.76	33.03	251.91
T2	2.90 c	128.45	45.16	297.75
T3	3.20 a	129.53	37.60	269.48
T4	3.02 b	118.22	33.57	227.39
T5	2.79 d	121.22	33.22	270.82

注:每列数值后面的小写字母表示在 $P < 0.05$ 时有显著差异。

　　采用不同的轮作模式,我们发现土壤微生物的状况得到了显著改善。特别是当采用玉米和大豆 – 四季豆进行轮作时,土壤中的固氮菌数量明显高于其他处理,这有助于提高土壤的氮素供应能力。另外,通过大豆 – 四季豆、红薯和土豆 – 萝卜的轮作,土壤整体的微生物群落数量也表现出较高的水平,特别是放线菌和芽孢杆菌的数量,见表 5-13。

表 5-13　不同轮作模式对应的土壤微生物主要种群数量

处理	细菌 / (cfu/g)	芽孢杆菌 /(cfu/g)	霉菌 / (cfu/g)	放线菌 / (cfu/g)	固氮菌 / (cfu/g)
T1	5.51×10^7	1.56×10^7	3.26×10^6	1.02×10^6	4.08×10^6
T2	6.46×10^7	0.75×10^7	2.11×10^6	6.39×10^6	5.66×10^6
T3	7.75×10^7	5.82×10^7	3.33×10^6	6.32×10^6	7.08×10^6
T4	6.05×10^7	6.53×10^7	3.33×10^6	5.71×10^6	3.44×10^6
T5	5.58×10^7	5.68×10^7	2.86×10^6	6.53×10^6	5.58×10^6

　　为了更深入地了解土壤微生物的活性,我们分析了不同处理的 AWCD(120h)。结果表明,烟叶连作下土壤微生物的活性最差,这进一步证实了轮作模式对改善土壤微生物状况的重要性。

　　从表 5-14 中可以看出,轮作处理不仅提升了烟田土壤微生物的整体代谢活性(McIntosh 指数),而且其中玉米和大豆 – 四季豆的轮作效果最为显著。此外,玉米或大豆 – 四季豆与烟草的轮作还能提高烟田土壤微生物的种群多样性(Shannon 指数)以及常见种种群的数量(Simpson 指数),从而优化了土壤的微生物区系结构。这些改善对于提高土壤质量和促进烟草的健康生长具有重要意义。

表 5-14　不同轮作模式对应的土壤微生物群落功能多样性指数（2017 年）

处理	Shannon 指数	Shannon 均一性指数	Simpson 指数	McIntosh 指数
T1	3.355	0.974	0.970	8.60
T2	3.576	0.969	0.985	10.09
T3	3.546	0.969	0.991	10.18
T4	3.349	0.969	0.980	9.96
T5	3.384	0.971	0.989	9.98

（二）不同轮作模式对烟株生长和产质量的影响

连作烤烟会导致烟株生长、烟叶产量和产值以及化学成分等关键指标发生显著变化。随着连作时间的延长，烟叶产量和均价逐渐下降，中上等烟的比例也会减少。此外，连作还会对烟叶的主要化学成分和评吸质量产生不良影响。关广晟等人的研究表明，与连作相比，水旱轮作下的烟叶具有更高的总糖、还原糖、总氮含量以及氯、钾含量。轮作和间套作不仅可以改善作物根系周围的微生态环境，还能在一定程度上提高作物的产量和品质。

不同的轮作模式对烤烟的农艺性状也有显著影响。晋艳等人的研究发现，连作两年的烟株株高比头茬烟株矮 21.8%，叶面积系数减小 20.43%。在团棵期和打顶期，种植玉米的烟叶株高最高，而烟叶连作的株高最低。打顶期的株高范围在 106.33～113.67 cm 之间，极差为 7.34 cm。其中，种植玉米的株高最大，而烤烟连作的株高最小，变异系数为 2.32%。方差检验分析结果显示，在打顶期，采用玉米轮作与其他处理之间存在极显著差异（$P < 0.01$），见表 5-15。

表 5-15　不同轮作模式对烤烟农艺性状的影响（2016 年）

处理	团棵期 /cm（30 d）			打顶期 /cm（70 d）		
	株高	最大叶长	最大叶宽	株高	最大叶长	最大叶宽
T1	22.36	31.12	15.67	106.33 e	67.33	26.33
T2	27.03	36.33	17.89	113.67 a	67.13	28.35
T3	25.67	33.67	15.33	107.79 de	61.39	26.33
T4	25.35	31.00	16.00	108.31 cd	61.33	23.07
T5	24.56	34.33	17.00	106.39 e	69.67	28.33

注：每列数值后面的小写字母表示在 $P < 0.05$ 时有显著差异。

烤烟的根系活力是评估植株吸收养分能力的重要指标。根据表 5-16 的数据，我们观察到在不同处理之间，从移栽 50 d 到移栽 30 d，根系活力的增长幅度在 17.65%～54.11%

之间。在移栽 50 d 时,各处理的根系活力大小顺序为:玉米＞土豆—萝卜＞红薯大豆(四季豆)＞烟叶连作。这一结果说明,玉米轮作处理下的烤烟根系活力最高,而烟叶连作处理的根系活力最低。丁海兵等人的研究也支持了这一点,他们发现连作会对烟株生长产生负面影响,导致烟草根系生长不良。具体来说,连作 2 次和连作 3 次的烟根鲜重分别比种植 1 次的降低了 18.9% 和 44.7%。相比之下,头茬种植烤烟的烟株根系发达,生长状态较好。

表 5-16　不同轮作模式对烤烟根系活力的影响（2016 年）

处理	烤烟根系活力 / (TTC（μg）/ 根（g）h)		
	团棵期（30 d）	旺长期（50 d）	打顶期（70 d）
T1	121.75 e	187.63 e	139.46 d
T2	201.46 a	237.02 a	173.54 a
T3	153.89 d	198.26 d	166.80 b
T4	161.98 c	213.87 c	167.57 b
T5	171.49 b	219.69 b	161.59 c

注：每列数值后面的小写字母表示在 $P < 0.05$ 时有显著差异。

连作烤烟会导致烟株生长、烟叶产量和产值以及烟叶的化学成分等指标发生显著变化。从表 5-17 中我们可以看出,不同轮作模式下的产量大小顺序为:玉米＞红薯＞土豆—萝卜＞大豆(四季豆)＞烟叶连作。与烟叶连作相比,采用不同轮作模式后,各处理的产量和产值均有所增加。具体来说,产量增加了 1.95%～8.17%,产值增加了 14.43%～21.85%。在所有轮作模式中,以烟叶 – 玉米 – 烟叶的轮作组合对产量和产值的提升幅度最大。此外,关广晟等人的研究还表明,水旱轮作下的烟叶在总糖、还原糖、总氮含量以及氯、钾含量等方面均高于连作。

表 5-17　不同轮作模式对烤烟经济指标的影响（2016 年）

处理	产量 / (kg/亩)	产值 / (元/亩)	上等烟率 / (%)
T1	118.75 c	3004.38 c	51.56
T2	128.45 a	3660.83 a	56.85
T3	121.07 bc	3462.60 b	52.63
T4	123.91 abc	3531.44 ab	52.06
T5	123.66 abc	3450.11 b	52.66

注：每列数值后面的小写字母表示在 $P < 0.05$ 时有显著差异。

从表 5-18 中的数据可以看出,不同轮作模式下烟叶的还原糖含量存在显著差异。具体而言,还原糖含量的大小顺序为:玉米＞红薯＞大豆(四季豆)＞烟叶连作＞土豆(萝卜)。各处理的还原糖含量在 11.45%～15.52% 之间,极差为 7.17%,变异系数为 14.36%。这表明不同轮作模式对烟叶还原糖含量的影响较大,且各处理间的差异较为明显。同时,烟叶的总糖含量也在一定范围内波动,总糖含量在 18.07%～22.50% 之间,变异系数为 9.85%。值得注意的是,种植大豆 – 四季豆的处理中总糖含量最高,而烟叶连作处理的总糖含量则最低。这一结果进一步证实了合理的轮作模式对提高烟叶化学成分含量的重要性。

表 5-18 不同轮作模式对烟叶化学指标的影响(C3F)

处理	还原糖含量 /(%)	总糖含量 /(%)	钾含量 /(%)	总氮含量 /(%)	总植物碱含量 /(%)
T1	12.11 d	18.07 e	1.44 d	2.10 b	2.04
T2	15.52 a	20.56 d	1.54 c	2.05 d	2.49
T3	13.62 c	22.50 a	1.45 d	2.00 c	2.56
T4	15.00 b	22.15 b	2.09 a	2.06 b	2.13
T5	11.45 e	18.50 c	1.99 b	2.22 a	2.47

注:每列数值后面的小写字母表示在 $P < 0.05$ 时有显著差异。

第四节 不同耕作模式对植烟土壤连作障碍的消减作用

一、耕作模式的意义

由于长期连作和单一的施肥措施,导致土壤耕层浅薄,理化性状恶化,严重威胁到我国烟草农业的可持续发展。据统计,每年因烟草连作带来的直接及间接经济损失高达 40 亿元。当前,旋耕作为烟区生产的常规耕作方式,虽然可以降低表层土壤容重,但长期连续旋耕会导致植烟土壤耕层变薄,通透性变差,从而影响烟叶的产量和质量。

为了缓解土壤压力,改善土壤养分,协调烤烟化学成分,提高植株的抗病、抗逆性,以及增加产量和质量,当前采取的主要措施之一是因地制宜地改善耕作技术和制度。耕作活动不仅可以改进耕层土壤特性,还能显著提高土壤的保水保墒能力。不同的耕作方式对土壤的改善能力有所不同,良好的耕作方式不仅不会对土壤造成破坏,反而会提高土壤的物理特性。

深松、深耕和旋耕等耕作方式都可以有效地改变土壤物理特性,如降低土壤容重、增大孔隙度、降低紧实度等。这些耕作方式为烤烟地下部分的生长提供了良好的环境基础。随着耕作深度的增加,烤烟的烟叶叶面积、整株的干物质积累量等农艺性状指标均有一定程度的提高。深耕不仅能保持土壤疏松和水分适宜,还有益于土壤的熟化,增强肥力,加速土壤升温,改善土壤微生物群落的活动,加速有机物的利用和分解,从而缓解自毒物质及病原微生物对植物的伤害。

二、不同的耕作模式对烤烟的影响

耕作方式对土壤的影响是多方面的,其中最为直观的是对土壤理化性质的影响。这些影响可以通过一系列的物理指标来量化,包括土壤容重、孔隙度、紧实度、含水率、温度以及各粒级团聚体含量等。为了深入探究不同耕作方式对土壤及烤烟的具体影响,湖北省恩施州利川市烤烟试验基地开展了一项重要的试验研究。

该试验共设置了四个处理组,分别是:

(1)T1:免耕处理,即不进行任何耕作活动,以保持土壤的自然状态。

(2)T2:浅耕处理,使用旋耕方式耕作至 20 cm 深度,这是一种较为温和的耕作方式。

(3)T3:浅耕处理,但使用犁耕方式至 20 cm 深度,与 T2 相比,这是一种稍微强烈的耕作方式。

(4)T4:深耕处理,使用犁耕方式耕作至 40 cm 深度,这是最为强烈的耕作方式。

每个处理组都设置了三个重复,以确保结果的准确性和可靠性。通过这样的试验设计,可以系统地比较不同耕作方式对土壤理化性质的影响,以及这些影响如何进一步作用于烤烟的生长和产量。

(一)不同耕作模式对植烟土壤的影响

根据表 5-19 的数据,不同冬耕深度对土壤 pH 值和有机质含量有显著影响。土壤 pH 值范围在 5.67 至 6.09 之间,其中犁耕 40 cm 处理的 pH 值最高,而旋耕 20 cm 处理的 pH 值最低。各处理间的 pH 值变异系数为 3.22%,表明不同冬耕深度下土壤 pH 值的变化幅度相对较小。

在土壤有机质含量方面,表现为犁耕 40 cm＞犁耕 20 cm＞旋耕 20 cm＞不冬耕的顺序。犁耕 40 cm 处理的有机质含量最高,达到 2.97%,而变异系数为 16.92%,相对较高。这可能意味着在深耕处理下,土壤有机质的分布和积累受到较大影响,导致有机质含量的变化幅度较大。

此外,不同冬耕深度下土壤碱解氮、速效磷和速效钾含量均为犁耕 40 cm 处理最大。这表明深耕处理有利于提高土壤中的养分含量,为作物生长提供更好的营养环境。

Zhang HL 等人的研究也支持了深耕对土壤和作物生长的积极影响。他们认为,深耕能够增加活土层的厚度,为作物根系提供更广阔的生长空间,有利于根系的伸展和营养吸收。同时,深耕还能使紧实的土层变得松碎,降低土壤容重,进一步提高土壤的通气性和保水性。这些效应都有助于提高作物的生长速度和产量,实现农业的可持续发展。

表 5-19　冬耕深度对土壤理化指标的影响

处理	pH 值	有机质含量 /（%）	养分含量 /（mg/kg）		
			碱解氮	速效磷	速效钾
T1	5.89	2.03	103.78	39.06	213.44
T2	5.67	2.21	131.40	30.66	271.02
T3	6.05	2.52	138.67	32.33	275.06
T4	6.09	2.97	159.93	44.61	301.12

　　酶是自然界不可或缺的一部分，尤其在土壤中，它们是各种化学反应的重要参与者，其存在直接体现了土壤的生物活性与活跃程度。土壤酶的主要来源包括土壤微生物、根系分泌物以及动物残体。不同的耕作方式和深度对土壤中的脲酶、蔗糖酶、磷酸酶等酶活性有着显著影响。研究表明，深耕不仅能够增加土壤中的微生物数量，还能提高蔗糖酶和磷酸酶的活性。

　　根据表 5-20 的数据，不同耕作方式下土壤酶活性呈现出一致的趋势，即酶活性大小顺序为 T4 > T3 > T2 > T1，表明耕作深度增加，土壤酶活性逐渐增强。犁耕 40 cm 与其他耕作方式相比，土壤酶活性差异显著，特别是与免耕相比，酶活性（除过氧化氢酶外）均有极显著差异。旋耕 20 cm 和犁耕 20 cm 之间酶活性差异不显著，可能反映了这两种耕作方式对土壤酶活性影响较小或机制相似。因此，在农业生产中，应根据土壤和作物需求选择合适的耕作方式和深度，以最大化土壤酶活性，促进作物生长和产量提升。

表 5-20　耕作方式对土壤酶活性的影响

试验处理	蔗糖酶 /（mg/g）	脲酶 /（mg/g）	过氧化氢酶 /（mL/g）
T1	3.02 cC	18.31 cC	1.13 bB
T2	4.39 bB	19.21 bB	1.13 bB
T3	4.52 bB	19.52 bB	1.41 bB
T4	5.52 aA	29.20 aA	1.96 aA

　　根据表 5-21 的数据，不同耕作方式下土壤细菌总量展现出明显的差异，具体表现为 T4 > T3 > T2 > T1，T4 处理显著高于其他耕作方式，其细菌总量是 T1 处理的 3 倍多。这一结果凸显了深耕处理在提升土壤细菌总量方面的显著优势。进一步分析显示，T4 处理与其他耕作方式在细菌、芽孢杆菌、霉菌、放线菌和固氮菌等微生物类群上均存在极显著差异。这一发现进一步证实了深耕对土壤微生物群落结构的重要影响。与前人的研究成果相一致，本试验再次证明了深耕在提高土壤微生物量和改善土壤微环境方面的积极作用。深耕通过优化土壤通气性和透水性，为微生物提供了更加适宜的生长条件，进而促进了微生物的繁殖和活性。

表 5-21 耕作方式对土壤微生物主要种群数量的影响（cfu/g）

处理	细菌	芽孢杆菌	霉菌	放线菌	固氮菌
T1	1.8×10^6 dD	1.6×10^5 dD	6.6×10^4 aA	1.7×10^5 cC	1.2×10^6 dD
T2	2.2×10^6 cC	3.4×10^5 bB	3.1×10^4 bB	2.5×10^5 bB	3.3×10^6 bB
T3	2.3×10^6 bB	3.1×10^5 cC	2.5×10^4 cC	2.5×10^5 bB	3.1×10^6 cC
T4	6.2×10^6 aA	5.0×10^5 aA	1.9×10^4 dD	2.7×10^5 aA	4.5×10^6 aA

（二）不同耕作模式对烟株生长和产质量的影响

土壤作为作物生长的基础，为作物根系提供了直接接触的介质。为了实现作物优质高产，我们需要采取合理的耕作模式，确保在提高养分利用率的同时，也保护土壤质量。耕作方式直接影响土壤环境，显著改善土壤的物理性状，为作物根系创造更理想的生存环境。深耕等耕作方式能够降低土壤容重和紧实度，增加土壤孔隙度，为根系下扎和分布提供了有利条件。

研究表明，深耕不仅提高了土壤的水分渗透率、导水能力、保水能力和保肥能力，还为根系的生长奠定了坚实基础。本试验的数据（参见表 5-22）进一步证实了这一点：与免耕和浅耕相比，深耕 40 cm 处理下的烤烟根系活力更高。这一发现与周静等人在玉米研究中的结论相呼应，即深耕处理能增加玉米的呼吸速率和根系活力。

表 5-22 耕作方式对烤烟植株根系活力的影响

处理	根系活力 /（TTC（μg）/根（g）h）		
	团棵期（移栽 30 d）	旺长期（移栽 50 d）	打顶前（移栽 70 d）
T1	151.10 dD	218.36 cC	221.12 cC
T2	168.32 cC	228.55 bB	235.11 bB
T3	185.62 bB	234.02 aA	238.36 aA
T4	199.37 aA	236.57 aA	239.09 aA

烟叶农艺性状是评估各种栽培措施效果的关键指标，也是衡量烟叶产量和质量的重要依据。根据表 5-23 的数据，深耕处理在团棵期和打顶期均表现出优势：无论是烤烟植株的株高，还是最大叶长和叶宽，深耕处理均高于免耕和浅耕。在不同时期，烤烟的叶长和叶宽均呈现出 T4 > T3 > T2 > T1 的趋势。

根据表 5-24 的数据，不同耕作方式下烤烟烟叶的产量和产值呈现出一致的规律：T4 处理显著高于其他耕作方式，产量最大值与最低值之间相差 383.81 kg/hm²。同时，上等烟率也呈现 T4 > T3 > T2 > T1 的趋势。产值和产量作为烤烟经济效益的核心体现，其基础在于烤烟生育期内生物量的积累，而产值的关键则在于烤烟的质量。这些差异的背后,深耕起到了关键的作用。深耕改善了土壤环境,提高了耕作层土壤的物理特性,从而间接影响了土壤内部的养分状况。这种改善促进了根系的生长和对养分的吸收,进一步增加了烟叶化学成分的协调性。

表 5-23　耕作方式对烤烟植株农艺性状的影响

处理	团棵期（移栽 30 d）				打顶前（移栽 70 d）			
	株高 /cm	最大叶长 /cm	最大叶宽 /cm	叶长/叶宽	株高 /cm	最大叶长 /cm	最大叶宽 /cm	叶长/叶宽
T1	42.8 bB	47.8 bB	21.0 cC	2.28	103.3 cC	62.8 cC	35.8 dD	1.75
T2	43.1 bB	47.9 bB	22.4 bB	2.14	106.2 bB	63.6 bB	37.4 bB	1.70
T3	46.5 aA	52.1 aA	24.6 aA	2.12	114.1 aA	65.3 bB	40.9 bB	1.60
T4	47.1 aA	52.6 aA	25.3 aA	2.07	114.9 aA	69.4 aA	43.7 aA	1.59

表 5-24　耕作方式对烟叶经济指标的影响

处理	产量 / (kg/hm²)	产值 / (元 /hm²)	上等烟率 / (%)
T1	1653.75 dD	37521.00 dD	53 cC
T2	1848.75 cC	46402.50 cC	57 bB
T3	1941.26 bB	48948.75 bB	59 aA
T4	2037.56 aA	49936.19 aA	61 aA

第五节　生物质炭对植烟土壤连作障碍的消减作用

一、生物质炭对土壤和作物的影响

生物质炭是一种经过高温裂解而成的多孔固体颗粒物质,具有巨大的比表面积、丰富的含氧官能团、高度芳香和富含碳素的特点。它来源于工农业或生活等废弃物,在缺氧或无氧条件下制成。这种物质因其独特的性质,如大比表面积、强吸附性和高稳定性,被广泛应用于土壤改良。生物质炭中含有大量的钾、钠、钙、镁等矿质元素,这些元素以氧化物或碳酸盐的形式存在于灰分中,溶于水后呈现碱性。灰分含量越高,pH值也会越高。这种碱性特质使得生物质炭在施入土壤后,能够改善土壤的通气性和持水性,为土壤微生物的繁殖和植物根系的生长创造有利条件。与其他有机质相比,生物质炭能够长期保持粒状结构。这些粒状结构与土壤团聚体的结构功能相似,有助于增加土壤水分和养分含量,为其他微生物提供适宜的生存环境。此外,尽管生物质炭的阳离子交换量(CEC)较低,但其表面却具有大量的正负电荷,这些电荷可以提高其对土壤中阳离子的吸附能力,从而进一步增加土壤养分含量。近年来,由于生物质炭在改善土壤质量、提高作物产量等方面的显著效果,它作为土壤改良剂已经成为全球关注的热点。通过合理利用这种废弃物制成的生物质炭,我们不仅可以实现资源的循环利用,还可以为农业生产的可持续发展做出积极贡献。

二、生物质炭的不同施用量对烤烟的影响

为了深入研究生物质炭在改良植烟土壤中的最佳应用量,我们以云烟 87 为试验材料,设计了五种不同的生物质炭施用量处理。这些处理涵盖了从不施用生物质炭(CK)到高量施用(T4:37500 kg/hm²)的各种情况,以全面评估生物质炭对土壤理化性状的影响。具体来说,我们的处理设置如下:

CK:作为对照,此处理不施用任何生物质炭,以便与其他处理进行比较。

T1:施用谷壳黑炭 7500 kg/hm²,这是一个相对较低的施用量,旨在初步探索生物质炭对土壤的改效果。

T2:施用谷壳黑炭 15000 kg/hm²,此处理旨在观察中等施用量下生物质炭对土壤的影响。

T3:施用谷壳黑炭 30000 kg/hm²,这是一个相对较高的施用量,用以评估生物质炭在高浓度下对土壤的改良效果。

T4:施用谷壳黑炭 37500 kg/hm²,此处理为最高施用量,旨在探索生物质炭的最大改良潜力及其对土壤理化性状的长期影响。

每个处理均设置 3 个重复,以确保结果的准确性和可靠性。

(一)生物质炭的不同施用量对植烟土壤的影响

生物质炭在土壤改良中发挥着重要作用,特别是对提高土壤 pH 值和增加土壤有机碳含量方面。张伟明等的研究表明,当生物质炭与肥料结合施用于南方典型老成土时,土壤 pH 值可以提高 0.1%~0.46%。这一提升不仅有助于改善土壤酸性,还能提高土壤有机碳的比例,进而提升土壤 C/N 比,促进土壤中氮素的利用率。

从表 5-25 中的数据可以看出,随着生物质炭施用量的增加,土壤 pH 值呈现出上升趋势。具体来说,施用生物质炭后,土壤 pH 值上升了 0.16%~0.85%。其中,当生物质炭的用量为 2500 kg/ 亩时,土壤 pH 值的上升幅度最大,与对照相比提升了 14%。这一结果进一步证实了生物质炭在提高土壤 pH 值方面的有效性。

除了对土壤 pH 值的影响外,生物质炭还能显著增加土壤有机质含量。研究发现,土壤有机质含量与土壤 pH 值的变化规律一致,也是随着生物质炭用量的增加而呈现增加趋势。这一发现对于提升土壤肥力、改善土壤结构具有重要意义。

需要注意的是,生物质炭对土壤 pH 值的改变受到多种因素的影响,包括土壤质地等。因此,在实际应用中,需要根据具体土壤条件来确定生物质炭的最佳施用量,以达到最佳的改良效果。

表 5-25　生物质炭不同用量对 pH 值及有机质含量的影响

处理	pH 值		有机质含量 /（%）	
	2016 年	2017 年	2016 年	2017 年
CK	5.53	5.39e	1.36	1.32e
T1	5.69	5.73d	1.39	1.46d
T2	5.83	5.85c	1.44	1.49c
T3	5.91	5.96b	1.56	1.73b
T4	6.12	6.13a	1.77	1.93a

注：每列数值后面的小写字母表示在 $P < 0.05$ 时有显著差异。

关于生物质炭对植烟土壤酶活性的影响，尽管目前研究相对较少，但已有的一些发现揭示了其重要性。Lehmann 和 Joseph 的研究表明，生物质炭能够通过吸附反应底物来促进酶促反应，进而提高土壤酶活性。此外，生物质炭还能通过改善土壤 pH 值、提高含水量、盐分含量、有机质含量以及增加微生物数量等多种途径来增强土壤酶活性。

从表 5-26 中可以看出，施用生物质炭后，土壤酶活性得到了提升。各种酶活性随着生物质炭用量的增加，均呈现先上升后下降的趋势。具体而言，当生物质炭施用量在 15000～30000 kg/hm² 的范围内时，各种土壤酶活性相对较高。

表 5-26　生物质炭不同用量对土壤酶活性的影响（2017 年）

处理	酶活性 /（mg/g）			
	过氧化氢酶	蔗糖酶	脲酶	酸性磷酸酶
CK	0.98b	1.16c	0.26b	11.70d
T1	1.11a	1.21b	0.35a	12.94c
T2	1.12a	1.27a	0.38a	14.03b
T3	1.09a	1.26a	0.39a	16.22a
T4	0.89c	1.21b	0.34a	11.38d

注：每列数值后面的小写字母表示在 $P < 0.05$ 时有显著差异。

生物质炭不仅自身富含养分元素，其表面还含有大量的含氧官能团和电荷，这些特性使得生物质炭对土壤中的 NH_4^+ 等离子具有出色的吸附能力，从而有助于固定土壤养分并减少养分的淋失。陈懿等的研究进一步证实了这一点，他们发现随着生物质炭用量的增加，植烟土壤的含水率、速效磷和速效钾含量也逐渐增加。

从表 5-27 中的数据可以看出，施用生物质炭确实有助于活化土壤中的养分。与 2016 年相比，2017 年施用生物质炭后，碱解氮含量增加了 2.34%～8.73%，速效磷含量增加了 1.97%～18.93%，速效钾含量增加了 2.61%～17.57%。这些增长数据清晰地展示了生物质炭在提高土壤养分含量方面的积极作用。

此外，赵殿峰等的研究也发现，施用生物质炭能够显著提高植烟土壤中的速效磷含量。然而，他们也指出，施用过量的生物质炭并不利于提高土壤养分。这一观点与本研究的结果相一致，进一步强调了合理控制生物质炭施用量的重要性。

表 5-27　生物质炭不同用量对土壤速效养分的影响（%）

处理	2016 年			2017 年		
	碱解氮含量	速效磷含量	速效钾含量	碱解氮含量	速效磷含量	速效钾含量
CK	79.61	40.99	83.68	86.56	46.35	98.38
T1	81.38	66.86	88.59	87.59	71.67	101.04
T2	88.56	80.06	95.55	92.39	81.64	105.58
T3	86.54	57.78	105.55	90.63	68.72	109.83
T4	82.22	56.53	99.56	87.21	65.91	102.16

注：每列数值后面的小写字母表示在 $P < 0.05$ 时有显著差异。

（二）生物质炭的不同施用量对烟株生长和产质量的影响

大量研究已经证实，生物质炭在促进作物生长发育方面发挥着重要作用。通过提高土壤的 pH 值和 EC 值，改善土壤水分含量，以及降低土壤中 Al^{3+} 的含量，生物质炭为作物创造了更加适宜的生长环境。此外，生物质炭还能提高土壤的全量和有效养分，间接提升作物对养分的吸收效率，进一步促进作物的生长。

赵殿峰等的研究表明，生物质炭的施用确实能够提升烤烟的农艺性状和干物质量。官恩娜等的研究则进一步发现，生物质炭不仅能改良土壤的理化性状，还能有效抑制土壤中烟草黑胫病菌的活性和数量，为烤烟生长提供了生物防护。

从表 5-28 中可以看出，施用生物质炭后，烤烟的主要田间农艺性状得到了明显改善。随着生物质炭用量的增加，株高、茎围和最大叶面积均呈现出先上升后下降的趋势。在生物质炭用量为 30000 kg/hm² 时，烤烟的农艺性状达到了最优状态，这为我们在实际生产中合理确定生物质炭的施用量提供了重要参考。

表 5-28　不同处理烤烟主要农艺性状（打顶后）（2017 年）

处理	株高 /cm	茎围 /cm	最大叶面积 /cm²	顶叶面积 /cm²
CK	103.11	8.97	1251.49	387.71
T1	108.11	9.20	1178.73	445.04
T2	106.67	8.97	1136.98	414.31
T3	110.19	9.36	1201.29	467.64
T4	107.56	8.94	1184.13	438.41

根据表 5-29 的数据,施用生物质炭对降低烤烟青枯病的发病率具有显著效果。在移栽后的 60 天内,随着生物质炭用量的增加,烤烟植株的发病率和病情指数呈现出明显的下降趋势。具体来说,发病率降低了 43.8%～67.3%,这一降幅是非常显著的。与对照相比,各处理之间的差异极其明显,这表明生物质炭的施用对烤烟青枯病的防治具有积极的影响。

表 5-29 生物质炭不同用量对青枯病发生的影响(2017 年)

处理	移栽后 60 d		移栽后 90 d	
	发病率 /(%)	病情指数	发病率 /(%)	病情指数
CK	4.04 a	0.45	39.72 a	4.41 a
T1	1.32 c	0.15	20.91 b	2.32 b
T2	1.78 bc	0.20	21.39 b	2.38 b
T3	1.32 c	0.15	17.84 b	1.98 b
T4	2.27 b	0.25	15.23 b	1.69 b

注:每列数值后面的小写字母表示在 $P < 0.05$ 时有显著差异。

在植烟土壤中施用生物质炭对烟叶的化学成分和产量品质具有显著影响。研究表明,生物质炭的施用可以提高烟叶的钾含量,并降低上部烟叶的烟碱含量,这有助于改善烟叶的化学成分和燃烧性质。此外,生物质炭还能显著提高烤后烟的化学成分,进一步证明其在提高烟叶品质方面的潜力。王丽渊等的研究发现,土壤中施用生物质炭能够增加烤烟的干物质积累量,这与本研究的结果一致。干物质积累量的增加有助于提高烟叶的产量和品质,为农民带来更高的经济效益。

从表 5-30 中可以看出,随着生物质炭用量的增加,烟叶的产量、产值、均价和上等烟率均呈现出先上升后下降的趋势。在生物质炭用量为 30000 kg/hm²(T3)时,各项指标达到最大值,而对照处理(CK)的各项指标均为最低。与对照相比,产量提高的最大幅度为 10.89%,其中 T2 处理与 CK 相比,上等烟率提高了 6.8%。这一结果表明,合理的生物质炭施用量可以显著提高烟叶的产量和品质。生物质炭对土壤养分的活化作用可能是其提高烟叶产量和品质的主要原因。生物质炭的施用可以改善土壤的理化性质,提高土壤养分的有效性和可利用性,从而更利于营养物质的吸收和转化。这种作用不仅促进了烤烟的生长和发育,还改善了烟叶的品质,提高了产值。

表 5-30 生物质炭不同用量对烟叶经济性状的影响(2017 年)

处理	产量 /(kg/ 亩)	产值 /(元 / 亩)	均价 /(元 /kg)	上等烟率 /(%)
CK	107.35 c	1876.59 e	17.48	49.78
T1	113.56 b	2080.93 d	18.32	52.69
T2	116.91 a	2213.53 b	18.93	53.71
T3	119.04 a	2378.53 a	19.98	53.48
T4	117.81 a	2131.28 c	18.09	51.36

注:每列数值后面的小写字母表示在 $P < 0.05$ 时有显著差异。

第六节　微生物调理菌剂对植烟土壤连作障碍的消减作用

一、微生物菌剂对土壤和作物的影响

烤烟的长期连续种植已经对土壤产生了深远的影响。它改变了土壤的物理化学特性，降低了养分含量，并影响了土壤酶的活性。这些变化导致了土壤微生物群落的失衡，增加了病虫害的发生率，并阻碍了烟株的正常生长发育，进而降低了烟叶的品质和产量。然而，土壤中的微生物在维持土壤健康和促进养分转化方面扮演着至关重要的角色。它们不仅参与腐殖质的形成，而且对自毒物质具有一定的分解能力。因此，通过增强土壤中有益微生物的数量和活性，我们有可能缓解或消除作物的自毒效应，为烟株创造更为有利的生长环境。

微生物菌剂是一种经过特殊工艺制备的生物制剂，其中含有丰富的活菌。它不仅能够提升土壤肥力，增强植物对养分的吸收能力，还能够提高作物的抗病能力。通过刺激和调控作物的生长，微生物菌剂可以促进作物对水分的吸收，并在作物根际形成广泛的微生物群落，从而抑制有害微生物的生存和繁殖。此外，微生物菌肥在提高根际土壤酶活性、改善土壤理化性质以及优化微生物群落结构方面发挥着重要作用。它能够促进植物的光合作用，加强根系对养分的吸收，进而提升作物的产量。对于长期连作的土壤，施用微生物菌剂有助于增加有益微生物的数量，提高根际微生物群落的多样性，从而抑制有害微生物的生长，减少病原菌的增殖。土壤微生物群落结构和组成的多样性与均匀性对于提高土壤生态系统的稳定性和缓冲能力至关重要。它们不仅有助于维持土壤的健康状态，还能够抵抗外部环境对土壤微生态的恶化影响。

二、自制微生物调理菌剂对烤烟的影响

在湖北省烟草研究院的引领下，我们成功筛选出一组具有显著生防效果的微生物——ZM9、YH-22、3-10 和 BG2 混合发酵菌液，这些微生物的主要功能是防治烟草青枯病。此外，我们还筛选出了具有解钾功能的 NG1 菌、解磷功能的 B23 菌以及促生功能的 A10 菌。这些微生物被精心组合并制成了一款多功能微生物土壤调理菌剂。

为了全面评估这款多功能微生物土壤调理菌剂对植烟土壤及烟株生长发育的影响，我们在大田环境下进行了严谨的试验。试验共设置了两个处理组：T1 组在移栽后兑水灌根的方式施用了 1 kg/ 亩干粉菌剂；而 T2 组则作为对照，不施用任何调理剂。

（一）微生物调理菌剂对植烟土壤的影响

Blum 等人的研究确实指出了酚酸类物质与土壤微生物数量和活性之间的紧密联系。这些酚酸类物质在土壤中积累可能对作物产生自毒作用，影响它们的生长和发育。

然而,一些土壤微生物具有分解酚酸类物质的能力,这为我们提供了一种潜在的解决方案:利用这些有益微生物来缓解或解决自毒作用。从图 5-12 中可以看出,我们自制的多功能微生物土壤调理菌剂在降低烤烟根际土壤中酚酸类物质的含量方面表现出显著效果。特别是针对自毒作用较强的邻苯二甲酸和对羟基苯甲酸,施用菌剂后它们的含量分别降低了 18.97% 和 45.71%。

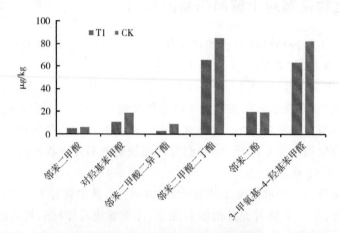

图 5-12　微生物调理菌剂对根际土壤化感自毒物质的影响(成熟期土样)

陈晓燕等人的研究揭示了枯草芽孢杆菌和地衣芽孢杆菌的聚谷氨酸复合微生物菌剂在促进土壤有机质分解、改善土壤酶活性以及提升土壤有机质含量方面的积极作用。这一发现对于提高土壤肥力、促进植物健康生长具有重要意义。姜勇雷等人的研究则进一步证实了微生物菌剂对烟草连作土壤理化性质及土壤胞外酶酶活性的影响。他们发现,3 种微生物菌剂均能有效提升连作土壤的 pH 值、有机碳、速效钾、速效磷、硝态氮和铵态氮含量,从而促进了烟草的生长。这一研究成果为烟草种植提供了新的土壤管理策略,有助于实现烟草产业的可持续发展。

结合表 5-31 的数据,我们可以看出,施用微生物菌剂可以有效提升土壤速效钾和有机质含量。这可能是由于微生物菌剂加速了土壤中氮、磷、钾等元素以及土壤中木质纤维类残渣等物质的转化,从而提高了土壤中相应的有效养分含量。这一发现进一步证明了微生物菌剂在改善土壤质量、提高作物产量和品质方面的潜力。

表 5-31　微生物调理菌剂对根际土壤主要养分的影响

处理	碱解氮含量 /(mg/kg)	速效磷含量 /(mg/kg)	速效钾含量 /(mg/kg)	有机质含量 /(%)
自制调理剂	140.62aA	16.94bB	205.02aA	2.16aA
CK	145.47aA	27.38aA	136.05bB	2.03bB

注:每列数值后面的小写字母表示在 $P < 0.05$ 时有显著差异;大写字母表示在 $P < 0.01$ 时有显著差异。

施用微生物菌剂对于提高根际土壤微生物的多样性具有显著效果。从枝菌根真菌能够显著增强连作土壤的酶活性,进而改善土壤微生物的结构。根据表 5-32 的数据,本研究发现在施用自制微生物调理剂后,土壤中的细菌及芽孢杆菌数量得到了大幅提升,分别增加了 68.75% 和 78.57%,而土壤霉菌的数量则显著降低了 43.57%。由表 5-33 可知,施用调理剂后,土壤的微生物多样性(以 Shannon 指数衡量)也得到了明显提升。T1 处理后的群落中各物种的相对密度(Shannon 均一性指数)也高于对照,这进一步证明了土壤微生物区系结构得到了有效的改善。尽管反映群落中常见物种数量的 Simpson 优势度指数没有明显变化,但 McIntosh 指数表明,施用调理剂后,土壤的碳源利用强度得到了显著的提升。

综上所述,本研究表明施用微生物菌剂不仅提高了根际土壤微生物的总量和功能多样性,还增强了土壤酶活性,从而改善了烤烟连作植烟土壤根际的微生态环境。这不仅促进了烟叶的生长,还提高了烟叶的产量和品质,从而在一定程度上减轻了烟草连作障碍的问题。

表 5-32　微生物调理菌剂对应的土壤微生物主要种群数量（cfu/g）

处理	细菌	芽孢杆菌	霉菌	放线菌	固氮菌
自制调理剂	2.7×10^8	7.5×10^6	2.7×10^4	1.4×10^6	4.2×10^6
CK	1.6×10^8	4.2×10^6	4.8×10^4	1.5×10^6	4.9×10^6

表 5-33　微生物调理菌剂对应的土壤微生物群落功能多样性指数

处理	Shannon 指数	Shannon 均一性指数	Simpson 指数	McIntosh 指数
自制调理剂	3.378	0.965	0.986	9.76
CK	3.148	0.948	0.989	8.49

（二）微生物调理菌剂对烟株生长和产质量的影响

根据表 5-34 的数据,我们可以明确看到自制调理剂在防治青枯病方面发挥了显著作用。在 7 月 15 日的评估中,其防效高达 71.4%,而在 8 月 15 日,防效依然维持在 60.8%,这充分证明了自制调理剂在提升土壤抵抗土传病害能力方面的有效性。与此同时,徐双红等人的研究也显示,使用微生物肥处理烤烟后,不仅在农艺性状、经济性状上表现优越,还显著增强了烤烟的抗病能力。朱忠彬等人的研究进一步证实了短芽孢杆菌 DZQ315 对烟株生长的促进作用,并指出其能诱导系统抗性,从而增强烟株的抗病能力。陈态等人的研究也发现,施用多抗生物有机肥能够降低烟草黑胫病和青枯病的发病率。杨云高等人的研究结果表明,生物有机肥处理后的烟株,在花叶病、赤星病、野火病、黑胫病等多种病害的发病率和病情指数上均低于对照。这些研究与本研究的发现高度一致,均指向了有益微生物在防治烟草病害方面的重要作用。这可能是因为有益微生物能够分泌抗生素和植物生长调节物质,这些物质对病原菌具有一定的抑制作用,从而能够减轻病害的发生。

表 5-34　微生物调理菌剂对土传病害（青枯病）发生的影响

时间	处理	发病株数	调查总数	发病率 /（%）	病情指数	防效 /（%）
7.15	自制调理剂	7	120	5.8	1.24	71.4
	CK	13	120	10.8	4.35	
8.15	自制调理剂	25	120	20.8	10.24	60.8
	CK	47	120	39.2	26.13	

通过科学施用微生物调节剂和有机菌肥，本研究显著提高了烟草的株高和有效光合叶片数，优化了烟叶中的有效化学成分含量比例。与去年相比，产量和烟叶产值分别提高了 11.29%～17.80% 和 15.80%～26.57%，这一提升不仅验证了微生物肥料对作物生长的积极影响，而且为农业生产提供了实质性的增产增收途径。张恒的研究进一步证实了有机肥和微生物菌剂在促进烤烟根系生长发育方面的重要作用。这些物质能够增强烟株从土壤中吸收营养物质的能力，确保烟株生长所需的肥力。王鹏等人的研究也表明，枯草芽孢杆菌和胶冻样芽孢杆菌等微生物可以显著改善云烟 87 的农艺性状，并促进根系生长，这为本研究提供了有益的参考。

根据表 5-35 的数据，施用微生物土壤调理剂明显促进了烟株的生长，表现为株高的显著增加。然而，对于茎围和叶片大小的影响并不显著。这表明微生物土壤调理剂主要作用于烟株的高度，可能与其促进根系发育、增加养分吸收能力有关。同时，表 5-36 显示，施用土壤调理剂显著提升了烟株的根系活力。根系活力的增强有助于提升烟株对水分和养分的吸收能力，以及关键物质的合成和转运能力。这些因素共同促进了烟株的生长发育，为实现高产优质打下了坚实基础。

表 5-35　微生物调理菌剂对烟株生长发育的影响（旺长期）

处理	株高 /cm	茎围 /cm	最大叶长 /cm	最大叶宽 /cm
自制调理剂	95.6 aA	9.3 aA	70.4 aA	27.8 aA
CK	92.5 bB	8.8 bB	69.5 aA	27.2 aA

注：每列数值后面的小写字母表示在 $P < 0.05$ 时有显著差异；大写字母表示在 $P < 0.01$ 时有显著差异。

表 5-36　微生物调理菌剂对烟株根系活力的影响

处理	根系活力 /（TTC（μg）/ 根（g）h）		
	30 d	50 d	70 d
自制调理剂	166.64 aA	226.26 aA	232.76 aA
CK	149.59 bB	216.18 bB	218.91 bB

注：每列数值后面的小写字母表示在 $P < 0.05$ 时有显著差异；大写字母表示在 $P < 0.01$ 时有显著差异。

杨云高等人的研究进一步揭示了生物有机肥对烟株的积极影响,他们发现经过生物有机肥处理的烟株,在圆顶期叶片的干鲜比较大,这意味着干物质积累较多,烟叶的质量得到了显著提升。与此同时,李更新等人的试验结果也表明,施用土壤改良复合微生物菌剂能够增加上等烟及中上等烟的比例,进一步证明了微生物肥料在提高烟叶品质方面的有效性。

从表 5-37 的数据中我们可以清晰地看到,施用调理剂能够显著提升烟叶的产量和产值,并且对烟叶的等级结构也有明显的改善作用。这一发现不仅验证了调理剂在农业生产中的实际应用价值,也为农民增产增收提供了新的途径。此外,表 5-38 的数据进一步证实了微生物调理剂对烟叶化学成分的优化作用。与对照相比,施用微生物调理剂能够降低烟叶的总氮含量及氯含量,这对于提高烟叶的品质和口感至关重要。同时,虽然施用自制调理剂的烟叶还原糖含量有所降低,但这并不影响其整体品质的提升。韩锦峰等人的研究也支持了本研究的结论,他们发现施用航天微生物菌剂叶面肥可以增强烟株的抗病性,提高均价与产值,进一步改善烟叶品质。陈玉国等人的研究同样发现,施用有机肥和微生物菌剂能够增加上等烟的比例,促进烟农增收,提高经济效益。这些研究与本研究的发现高度一致,共同证实了微生物肥料在提高烟叶产量和品质方面的重要作用。

表 5-37　微生物调理菌剂对烟叶产质量的影响

处理	产量 /（kg/ 亩）	产值 /（元 / 亩）	上等烟率 /（%）
自制调理剂	163.16 aA	3445.16 aA	52.35 aA
CK	145.27 bB	2713.43 bB	46.67 bB

注：每列数值后面的小写字母表示在 $P < 0.05$ 时有显著差异；大写字母表示在 $P < 0.01$ 时有显著差异。

表 5-38　微生物调理菌剂对烟叶内在化学成分的影响（C3F）

处理	还原糖含量 /（%）	钾含量 /（%）	总氮含量 /（%）	氯含量 /（%）	总植物碱含量 /（%）	总糖含量 /（%）
自制调理剂	13.47	1.32	1.96	0.18	2.55	22.48
CK	14.23	1.58	2.30	0.23	2.56	24.91

第六章 植烟土壤保育技术应用效果

烟草是重要的经济作物,烟叶质量的好坏与土壤的条件有着很重要的关系,在烤烟种植过程中要保持土壤的肥力才能够保证烟叶的质量,由于烟区土壤连作等导致土壤退化,并引起了土壤生产力下降、病害加重、烟叶产量降低和质量变劣等问题。因此,植烟土壤的保育及修复是保持植烟区烟叶可持续发展的关键。

第一节 土壤保育措施对土壤质量的提升

一、监测点的选择

在湖北省的鹤峰、利川、宣恩、保康、房县、兴山六大核心烟区,我们精心设立了六个长期定位监测区。这些监测点均位于土壤保育的核心示范区,旨在全面观察并优化土壤条件。在这些监测点,我们实施了多种土壤保育措施,包括但不限于轮作、绿肥种植、深耕冻垡、生物有机肥和农家肥的施用、施用陪嫁土,以及使用硝酸钾替代硫酸钾等。

为了长期监测核心烟区土壤的物理、化学和微生物性状变化,我们每年都会在烟田施肥前,从定位监测点采集土壤样品进行详尽的分析和检测。这些数据和观察结果为我们提供了宝贵的反馈,帮助我们不断完善土壤保育策略。关于各监测点的具体情况,详见表 6-1。

二、取样检测

在各个监测点,我们采集耕作层土壤,确保采样深度统一为 20 cm。采样时间严格控制在每年 11 月初至次年的 3 月底,确保在一到两周内完成所有采样任务。为了确保样品的代表性,每个地块选择 10～15 个小样点(即一坑土样)进行土壤采集,最终将这些小样点混合成一个均匀样品。在采样过程中,我们特别注意避开沟渠、林带、田埂、路边、旧房基、粪堆底以及地形不平坦等无代表性区域。采样完成后,我们在田间使用四分法弃去多余土壤,最终保留约 1.5 kg 的样品。这些样品随后装入 15 cm × 20 cm 的清洁棉布袋中,并附上内外标签以便识别。所有采集的土壤样品都将送往实验室进行检测。关于土壤检测的具体指标和方法,我们已详细列在表 6-2 中。

表 6-1　土壤保育核心示范区长期定位监测点

区域	县（市）	地点	海拔	保育修复措施
清江流域	鹤峰	鹤峰容美杨柳坪五组	1156 m（中海拔）	1. 绿肥种植、翻压还田； 2. 施用生物有机肥； 3. 硝酸钾替代硫酸钾； 4. 生石灰调节土壤酸碱度； 5. 施用钙镁磷肥
		鹤峰燕子清湖一组	1519 m（高海拔）	
	利川	利川汪营镇甘泉五组	1113 m（中海拔）	1. 绿肥种植、翻压还田； 2. 施用生物有机肥； 3. 硝酸钾替代硫酸钾； 4. 施用陪嫁土
		利川凉雾乡石马七组	1485 m（高海拔）	
	宣恩	宣恩晓关张关十六组	1090 m（中海拔）	1. 绿肥种植、翻压还田； 2. 施用生物有机肥； 3. 硝酸钾替代硫酸钾； 4. 生石灰调节土壤酸碱度； 5. 腐熟农家肥； 6. 施用生物质碳
		宣恩椿木营范家坪一组	1573 m（高海拔）	
神农架周边区域	房县	房县门古项家河红土沟	792 m（低海拔）	1. 合理轮作； 2. 施用有机肥； 3. 深耕冻垡； 4. 硝酸钾替代硫酸钾； 5. 施用陪嫁土； 6. 施用锌肥、镁肥
		房县九道八里村八里坡	1078 m（中海拔）	
		房县上龛二荒高桥河	1296 m（高海拔）	
	保康	保康马良老林垭四组	1008 m（中海拔）	1. 合理轮作； 2. 绿肥种植、翻压还田； 3. 施用有机肥； 4. 硝酸钾代替硫酸钾； 5. 施用陪嫁土
	兴山	兴山榛子乡板庙村六组	1325 m（高海拔）	1. 施用有机肥； 2. 深耕冻垡； 3. 硝酸钾替代硫酸钾； 4. 施用陪嫁土
		兴山黄粮界牌垭村一组	1095 m（中海拔）	

表 6-2　土壤检测指标及方法

测定项目	测定方法
容重	环刀法
总孔隙度	环刀法
质地	激光粒度法
pH 值	pH 计法
有机质	重铬酸钾－硫酸氧化容量法（外热源法）
碱解氮	碱解扩散法，半微量滴定
速效磷	碳酸氢钠提取，钼锑抗比色法（或者连续流动分析仪测定法）
速效钾	乙酸铵提取法，火焰光度计测定
交换性钙、镁	1N 醋酸铵浸提－原子吸收分光光度计测定
土壤微生物数量	平板计数法

三、土壤保育措施对植烟土壤物理性状的改善

（一）土壤容重

土壤容重,这一基本的物理性质,深刻反映了土壤的紧实程度及其蓄水能力,是评价土壤疏松程度的关键指标。它综合体现了土壤的质地、结构和疏松度等物理特性,而这些特性又受到土壤质地、结构、有机质含量等多种自然因素以及人为管理措施的影响。对于烟草种植而言,土壤容重对烟株根系的生长和发育具有显著影响。在容重较小的土壤中,烟株根系的生长量通常更为显著。经过长期实践和研究,植烟土壤的适宜容重范围通常在 1.1～1.4 g/cm³ 之间。

通过对比 2014 年至 2017 年恩施和神农架周边各监测点的数据,我们发现土壤容重呈现出一定的变化趋势。其中,鹤峰高海拔监测点的土壤容重最低,为 1.188～1.194 g/cm³,而利川中海拔监测点的土壤容重则相对较高,为 1.321～1.350 g/cm³,如图 6-1 和图 6-2 所示。

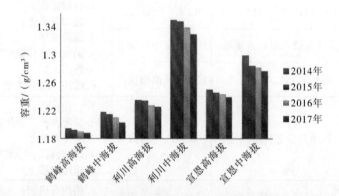

图 6-1　恩施各监测点土壤容重变化趋势

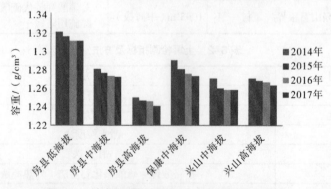

图 6-2　神农架周边各监测点土壤容重变化趋势

值得注意的是,从 2014 年至 2017 年,部分原本容重较高的监测点出现了明显的下降趋势。在同一县域内,中低海拔地区的容重下降幅度尤为显著。这得益于我们采取的一系列土壤保育修复措施,使得各监测点的土壤容重普遍呈现下降态势,下降幅度在 0.006～0.03g/cm³ 之间。其中,保康中海拔监测点的下降幅度最大,从 2014 年的 1.29g/cm³

降至 2017 年的 1.26 g/cm³。

这些变化不仅反映了土壤保育修复措施的有效性,也为我们未来的土壤管理提供了宝贵的参考。各监测点在保育修复措施上存在的差异,尤其是保康中海拔监测点实施的绿肥种植措施,可能是导致其土壤容重下降幅度较大的重要原因。这一发现对于我们在其他地区推广和应用土壤保育技术具有重要的指导意义。

(二)土壤总孔隙度

孔隙,作为土壤物理性质的关键组成部分,对土壤中的水、气、热流通与贮存,以及这些要素对植物的供应是否充分和协调起着至关重要的作用。孔隙度对烟株根系的生长与发育具有显著影响。当孔隙度适宜时,根系机能表现旺盛,侧根数量增多,从而使烟草生长更为健壮。研究表明,当总孔隙度范围在 47.26%~56.87% 之间时,土壤的通透性最适宜优质烤烟的生产。

观察图 6-3 和图 6-4 所展示的不同监测点土壤总孔隙度的变化情况,我们可以明显看出,鹤峰高海拔监测点的总孔隙度最大,达到了 53.55%~56.05%,而兴山中海拔监测点的总孔隙度则相对较低,为 46.24%~49.03%。在同一县域内,高海拔监测点的孔隙度普遍大于低海拔点。值得庆幸的是,各监测点植烟土壤的总孔隙度均处于上述的适宜范围内。

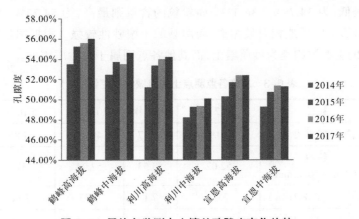

图 6-3　恩施各监测点土壤总孔隙度变化趋势

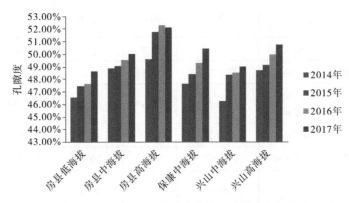

图 6-4　神农架周边各监测点土壤总孔隙度变化趋势

从 2014 年至 2017 年,各监测点的土壤总孔隙度普遍呈现上升趋势。其中,保康中海拔监测点的上升幅度最为明显,从 47.62% 增加至 50.41%,上升了 2.79 个百分点。相比之下,房县中海拔监测点的上升幅度较小,从 48.90% 增加至 50.04%,仅上升了 1.14 个百分点。这些变化都是在实施土壤保育修复综合措施的背景下发生的,表明这些措施有效地提升了各监测点的孔隙度,使土壤更加疏松,易于耕作,并且其通透性得到了显著改善。

(三)土壤机械组成

土壤机械组成,作为构成土壤结构体的基石,与土壤的成土母质和理化性质紧密相连。在烟草种植中,土壤质地对烟草品质具有直接的影响。多数研究表明,生产优质烤烟的土壤往往是砂质壤土。因此,质地较轻的中壤土和轻壤土在优质烟叶生产中被广泛认为是最适宜的土壤类型。土壤质地的形成主要受成土母质类型的控制,具有相对的稳定性。然而,通过耕作、施肥等农业管理措施,我们仍然可以对耕作层的质地进行微调,以优化土壤环境,促进烟草的生长。

从表 6-3 和表 6-4 中的数据可以看出,各监测点在土壤机械组成上存在着明显的差异。例如,房县中海拔监测点的砂粒含量最高,占比达到了 58.63%～61.68%,而黏粒和粉粒的含量则相对较低,分别为 5.41%～6.33% 和 32.58%～35.41%。相反,利川中海拔点的砂粒含量最低,为 34.78%～36.33%,而粉粒的含量则最高,为 54.73%～55.63%。这些差异使得利川的土壤质地相对较黏重,而房县的土壤砂性较强。根据国际制土壤质地分类标准,房县的土壤被归类为砂质壤土,而其他各点则属于粉砂质壤土。

表 6-3　恩施各监测点土壤机械组成变化（%）

地点	粒径	2012 年	2014 年	2015 年	2016 年	2017 年
鹤峰 高海拔	砂粒（0.02～2mm）	40.9	39.37	40.01	41.86	41.5
	粉粒 （0.002～0.02mm）	52.02	53.53	52.94	51	51.48
	黏粒（＜0.002mm）	7.08	7.1	7.05	7.14	7.02
鹤峰 中海拔	砂粒（0.02～2mm）	44	45.62	43.01	44.92	45.26
	粉粒 （0.002～0.02mm）	49.79	49.09	50.94	48.77	48.86
	黏粒（＜0.002mm）	6.21	5.29	6.05	6.31	5.88
利川 高海拔	砂粒（0.02～2mm）	34.78	36.33	35.12	35.81	35.12
	粉粒 （0.002～0.02mm）	55.6	55.63	54.73	54.79	55.55
	黏粒（＜0.002mm）	9.62	8.04	10.15	9.4	9.33
利川 中海拔	砂粒（0.02～2mm）	36.03	34.73	36.96	37.7	38.86
	粉粒 （0.002～0.02mm）	54.6	55.74	53.2	52.94	51.23
	黏粒（＜0.002mm）	9.37	9.53	9.84	9.36	10.91

地点	粒径	2012 年	2014 年	2015 年	2016 年	2017 年
宣恩高海拔	砂粒（0.02～2 mm）	41.66	41.4	43.33	40.87	40.64
	粉粒（0.002～0.02 mm）	49.69	50.18	48.31	50.9	51.11
	黏粒（＜0.002 mm）	8.65	8.42	8.36	8.23	8.25
宣恩中海拔	砂粒（0.02～2 mm）	44.63	41.3	45.07	42.31	45.07
	粉粒（0.002～0.02 mm）	46.88	48.66	49.15	49.44	46.3
	黏粒（＜0.002 mm）	8.48	8.56	7.26	8.24	8.62

表 6-4 神农架周边各监测点土壤机械组成变化（%）

地点	粒径	2012 年	2014 年	2015 年	2016 年	2017 年
房县低海拔	砂粒（0.02～2 mm）	60.93	59.91	58.08	57.62	54.38
	粉粒（0.002～0.02 mm）	34.29	37.78	36.92	35.54	37.68
	黏粒（＜0.002 mm）	4.78	6.31	5.01	6.83	7.94
房县中海拔	砂粒（0.02～2 mm）	61.68	59.46	60.86	59.09	58.63
	粉粒（0.002～0.02 mm）	32.58	34.99	33.72	34.58	35.41
	黏粒（＜0.002 mm）	5.41	5.55	5.42	6.33	5.96
房县高海拔	砂粒（0.02～2 mm）	57.86	53.89	53.64	51.93	50.89
	粉粒（0.002～0.02 mm）	34.04	38.88	39.36	39.75	41.56
	黏粒（＜0.002 mm）	8.1	7.23	7.01	8.32	7.55
保康中海拔	砂粒（0.02～2 mm）	45.87	42.23	44.25	43.73	44.62
	粉粒（0.002～0.02 mm）	46	49.63	46.6	48.63	47.35
	黏粒（＜0.002 mm）	8.13	8.14	8.24	7.97	8.03
兴山中海拔	砂粒（0.02～2 mm）	40.58	38.13	40.67	38.15	38.13
	粉粒（0.002～0.02 mm）	49.96	50.23	51.44	51.39	50.96
	黏粒（＜0.002 mm）	9.44	11.64	7.89	10.46	10.95
兴山高海拔	砂粒（0.02～2 mm）	41.07	41.59	41.6	39.98	42.21
	粉粒（0.002～0.02 mm）	50.76	50.6	49.96	52.39	50.11
	黏粒（＜0.002 mm）	8.17	7.81	8.44	7.63	7.68

在观察不同年份的数据变化时,我们发现鹤峰高海拔点的砂粒含量从 2014 年起逐年升高,而宣恩高海拔点的黏粒含量则逐年降低,表明这些区域的土壤黏性正在减弱。同样,房县监测点的砂粒含量也呈现出降低的趋势,这意味着其砂性正在减弱。这些变化都是在实施土壤保育修复综合措施的背景下发生的,说明这些措施有效地改善了原本黏性较重的土壤质地,使土壤质地趋于优化。对于房县监测点来说,尽管其土壤本身的砂粒含量较重,但通过土壤保育修复措施,砂粒含量得到了一定程度的控制,从而增强了土壤的保水保肥性。

四、土壤保育措施对植烟土壤化学性状的影响

土壤化学性状涵盖了元素的组成、化合物的形态及其相对含量,这些因素共同决定了土壤中矿质营养的供应水平。矿质养分对于烟叶的产量、内在品质和外观至关重要,因此,具备优秀矿质养分供应能力的土壤是确保烟草能够获得优质、高产且稳定产量的基石。

(一) 土壤酸碱性

图 6-5 展示了恩施各监测点在 2002 年和 2012 年的土壤 pH 值变化。从图中可以明显看出,各监测点的土壤 pH 值呈现出较为一致的酸化趋势。具体来说,鹤峰高海拔监测点的 pH 值从 5.33 降至 4.96,鹤峰中海拔则从 5.84 降至 5.39。同样,宣恩高海拔监测点的 pH 值从 5.44 降至 5.05,而宣恩中海拔则从 6.30 降至 5.77。

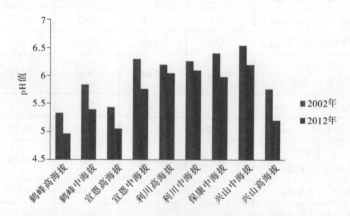

图 6-5　2002—2012 年各监测点土壤 pH 值变化趋势

对于烟叶生长而言,较为适宜的土壤 pH 值范围为 5.5~7.0。图 6-6 显示各监测点在 2014 年后的土壤 pH 值呈现出逐年提高的趋势。从 2014 年到 2017 年,各监测点的土壤 pH 值上升幅度为 0.05~0.34 个单位。其中,鹤峰高海拔和宣恩高海拔监测点的上升幅度最大。这可能是由于这两个监测点采取了生石灰调节土壤酸碱度、硝酸钾替代硫酸钾以及增施有机肥等土壤保育和修复措施。而其他各监测点也普遍采用了增施有机肥、硝酸钾替代硫酸钾以及深耕冻垡等土壤保育措施,使得土壤 pH 值的酸化趋势得到了明显缓解。图 6-7 所示为 2014—2017 年神农架周边各监测点土壤 pH 值变化趋势。

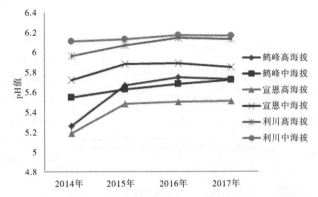

图 6-6　2014—2017 年恩施不同海拔监测点土壤 pH 值变化趋势

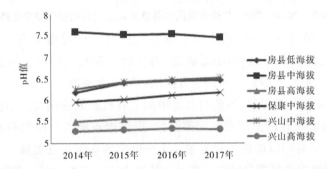

图 6-7　2014—2017 年神农架周边各监测点土壤 pH 值变化趋势

（二）土壤有机质

土壤有机质含量是衡量土壤肥力的重要指标，对于烟草生长尤为重要。普遍认为，植烟土壤的有机质含量应大于 15 g/kg，以确保土壤为烟草提供充足的营养。根据图 6-8 和图 6-9 的展示，我们可以看到各监测点的土壤有机质含量均在这个适宜范围内，这为烟草生长提供了良好的土壤环境。其中，鹤峰高海拔监测点的有机质含量最高，达到了 44.7～47.9 g/kg，这显示出该区域土壤肥力的优势。相比之下，房县低海拔点的有机质含量最低，为 15.7～16.4 g/kg，但仍然处于适宜范围内。值得注意的是，在同一县域内，高海拔监测点的有机质含量普遍高于低海拔点，这可能与不同海拔的气候、植被等因素有关。

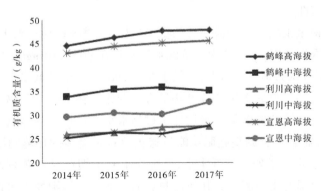

图 6-8　2014—2017 年恩施不同监测点土壤有机质含量变化趋势

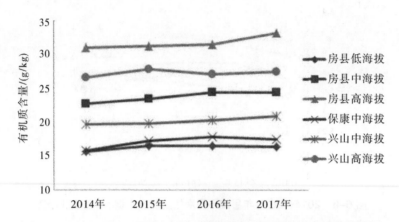

图 6-9　2014—2017 年神农架周边各监测点土壤有机质含量变化趋势

从 2014 年到 2017 年,各监测点的土壤有机质整体呈现出上升趋势,上升幅度在 3.38%～10.56% 之间。其中,保康中海拔、宣恩中海拔和利川中海拔的上升幅度超过了 10%,显示出这些区域在土壤保育和修复方面取得了显著成效。

为了提升土壤有机质含量,各监测点都增加了有机肥的施用量。恩施各监测点采取了绿肥种植、施用生物有机肥和农家肥等措施,而保康点则通过绿肥种植和增施饼肥来改善土壤。兴山、房县则以增施饼肥为主。这些措施的实施不仅提高了土壤的有机质含量,也证明了土壤保育修复综合措施在提升土壤肥力方面的有效性。然而,不同监测点之间的效果存在一定差异。采取绿肥种植的监测点有机质提升相对较多,这可能与绿肥作物对土壤有机质的贡献有关。此外,中海拔地区总体比高海拔地区的提升幅度大,这可能是由于中海拔点有机质基数相对较低,因此在增加相同量的有机质时,相对提升幅度更大。同时,中海拔地区的绿肥产量可能更高,这也为提升土壤有机质含量做出了贡献。

(三)土壤碱解氮

通过图 6-10 和图 6-11,我们可以清晰地看到各监测点土壤碱解氮含量的差异。总体来看,鹤峰县高海拔监测点的土壤碱解氮含量最高,而保康中海拔监测点的含量则最低。在 2014 年至 2017 年的时间段内,各监测点的土壤碱解氮含量变化趋势并不明显,显示出一定的稳定性。

碱解氮作为衡量土壤氮素供应能力的重要指标,能够灵敏地反映土壤的氮素动态和供氮水平。在烤烟生产中,通常认为土壤碱解氮含量在 90～150 mg/kg 之间为适宜水平,超过 150 mg/kg 则被认为是过高水平,而低于 90 mg/kg 则属于较低水平。

各监测点在不同年份的土壤碱解氮含量有所变化。在 2017 年,鹤峰的高、中海拔以及房县的高海拔监测点的碱解氮含量均处于过高水平,这可能意味着这些区域的土壤氮素供应能力过强,需要注意调整施肥策略以避免浪费和潜在的环境问题。相比之下,保康中海拔点的碱解氮含量处于较低水平,这可能限制了烟草对氮素的吸收,可能需要增加氮肥的施用量以提升土壤肥力。其他监测点的碱解氮含量则处于适宜水平,表明这些区域的土壤氮素供应能力适中,有利于烟草的生长。值得注意的是,各监测点年度之间的土壤碱解氮含量变化并没有显著的规律。

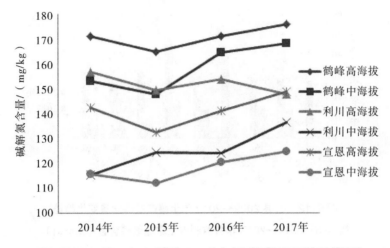

图 6-10　2014—2017 年恩施各监测点土壤碱解氮含量变化趋势

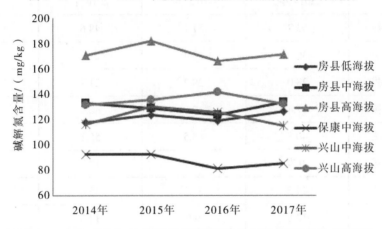

图 6-11　2014—2017 年神农架周边各监测点土壤碱解氮含量变化趋势

（四）土壤速效磷

速效磷是评估当季作物磷素供应能力的重要指标,其含量水平直接关系到作物的生长和产量。对于植烟土壤而言,速效磷的含量尤为关键。根据行业共识,当植烟土壤的速效磷含量超过 40 mg/kg 时,被认为是过高水平,这可能导致磷素的浪费和潜在的环境问题。当速效磷含量在 20～30 mg/kg 之间时,被认为是中等水平。而速效磷含量低于 10 mg/kg 则被认为是缺乏,这可能限制烟草的生长和产量。最理想的范围是 10～40 mg/kg,这为优质烟草的生长提供了适宜的磷素供应。

从图 6-12 可以看出,自 2002 年以来,各监测点所在县的土壤速效磷含量上升幅度显著,介于 66.3% 至 339.7% 之间。这种大幅度的上升表明,当前磷肥的施用量较大,但利用率却相对较低,导致大量的磷素在土壤中积累。另外,从2014年到2017年的数据来看,各监测点土壤速效磷的变化并没有明显的规律,如表6-5所示。

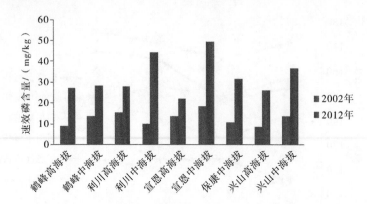

图6-12 各县2002—2012年土壤速效磷含量变化趋势

表6-5 2014—2017年各监测点土壤速效磷含量（mg/kg）

监测点	2014年	2015年	2016年	2017年
鹤峰高海拔	53.7	51.1	48.6	44.0
鹤峰中海拔	39.7	43.4	21.7	56.4
利川高海拔	28.0	29.2	21.7	26.3
利川中海拔	17.4	19.0	46.9	20.3
宣恩高海拔	40.8	48.5	55.1	62.7
宣恩中海拔	9.7	29.7	17.8	21.8
房县低海拔	44.5	37.6	35.6	36.6
房县中海拔	12.5	9.5	14.8	20.3
房县高海拔	31.2	9.0	25.5	16.9
保康中海拔	39.2	35.6	33.7	37.0
兴山中海拔	44.1	37.9	46.4	66.3
兴山高海拔	38.7	45.0	50.2	40.7

（五）土壤速效钾

土壤含钾量是优质烟草生产的关键因素之一。钾对于提高烟草的品质和产量具有重要作用,特别是在烟草生长的后期,叶片的含钾量会明显受到土壤速效钾的影响。通常认为,适宜种植烤烟的土壤速效钾含量应大于150 mg/kg。

从图6-13的数据可以看出,从2002年到2012年,各监测点的土壤速效钾含量都有不同程度的上升,上升幅度在 11.3%～44.9% 之间。其中,宣恩中海拔和兴山中海拔的土壤速效钾上升幅度最大,分别上升了 127.2 mg/kg 和 78.5 mg/kg。这表明在这些区域,土壤钾素的管理和调控措施取得了一定的成效。

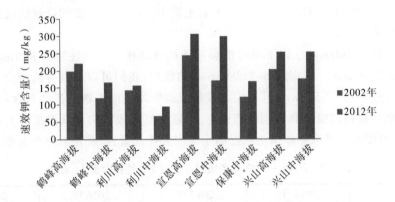

图 6-13 各监测点 2002—2012 年土壤速效钾含量变化趋势

然而,根据表 6-6 的数据,从 2014 年到 2017 年,各监测点的土壤速效钾含量仍然呈现上升趋势,说明当前的施肥制度下,土壤中速效钾的积累问题仍未得到有效解决。尽管各监测点的土壤速效钾含量均高于 150 mg/kg,处于适宜水平,但年度之间的变化并没有显著的规律。

表 6-6 2014—2017 年各监测点土壤速效钾含量（mg/kg）

监测点	2014 年	2015 年	2016 年	2017 年
鹤峰高海拔	290.05	295.66	322.8	310.57
鹤峰中海拔	253.2	224.36	256.18	284.71
利川高海拔	167.14	315.11	378.62	300.59
利川中海拔	143.98	165.59	152.25	173.22
宣恩高海拔	278.02	358.65	437.75	428.73
宣恩中海拔	269.60	289.03	271.46	294.33
房县低海拔	287.53	355.56	323.54	321.51
房县中海拔	131.604	164.25	158.04	172.28
房县高海拔	165.78	153.24	163.07	183.83
保康中海拔	375.43	402.15	398.26	412.31
兴山中海拔	273.50	313.54	378.88	393.68
兴山高海拔	335.30	363.27	382.16	379.53

（六）土壤交换性钙、镁

钙和镁是烟草生长中不可或缺的矿质元素，对烤烟的生长发育、产量和质量有着显著影响。钙在植物体内起到协调和平衡各种矿质营养素吸收的重要作用，而镁则是烤烟生理代谢活动的核心元素之一。因此，了解土壤中交换性钙和镁的含量状况对于指导植烟生产具有重要意义。

交换性镁在 100 mg/kg 以下很可能会导致烟株缺镁。交换性钙在 800 mg/kg 以下很可能会导致烟株缺钙。根据表 6-7 和表 6-8 的数据，我们可以看到各监测点土壤交换性钙和镁的含量存在一定差异。利川中海拔和保康中海拔的土壤交换性钙含量相对较高，这有利于烟草对钙的吸收和利用。相比之下，宣恩高海拔和房县低海拔的土壤交换性钙含量较低，可能需要采取一些措施来提高土壤中的钙含量，以满足烟草生长的需求。

表 6-7　2014—2017 年各监测点土壤交换性钙含量（mg/kg）

	2014 年	2015 年	2016 年	2017 年
鹤峰高海拔	1834.4	1929.5	1974.3	1884.4
鹤峰中海拔	2124.0	2072.1	2049.8	2075.4
利川高海拔	1938.7	1969.7	1997.8	1929.2
利川中海拔	2914.6	3023.5	2987.0	2981.8
宣恩高海拔	966.6	1095.6	1062.9	905.6
宣恩中海拔	1817.3	1961.9	2052.7	1781.5
房县低海拔	1077.0	1143.4	1079.9	1092.7
房县中海拔	1944.2	1872.5	2200.8	2069.9
房县高海拔	1143.8	1188.3	1143.4	1104.0
保康中海拔	2724.1	2788.9	2677.5	2722.2
兴山中海拔	1424.1	1470.7	1543.6	1433.8
兴山高海拔	1222.6	1314.8	1316.4	1309.8

表 6-8　2014—2017 年各监测点土壤交换性镁含量（mg/kg）

	2014 年	2015 年	2016 年	2017 年
鹤峰高海拔	78.2	94.7	80.2	79.8
鹤峰中海拔	92.1	91.8	94.6	91.3
利川高海拔	127.8	115.0	124.9	118.7
利川中海拔	134.9	122.9	135.5	124.9
宣恩高海拔	87.6	89.9	91.3	86.8
宣恩中海拔	142.2	136.8	135.4	137.3
房县低海拔	87.0	106.4	119.2	117.6
房县中海拔	95.7	114.3	135.5	131.9
房县高海拔	75.7	129.2	150.1	139.6
保康中海拔	326.9	286.8	303.7	321.6
兴山中海拔	245.3	229.6	250.1	229.9
兴山高海拔	202.7	229.6	219.5	211.9

在土壤交换性镁的含量方面,保康中海拔和兴山中海拔的监测点含量最高,这有利于烟草对镁的吸收。然而,鹤峰中海拔的土壤交换性镁含量最低,这可能导致该区域的烟株出现缺镁症状,需要引起关注并采取相应措施。

值得注意的是,各监测点土壤交换性钙的含量并没有明显的规律,但都在适宜区间内。这可能与不同地区的土壤类型、气候条件和施肥管理等因素有关。对于土壤交换性镁的含量,房县监测点由于从2014年起施用了镁肥,其含量得到了明显提升。至2017年,除了鹤峰和宣恩中海拔点的交换性镁含量偏低外,其他各点都处于适宜区间。

五、土壤保育措施对土壤微生物数量的影响

土壤微生物是土壤生态系统的重要组成部分,它们不仅参与土壤有机质的分解和养分的转化与循环,还是评估土壤质量的重要指标之一。微生物的数量和活性能够反映土壤的肥力状况和生态平衡情况。

根据图6-14、图6-15和图6-16的数据,我们可以看到各监测点土壤中细菌数量最多,其次是真菌,放线菌数量最少。这表明在这些监测点中,细菌是土壤微生物群落的主要组成部分,对土壤肥力和作物生长具有重要影响。

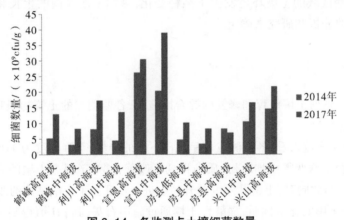

图6-14 各监测点土壤细菌数量

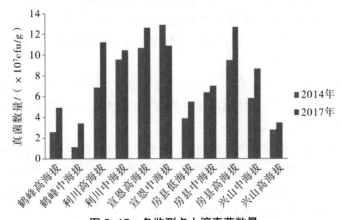

图6-15 各监测点土壤真菌数量

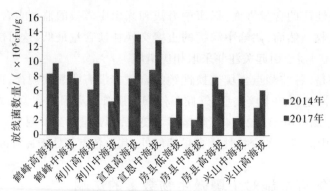

图 6-16　各监测点土壤放线菌数量

从 2014 年到 2017 年,除了房县高海拔监测点外,其他监测点的土壤细菌数量都有所上升,增长幅度在 16.0%～167.7% 之间。这可能是由于土壤保育和修复措施的实施,为细菌提供了更适宜的生长环境。同时,各监测点除宣恩中海拔外,真菌数量也有显著上升,增加幅度为 9.38%～209.1%。放线菌数量在大部分监测点也有所增加,提高幅度为 16.8%～108.3%。

值得注意的是,鹤峰中海拔和房县高海拔监测点的放线菌数量出现了少量下降。这可能是由于这些区域的土壤环境发生了某种变化,影响了放线菌的生长和繁殖。具体原因需要进一步的分析和研究来确定。

六、小结

在采取了一系列土壤保育和修复的综合措施后,各监测点的土壤物理和化学性质均出现了积极的变化。

首先,从土壤容重来看,各监测点均呈现出下降的趋势,下降幅度为 0.006～0.3 g/cm³。这一变化意味着土壤变得更加疏松,质地得到了改善,这对于提高土壤的通透性和耕作性是非常有利的。与此同时,土壤孔隙度的升高也进一步证实了土壤结构的改善。

其次,对于土壤的化学性质,强酸性土壤通过施用石灰,其 pH 值得到了一定程度的提升,这有助于改善土壤的酸碱平衡,为作物生长创造更好的环境。对于弱酸性土壤,通过采取硝酸钾替代硫酸钾、增施有机肥等保育措施,有效地控制了土壤酸化的趋势,并在一定程度上促进了土壤有机质的提升。尽管这种提升在不同区域之间存在一定差异,但总体上对土壤健康是有益的。

值得注意的是,这些土壤保育和修复措施对土壤中的碱解氮、速效钾和交换性钙镁的影响并不明显。然而,它们对部分地区土壤速效磷的过快上升起到了一定的抑制作用,这有助于维持土壤中养分的平衡。

在微生物方面,绝大部分监测点的细菌、真菌和放线菌数量在综合土壤保育修复措施下均出现了不同程度的增加。这表明这些措施不仅改善了土壤的物理和化学性质,还有利于维持土壤微生物的多样性和活性。当然,个别监测点微生物数量的下降也提醒我们,影响微生物数量的因素可能还有很多,需要进一步研究和探索。

第二节 示范应用效果

一、土壤保育及修复技术推广

(一)推广思路

以"研究与应用相结合""保育技术与修复技术相结合""点与面相结合"和"单项技术和集成技术相结合"的"四个结合"的总体思路,对现有的成熟技术,因地制宜进行有效集成组装,在湖北省4个产烟市(州),19个产烟县(市)开展土壤保育及修复技术推广应用,从而保持植烟土壤的持续及良性发展。

(二)主要推广应用技术

1.轮作

结合优质烟区划调整的契机,在核心、重点烟区全面推行"适度规模,合理轮作"工作,从计划引导层面,对连作三年以上烟田,选取非同科类作物进行合理轮作。鼓励烟农预留30%土地隔年轮作。

2.深耕冻垡

种植前茬作物的烟田在立冬前深翻,未种前茬作物的在大雪前深翻,深翻深度大于20 cm。

3.绿肥种植

没有进行冬耕冻土的土壤,在8月下旬至9月中旬实施,每亩撒播2.5～3 kg苕子种子,苕子进入初花阶段为最佳压青时期,绿肥的鲜重可达1000 kg/亩以上。及时深翻深埋压青有利于鲜草腐烂,提高土壤改良效果。同时,酌减氮素的施用量,一般建议每亩减少氮素施用量1.0～1.5 kg。

4.平衡施肥技术

根据植烟土壤的理化状况,制定"一对一"的施肥技术方案,严格执行平衡施肥技术。

5.有机肥施用技术

烟草秸秆生物有机肥主要是指以烟草秸秆为原料,并经发酵腐熟后制成的生物有机肥。产品的各项技术指标符合NY 884-2012和Q/HYC J 02 W-06-2012的规定。

6.秸秆还田技术

秸秆还田技术主要针对土壤结构性差,土壤养分供应不协调,前期供氮能力低,后期供氮能力极强的土壤。可采取水稻或玉米秸秆粉碎还田。在烟叶移栽30天前,每亩均匀撒施 500~1000 kg 秸秆,并犁入 0~20 cm 的耕层土壤中。表 6-9 所示为秸秆粉碎质量要求。

表 6-9　秸秆粉碎质量要求

项目	指标	
	水稻秸秆	玉米秸秆
合格切碎长度 /mm	≤ 100	≤ 50
合格切碎宽度 /mm		≤ 2.5
切碎长度合格率 /（%）	≥ 90	≥ 90

7.施用陪嫁土技术

移栽前 30 d 完成配制。每千克营养土配方:粒径小于 2 mm 的土壤中加入 30% 粗质秸秆类有机肥、0.7% 过磷酸钙和 0.3% 烟草专用复合肥以及适量水分,混合均匀,覆盖薄膜后充分堆积发酵腐熟,淋雨后备用。施用量按照每株 1~2 kg 执行。

8.硝酸钾替代硫酸钾技术

"三先"（先施肥、先起垄、先覆膜）时,条施有机肥料后,50% 硝酸钾作基肥条施,剩余 30% 硝酸钾在移栽后 7~10 天,在离烟苗 10 cm 处打 8~10 cm 深孔,结合灌溉施入;20% 硝酸钾在移栽后 25~30 天,打孔兑水穴施。

9.生防菌应用

筛选出与病毒有拮抗作用的三株生防菌(JK-3、JK-4 和 JK-10),将其施入土壤中后大量繁殖,产生拮抗素,抑制有害菌生长与繁殖,降低有害菌侵入受体概率,缓解土传病害发生。

10.石灰改良技术

石灰改良技术主要针对重度酸化区域实施,即治理前土壤 pH 值小于 5.0 的区域。根据土壤酸碱度状况,移栽前 45 天均匀撒施。施用量按照"石灰用量(kg/ 亩)=[6- 土壤 pH 值] × 100,石灰用量最大限定值为 200kg/ 亩"进行估算。同时,土壤 pH < 4.5 的田块建议施用石灰后隔一年再种植烟叶。连续施用时间不超过 3 年,且土壤 pH 值大于 5.5 时,停止施用。施用石灰时间过长、施用量过大会造成明显的土壤板结。

11.草木灰改良技术

草木灰改良技术主要针对酸化防御区域实施,即治理前土壤 pH 值为 5.0~5.5 的区域。移栽前 45 天每亩均匀撒施 1000 kg 左右草木灰,并用旋耕机犁入 0~20 cm 的土层中。在施用化肥时,钾肥投入量降低 20%。

12.生物质炭修复技术

生物质炭是有机物质在高温无氧条件下煅烧产生的一种具有强大表面能力的活性物质,该类物质具有吸附力强、稳定性高、保水促肥等作用。其主要针对土壤物理结构差、土壤板结严重或病虫害高发的酸化防御区域。"三先"前均匀撒施 500～1000 kg/亩生物质炭,并用旋耕机与 0～20 cm 土层进行均匀搅拌。

13.客土改良技术

客土改良技术主要针对犁底层土壤 pH 值小于 5.5 的重度酸化、连作障碍明显、病害极为严重的区域。将 80% 以上的原有耕作层翻入 80 cm 之下,治理后,田块坡度 < 15°;土体沉降后土层厚度 ≥ 50 cm;土体 35 cm 以下土壤紧实,具有保水保肥特征;田面规整,无波浪起伏,无坑洼;土壤表面无弃石或其他妨碍耕整的异物。

二、植烟土壤保育示范区建设

湖北省为了保持植烟区烟叶的可持续发展,通过土壤保育及修复技术的推广应用,在全省范围内设立了 16 个重点基地单元、19 个重点产烟县、57 个乡镇、69 个村作为土壤保育示范区。

从表 6-10 中可以看出,自 2015 年至 2017 年的三年间,湖北烟区的土壤轮作面积比例呈现出逐年递增的趋势。其中,2017 年的轮作面积是 2015 年的 3.13 倍,面积增加了10.49 万亩。同时,绿肥种植的面积也在逐年增加,从 2015 年的 3.77 万亩增长到 2017年的 18.71 万亩,2015 至 2017 年间累计种植面积达到了 36.62 万亩。另外,全省深耕冻垡面积在 2017 年达到了 35.92 万亩,与 2015 年相比,面积增加了 22.98 万亩。在这三年间,深耕冻垡面积的累计达到了 97.71 万亩。

表 6-10 湖北植烟土壤保育示范区面积（万亩）

产区	年份	轮作	绿肥种植	深耕冻垡	施用有机肥	硝酸钾替代硫酸钾	施用陪嫁土	秸秆还田
恩施		1.61	2.01	3.40	3.89	14.00	14.00	0.04
襄阳		0.37	0.34	0.32	0.32	0.32	0.32	0.03
十堰	2015 年	0.91	1.41	7.81	2.43	2.43	2.43	0.05
宜昌		2.04	0.01	1.41	1.41	1.41	1.41	0.01
合计		4.93	3.77	12.94	8.05	18.16	18.16	0.13
恩施		5.37	8.50	30.11	32.12	32.12	32.12	0.51
襄阳		1.42	1.21	5.84	3.22	3.22	3.22	0.31
十堰	2016 年	3.12	1.43	9.70	10.1	10.1	10.1	0.00
宜昌		2.7	3.00	3.20	3.89	3.89	3.89	0.00
合计		12.61	14.14	48.85	49.33	49.33	49.33	0.82

产区	年份	轮作	绿肥种植	深耕冻垡	施用有机肥	硝酸钾替代硫酸钾	施用陪嫁土	秸秆还田
恩施		8.80	11.30	20.46	31.76	31.76	31.76	0.98
襄阳		2.00	1.48	5.60	5.60	5.60	5.60	0.37
十堰	2017 年	2.62	3.13	7.76	7.60	7.60	7.60	0.00
宜昌		2.00	2.80	2.10	4.30	4.30	4.30	0.00
合计		15.42	18.71	35.92	49.26	49.26	49.26	1.35

为了全面提升土壤保育效果,全省在土壤保育示范区广泛采用了施用有机肥、硝酸钾替代硫酸钾以及施用陪嫁土等三项技术。此外,秸秆还田的面积也在逐年增加,从2015 年的 0.13 万亩增加到 2017 年的 1.35 万亩,面积增加了 9 倍多,三年累计的面积达到了 2.3 万亩。

三、植烟土壤保育示范区示范效果

(一)绿肥种植集成技术

本集成主体技术是种植绿肥,在绿肥压青还田后,再配合施用有机肥等技术。根据湖北省植烟区域的生态条件,种植绿肥品种主要有油菜、紫花苕子和箭舌豌豆等 3 种。

1.绿肥种植集成技术对土壤理化性质的影响

由表 6-11 可知,采用绿肥种植集成技术后,土壤 pH 值和土壤有机质含量有所提升,连续 3 年种植绿肥并辅以其他技术,2017 年与 2015 年相比,土壤 pH 值提升 0.08~0.13个单位,有机质含量提升了 0.18~0.32 个百分点。

表 6-11　绿肥种植集成技术对土壤理化性质的影响

产区	2015 年		2016 年		2017 年	
	pH 值	有机质含量 /（%）	pH 值	有机质含量 /（%）	pH 值	有机质含量 /（%）
恩施	5.53	1.98	5.57	2.12	5.65	2.29
襄阳	5.81	1.89	5.86	1.93	5.89	2.07
十堰	5.47	1.98	5.53	2.05	5.57	2.21
宜昌	5.49	2.01	5.56	2.11	5.62	2.33

2.绿肥种植集成技术对烟叶产量、产值的影响

由表 6-12 可知,种植绿肥后,烟叶产量、产值和上等烟率与对照相比,均有所提高。其中产量提高最大幅度为 12.45%,产值提高最大幅度为 17.59%。

表 6-12 种植绿肥后烟叶的经济性状统计分析（2015—2017 年）

产区		对照区			种植绿肥示范区		
		产量 /（kg / 亩）	产值 /（元 / 亩）	上等烟率 /（%）	产量 /（kg / 亩）	产值 /（元 / 亩）	上等烟率 /（%）
2015 年	恩施	118.56	3186.64	50.46	131.63	3568.34	57.06
	襄阳	120.61	3208.28	51.30	135.63	3777.33	58.32
	十堰	121.76	3255.00	52.48	130.83	3586.39	55.76
	宜昌	123.98	3309.98	51.79	135.70	3776.51	56.87
2016 年	恩施	116.19	3122.91	51.97	129.00	3496.97	55.92
	襄阳	118.20	3144.11	52.84	132.92	3701.78	57.15
	十堰	119.32	3189.90	54.05	128.21	3514.66	54.64
	宜昌	121.50	3243.78	53.34	132.99	3700.98	55.73
2017 年	恩施	99.55	2571.73	54.63	111.55	3024.02	63.61
	襄阳	107.30	2956.17	58.73	114.94	3201.13	59.19
	十堰	107.42	3004.24	63.97	110.87	3039.31	64.20
	宜昌	111.00	2983.03	62.53	115.00	3454.67	67.18

（二）深耕冻垡集成技术

本集成主体技术是深耕冻垡技术，在烟叶全部采收后，将烟田烟秆、地膜等全部清理完毕，在 11 月中旬开始进行深耕冻垡。在烟叶移栽前再配合施用有机肥，在移栽时采用营养土移栽等技术。

1.深耕冻垡集成技术对土壤理化性质的影响

由表 6-13 可知，采用深耕冻垡集成技术后，土壤 pH 值略有一点提升，但基本不变，土壤容重则有降低趋势。2015—2017 年，3 年间，恩施植烟土壤 pH 值在 5.56～5.57，襄阳在 5.85～5.86，十堰在 5.51～5.53，宜昌在 5.55～5.57，土壤 pH 值上下波动了0.01～0.02 个单位。土壤容重，恩施下降了 0.03 g/cm³，襄阳下降了 0.01 g/cm³，十堰下降了 0.04 g/cm³，宜昌下降了 0.03 g/cm³。

表 6-13 深耕冻垡集成技术对土壤理化性质的影响

产区	2015 年		2016 年		2017 年	
	pH 值	土壤容重 /（g/cm³）	pH 值	土壤容重 /（g/cm³）	pH 值	土壤容重 /（g/cm³）
恩施	5.56	1.25	5.57	1.23	5.56	1.22
襄阳	5.85	1.26	5.86	1.25	5.86	1.25
十堰	5.51	1.31	5.53	1.29	5.53	1.27
宜昌	5.55	1.33	5.56	1.31	5.57	1.30

2. 深耕冻垡集成技术对烟叶产量及产值的影响

由表 6-14 可知,采用深耕冻垡集成技术后,烟叶产量、产值和上等烟率与对照相比,均有提高。3 年间产量提高最大幅度为 9.45%,产值提高最大幅度为 9.60%。

表 6-14　深耕冻垡烟叶的经济性状统计分析（2015—2017 年）

产区		对照区			深耕冻垡示范区		
		产量 /（kg/亩）	产值 /（元/亩）	上等烟率 /（%）	产量 /（kg/亩）	产值 /（元/亩）	上等烟率 /（%）
2015 年	恩施	118.56	3186.64	50.46	122.12	3282.24	51.97
	襄阳	120.61	3208.28	51.30	124.23	3304.53	52.84
	十堰	121.76	3255.00	52.48	125.41	3352.65	54.05
	宜昌	123.98	3309.98	51.79	127.70	3409.28	53.34
2016 年	恩施	116.19	3122.91	51.97	119.68	3216.60	53.53
	襄阳	118.20	3144.11	52.84	121.75	3238.43	54.43
	十堰	119.32	3189.90	54.05	122.90	3285.60	55.67
	宜昌	121.50	3243.78	53.34	125.15	3341.09	54.94
2017 年	恩施	99.55	2571.73	54.63	108.96	2818.69	61.39
	襄阳	107.30	2956.17	58.73	114.94	3201.13	57.9
	十堰	107.42	3004.24	63.97	113.78	3118.72	67.40
	宜昌	111.00	2983.03	62.53	117.20	3245.65	67.84

四、湖北植烟土壤修复示范区建设

湖北省按照土壤保育及修复技术推广应用总体方案要求,全省初步落实 11 个重点基地单元、12 个重点产烟县、31 个乡镇为退化土壤修复区。

（一）湖北植烟土壤修复示范区面积

由表 6-15 可知,2015 年,采用石灰修复面积为 1.98 万亩,2017 年实施石灰修复面积 5.30 万亩,2017 年石灰修复面积是 2015 年 2.68 倍。2015—2017 年,累计石灰修复面积 9.16 万亩;2015—2017 年,草木灰修复面积累计 7638.00 亩;恩施和襄阳产区采用生物质炭进行了植烟土壤修复,2015—2017 年,生物质炭修复面积累计为 1.12 万亩。

表 6-15 湖北植烟土壤保育修复区面积（万亩）

产区	年份	石灰	草木灰	生物质炭
恩施		1.21	890.00	0.13
襄阳		0.00	10.00	0.04
十堰	2015 年	0.75	50.00	0.00
宜昌		0.02	0.00	0.00
合计		1.98	950.00	0.17
恩施		1.55	1273.00	0.87
襄阳		0.00	5.00	0.04
十堰	2016 年	0.31	10.00	0.00
宜昌		0.02	0.00	0.00
合计		1.88	1288.00	0.91
恩施		5.00	300.00	0.02
襄阳		0.00	0.00	0.02
十堰	2017 年	0.30	5100.00	0.00
宜昌		0.00	0.00	0.00
合计		5.30	5400.00	0.04

（二）湖北土壤修复示范区示范效果

1. 修复技术对土壤pH值的影响

由表 6-16 可知，采用不同修复技术后，土壤 pH 值都有所提升。2015—2017 年，土壤 pH 值不断提升，实施修复技术后，2017 年示范区与 2015 年对照区相比，土壤 pH 值提升幅度在 0.60%~5.78%。

表 6-16 不同修复技术对土壤 pH 值的影响

产区	修复技术	2015 年		2016 年		2017 年	
		对照区	示范区	对照区	示范区	对照区	示范区
恩施		5.33	5.41	5.39	5.46	5.55	5.61
十堰	石灰	5.37	5.39	5.41	5.49	5.57	5.63
宜昌		5.49	5.53	5.55	5.59	5.62	5.67
恩施		5.39	5.45	5.43	5.51	5.53	5.59
襄阳	草木灰	6.65	6.68	6.63	6.67	6.65	6.69
十堰		5.39	5.46	5.41	5.49	5.51	5.58
恩施	生物质炭	5.36	5.56	5.55	5.63	5.61	5.67
襄阳		6.53	6.59	6.55	6.61	6.60	6.64

2. 修复技术对烟叶产量产值的影响

(1)石灰修复技术。

由表6-17可知,采用石灰修复后,烟叶产量和产值均高于对照区,2015—2017年间,产量提高幅度为5.03%~9.20%,产值提高幅度为4.51%~11.51%。

表6-17   石灰修复技术对烟叶产量产值的影响

产区		对照区			石灰示范区		
		产量/(kg/亩)	产值/(元/亩)	上等烟率/(%)	产量/(kg/亩)	产值/(元/亩)	上等烟率/(%)
2015年	恩施	101.96	2740.51	43.4	111.34	3016.43	52.4
	十堰	104.71	2799.30	45.13	112.4	3021.78	50.17
	宜昌	106.62	2846.58	44.54	112.52	3104.34	53.51
2016年	恩施	99.92	2685.7	44.69	107.08	2935.5	52.68
	十堰	101.65	2703.93	45.44	109.35	2965.77	51.52
	宜昌	103.72	2759.12	44.12	110.30	2987.12	51.04
2017年	恩施	90.61	2371.69	46.98	95.17	2478.57	52.23
	十堰	93.26	2513.65	48.63	100.69	2803.05	52.16

(2)草木灰修复技术。

由表6-18可知,采用草木灰修复后,烟叶产量和产值均高于对照区,2015—2017年间,产量提高幅度为11.16%~16.07%,产值提高幅度为6.99%~18.64%。

表6-18   草木灰修复技术对烟叶产量产值的影响

产区		对照区			草木灰示范区		
		产量/(kg/亩)	产值/(元/亩)	上等烟率/(%)	产量/(kg/亩)	产值/(元/亩)	上等烟率/(%)
2015年	恩施	101.96	2740.51	43.40	116.76	3096.53	53.17
	襄阳	103.51	2806.17	43.97	116.77	3131.16	52.71
	十堰	104.71	2799.30	45.13	117.19	3107.79	51.97
2016年	恩施	99.92	2685.70	44.69	119.08	3186.39	52.98
	襄阳	103.72	2759.12	44.12	115.30	3067.12	51.04
	十堰	101.65	2703.93	45.44	116.00	3065.77	52.59
2017年	恩施	90.61	2371.69	46.98	105.17	2537.36	53.39

（3）生物质炭修复技术。

由表 6-19 可知，采用生物质炭修复后，烟叶产量和产值均高于对照区，2015—2017 年间，产量提高幅度为 11.57%～23.50%，产值提高幅度为 4.88%～15.40%。

表 6-19　生物质炭修复技术对烟叶产量产值的影响

产区		对照区			生物质炭示范区		
		产量/（kg/亩）	产值/（元/亩）	上等烟率/（%）	产量/（kg/亩）	产值/（元/亩）	上等烟率/（%）
2015 年	恩施	101.96	2740.51	43.40	117.18	3057.39	52.59
	襄阳	103.51	2806.17	43.97	118.19	3175.73	51.70
2016 年	恩施	99.92	2685.70	44.69	119.51	2996.25	52.87
	襄阳	103.72	2759.12	44.12	115.72	3078.16	51.23
2017 年	恩施	90.61	2371.69	46.98	105.55	2487.50	52.41
	襄阳	93.57	2613.96	46.16	115.56	3016.59	51.70

五、小结

2015—2017 年，在湖北 4 个产烟区，采用轮作、绿肥种植、深耕冻垡、施用有机肥（包括农家肥）、硝酸钾替代硫酸钾、施用陪嫁土和秸秆还田等技术，开展了植烟土壤保育示范区建设。结果显示，土壤保育示范区烤烟长势良好，土壤 pH 值在 5.5～6.5，根茎部病害较轻，发病率基本控制在 5% 以内，株形以"腰鼓形"和"桶形"为主，烟叶营养协调，分层落黄好，烤后烟叶黄烟率高，杂、青烟明显减少。

2015—2017 年，在湖北植烟区域，针对退化严重的土壤实施修复技术。采用的技术主要有：石灰修复技术、草木灰修复技术和生物质炭修复技术。结果显示，采用修复技术后，有效提升了土壤 pH 值，显著提高了烟叶产质量。

第三节　技术规程

一、植烟区绿肥种植操作规程

1.适用范围

本规程适用于湖北省植烟土壤区域。

2.种植模式

烟叶采收后期或采收结束后，进行轮作模式。

3.品种选择

如图 6-17 所示，品种以油菜、箭舌豌豆和紫花苕子为主。

图6-17　油菜、箭舌豌豆和紫花苕子

4.播前准备

(1)种子处理。

商用种子必须选取符合国家标准《绿肥种子》(GB 8080—2010)中的三级良种。

使用自留种的要进行选种和测定发芽率。采用比重为 1.05～1.09 的盐水(100 kg 水加食盐 10～13 kg)或黄泥水选种,去杂支劣,清除菌核,提高种子质量。或者根据播种前测定的发芽率,确定播种量。

(2)整地。

播种前应进行烟田卫生整理,全面清除烟秆植株和地膜;用机械耕翻,使表土平整,活土层深厚,以利于播种早出苗和出齐苗。

对于部分中、高海拔烟区烟叶没有完全采收完,翻耕垄沟,在垄沟内进行播种,烟叶采收完后,全面清除烟秆植株和地膜。

整地后注意排水,保证田内无积水。

(3)施肥。

绿肥种植一般不需要施肥,对于一些贫瘠或肥力较低的土壤,每亩基施磷肥(过磷酸钙)5～10 kg。

5.播种

(1)播种时间。

在海拔 1200 m 以上,8 月 20 日之前最适宜;1000～1200 m,8 月 30 日之前最适宜;800～1000 m,在 9 月 10 日之前最为适宜。

(2)播种量。

油菜:0.5～0.7 kg/ 亩。

紫花苕子:4～6 kg/ 亩。

箭舌豌豆:6～10 kg/ 亩。

(3)播种方式。

油菜：与少许干土或者细沙混匀进行撒播或条播。

紫花苕子：与少许干土或者细沙混匀进行撒播或条播。

箭舌豌豆：与少许干土或者细沙混匀进行撒播或条播。

6.田间管理

（1）查苗。

绿肥播种以后，随时观察检查出苗状况，并根据实际情况做好补种工作。

（2）水分管理。

绿肥一般较耐旱，但耐渍性差。如遇雨水较多天气，注意田间排水。返青旺长期需水量大，土壤干旱应及时灌水，但灌水后应注意避免土壤渍水。

（3）病虫害防治。

根据病虫害发生情况，采用生物手段进行绿色防控，严禁用高毒、高残留难降解、难代谢的药物。

7.压青还田

（1）翻压时间。

绿肥翻压过早，鲜物质产量低，易腐烂；过迟，虽然产量高，但不易腐烂，且供肥较慢，对后作整地不利，一般在绿肥作物初花期至盛花期收青最为适宜。根据各区域烟叶移栽时间确定，一般在移栽前 25～35 d 进行翻压。

（2）翻压量。

绿肥翻压以翻耕为主，翻耕深度在 15～20 cm，翻压量以 1500～2000 kg/ 亩为宜。其中紫花苕子和箭舌豌豆直接压青；油菜切碎成 10～15 cm 后再进行翻耕压青，切碎后整体撒播，再深耕还田。

二、植烟土壤深耕技术操作规程

1. 适用范围

本规程适用于湖北省植烟土壤区域。

2. 深耕目的

深耕可以打破犁底层，降低深层土壤容重，能够保持土壤疏松和水分适宜。其主要目的有：恢复土壤的团粒结构，改善土壤的肥力因素，增强抗旱保墒能力；为其他农业技术措施（如多施肥料、翻压绿肥和合理密植等）创造有利条件；促进作物根系的发育；减少杂草和病虫危害。

3. 总体要求

耕地质量达到三字诀，即"深、平、透"，深，达到规定深度，深浅一致；平，地表平坦，犁地平稳，整齐，无重耕和漏耕；透，无生埂，翻垡碎土好。

4. 深耕原则

(1)适耕条件及时间。

适耕原则:肥力好和质地重的土壤最好晚耕,因为这种土壤早耕会促使大量的有机氮矿化。而土壤肥力较差、质地较轻的土壤在降雨过后湿润时就应及早翻耕。

结合湖北烟区的气候条件及土壤状况,最好在每年的11月底前完成翻耕。土壤含水量为15%~22%(外观表层土壤不含水)时最适宜深耕。

(2)耕深。

适宜深度应根据耕层、土壤特性等条件而定,耕深一致,耕层越厚,土壤越疏松。但切忌将心土层的生土翻入耕层,降低耕层肥力。

结合湖北烟区的土壤肥力状况,耕层较深的田块,深度以40 cm为宜;耕层较浅的田块,耕深以大于20 cm为宜。耕作方法宜采用犁耕。

5.耕幅及注意事项

(1)深耕要在烟田烟叶采收结束后,及时清理完烟秆、地膜等后立即进行,或在当地雨水密集期开始之前进行。此时,深耕不仅有利于地面的残茬和杂草翻入土中,减少以后的病虫害和杂草繁殖,而且,翻耕后土壤可以充分接纳降水,加速土壤熟化过程。

(2)深耕是重负荷作业,一般都用大中型拖拉机配套相关的农机具进行。耕作的适宜深度一定要因地制宜,切忌将心土层的生土翻入耕层。

(3)深耕要在土壤的适耕期内进行。要结合轮作计划,选择适宜轮作作物,有计划轮作进行。此外,深耕要做到逐年加深耕层。

(4)深耕的同时,应配施有机肥。

(5)保证深耕质量。一般要做到犁沟平直,翻垡良好,扣垡严实,没有立垡、回垡现象,垡块散碎良好,无重耕、漏耕现象,耙细后地面平整,没有较大的起伏和壕沟。

备注:

立垡:被耕起的垡块呈直立状态而不翻扣。缺点:不能覆盖地面杂草、根茬和肥料,垡块不能充分破碎与翻转,耕后地表不平,达不到耕地的农业技术要求。

回垡:被耕起的垡块在犁走过后,未翻扣而又落回犁沟。缺点:耕起的垡块又原封不动地回落到原地,实际上等于没有翻地,劳而无功。

三、白云石粉及石灰改良土壤技术操作规程

1. 主要目的

主要针对重度酸化区域实施,即治理前土壤pH值小于5.0的区域通过施用白云石粉和石灰后,提高土壤pH值,减轻酸化对作物生长的影响。

2.操作规程

(1)施用时间及施用方法。

在移栽前45 d左右实施白云石粉和石灰修复技术。施用方式:采用均匀撒施,同时

配施 30% 的有机肥(见图 6–18),撒施之后,采用旋耕机进行土地平整。

图 6–18 石灰均匀撒施

(2)施用量及施用方法。

按照"白云石粉用量(kg/ 亩)=(6– 土壤 pH 值)×150,白云石粉用量最大限定值为 300 kg/ 亩"进行估算。

按照"石灰用量(kg/ 亩)=(6– 土壤 pH 值)×100,石灰用量最大限定值为 200 kg/ 亩"进行估算。

(3)注意事项。

土壤 pH < 4.5 的田块建议施用白云石粉或石灰后隔一年再种植烟叶。连续施用时间不超过 3 年,且土壤 pH 值大于 6.0 时,停止施用。

参 考 文 献

[1] 何结望,毕庆文,袁家富,等.湖北烟区气候与土壤生态因素分析[J].中国烟草科学, 2006,27(4):13-17.

[2] Hi H U, Brown P H . Localization of Boron in Cell Walls of Squash and Tobacco and Its Association with Pectin (Evidence for a Structural Role of Boron in the Cell Wall)[J]. PLANT PHYSIOLOGY, 1994,105(2):681-689.

[3] 刘国顺.烟草栽培学[M].北京:中国农业出版社,2003.

[4] 张福锁.植物营养生态生理学和遗传学[M].北京:中国科学技术出版社,1993.

[5] CAKMAK I, MARSCHNER H, BANGERTH F.Effect of zinc nutritional status on growth, protein metabolism and levels of indole-3-acetic acid and other phytohormones in bean (Phaseolus vulgaris L). Journal of Experimental Botany, 1989,40(3):405-412.

[6] Cakmak I, DericiRTorun B, et al.Role ofryechromosomes in improvement of zinc efficiency in wheat and triticale.Plant and Soil, 1 997,196(2):249-253.

[7] Harwood J L. The biochemistry pergamon of plant[J].Academic Press, 1980(4):301-320.

[8] Deboer D L.Duke S H.Effects of sulphur nutrition on nitrogen carbon metabolismin lnceme (T1_Plant Phvsil).1982. 54(X4):1-50.

[9] 胡国松.烤烟营养原理[M].北京:科学出版社,2000.

[10] 陈江华,李志宏,刘建利,等.全国主要烟区土壤养分丰缺状况评价[J].中国烟草学报, 2004,10(3):14-18.

[11] 陈江华,刘建利,李志宏,等.中国植烟土壤及烟草养分综合管理[M].北京:科学出版 社,2008.

[12] Yaduvanshi N P S. Effect of five years of rice-wheat cropping and NPK fertilizer use with and without organic and green manures on soil properties and crop yields in a reclaimed sodic soil[J]. Journal of the Indian Society of Soil Science,2001,49(4): 714-719.

[13] Blair N, Faulkner R D, Till A R, et al. Long-term management impacts on soil C, N and physical fertility: Part I: Broadbalk experiment[J]. Soil and Tillage Research,2006,91(1): 30-38.

[14] Paunescu AD. The influence of the mixed and organic fertilization on the soil biology yield and quality of Oriental tobacco[J].CORESTA,1997,(2):86.

[15] Yu J Q. Autotoxic potential in vegetables crops[J]. In Ailelopathy Update-basic and Applied spects,1999,149-162.

[16] Tang CS, Young CC. Collection and identification of allelopathic compounds from the undisturbed root system of bigalta limpograss[J]. Plant Physiology, 1982, 69: 155–160.

[17] Yu J, Ye S, Zhang M, et al. Effects of root exudawsand aqueous root extracts of cucumber (Cucumis sativus) and allelochemicals on photosynthesis and antioxidant enzymes incucumber[J]. Biochem Syst Ecol, 2003, 31(1): 129–139.

[18] Chen SL, Zhou BL, Lin SS. Accumulation of cinnamic acid and vanillin in eggplant root exudates and the relationship with continuous cropping obstacle[J]. African Journal of Biotechnology, 2011, 10: 2659–2665.

[19] HAYES M H B. Biochar and biofuels for a brighter future[J]. Nature. 2006, 443(7108): 144–144.

[20] GLASER B. Prehistorically modified soils of central Amazonia: a model for sustainable agriculture in the twenty–first century[J]. Philosophical Transactions of the Royal Society B Biological Sciences, 2007, 362(1478): 187–96.

[21] ZHANG X, WANG H, HE L, et al. Using biochar for remediation of soils contaminated with heavy metals and organic pollutants[J]. Environmental Science &Pollution Research, 2013, 20(12): 8472–8483.

[22] STEINER C, GLASER B, GERALDES T W, et al. Nitrogen retention and plant uptake on a highly weathered central Amazonian Ferralsol amended with compost and charcoal[J]. Journal of Plant Nutrition & Soil Science, 2008, 171: 893–899.

[23] LEHMANN J D, JOSEPH S. Biochar for Environmental Management: Science and Technology[J]. Natures Sciences, 2009, 25: 15801–15811(11).